全国执业兽医资格考试推荐用书

执业兽医资格考试
考点突破

（兽医全科类）

临床科目

2025年

中国兽医协会　组编

陈明勇　编

机械工业出版社

本书由中国兽医协会邀请国家执业兽医资格考试资深培训专家陈明勇博士精心编写而成。全书紧密围绕考试大纲要求的知识点，采取思维导图、考点精讲与试题解析的形式，结合十余年考题的特点，深度剖析考试大纲核心考点，浓缩精华内容，助力考生精准锚定复习要点。

本书内容全面，重点突出，具有很强的针对性，条目清晰，重在提高考生的分析和判断能力，加深知识理解和记忆，强化学习效果，提高实战水平，适合动物医学相关专业专科和本科在校生以及已参加工作的人员备考使用。

图书在版编目（CIP）数据

执业兽医资格考试考点突破（兽医全科类）临床科目. 2025年 / 中国兽医协会组编；陈明勇编. -- 北京：机械工业出版社, 2025.4. -- （全国执业兽医资格考试推荐用书）. -- ISBN 978-7-111-77903-2

I. S85

中国国家版本馆 CIP 数据核字第 2025ZL8647 号

机械工业出版社（北京市百万庄大街22号　邮政编码100037）
策划编辑：周晓伟　高　伟　　责任编辑：周晓伟　高　伟　章承林　刘　源
责任校对：曹若菲　李　杉　　责任印制：单爱军
保定市中画美凯印刷有限公司印刷
2025年4月第1版第1次印刷
184mm×260mm・15.5印张・379千字
标准书号：ISBN 978-7-111-77903-2
定价：69.80元

电话服务　　　　　　　　　　网络服务
客服电话：010-88361066　　机 工 官 网：www.cmpbook.com
　　　　　010-88379833　　机 工 官 博：weibo.com/cmp1952
　　　　　010-68326294　　金 书 网：www.golden-book.com
封底无防伪标均为盗版　　　　机工教育服务网：www.cmpedu.com

编审委员会

顾　　问　陈焕春　沈建忠　金梅林
主　　任　辛盛鹏
副 主 任　刘秀丽
委　　员　（按姓氏笔画排序）
　　　　　王化磊　王丽平　冯亚楠　刘　源　刘　璐　刘大程
　　　　　刘永夏　刘钟杰　许心怡　许巧瑜　李　靖　杨利峰
　　　　　杨艳玲　束　刚　何启盖　张龙现　张剑柄　张源淑
　　　　　陈　洁　陈向武　陈明勇　林鹏飞　周振雷　周晓伟
　　　　　郎　峰　赵德明　党晓群　高　伟　郭慧君　剧世强
　　　　　盖新娜　彭大新　董　婧

序

兽医，即给动物看病的医生，这大概是兽医最初的定义，也是现代民众对兽医的直观认识。据记载，兽医职业行为最早可以追溯到3800多年前。在农耕社会，兽医的主要工作内容以治疗畜禽疾病为主；20世纪初到20世纪80年代，动物规模化饲养日益普遍，动物传染病对畜牧业发展构成了极大威胁，控制和消灭重大动物疫病成为这一时期兽医工作的主要内容；20世纪末至今，动物饲养规模进一步扩大，集约化程度进一步提高，动物产品国际贸易日益频繁，且食品安全和环境保护问题日益突出，公共卫生问题越来越受关注，社会对兽医职业的要求使得兽医工作的领域不断拓宽，除保障畜牧业生产安全外，保障动物源性食品安全、公共卫生安全和生态环境安全也逐渐成了兽医工作的重要内容。

社会需求多元化引发了兽医职业在发展过程中的功能分化，兽医专业人员的从业渠道逐渐拓宽，承担不同的社会职责，因而，兽医这一古老而传统的职业在当下社会中并未随着工业化、信息化进程的加速而衰落，相反以强劲的发展势头紧跟时代的脚步。

我国社会、经济的发展对兽医的要求不断提高，兽医职业关系公共利益，这种职业特性决定了政府要规定从事兽医工作应具备的专业知识、技术和能力的从业资格标准，还要规定实行执业许可（执照）管理。2005年，在《国务院关于推进兽医管理体制改革的若干意见》（国发〔2005〕15号）中，第一次提出"要逐步推行执业兽医制度"。随后，在2008年实施的新修订的《中华人民共和国动物防疫法》中，明确提出"国家实行执业兽医制度"，以法律的形式确定了执业兽医制度。农业部（现农业农村部）高度重视执业兽医制度建设，颁布实施了《执业兽医管理办法》和《动物诊疗机构管理办法》，于2009年在吉林、河南、广西、重庆、宁夏五省（区、市）开展了执业兽医资格考试试点工作，并于2010年起在全国推行。通过执业兽医资格考试成为兽医取得执业资格的准入条件。

通过执业兽医资格考试，确保从事动物诊疗活动的兽医具备必要的知识和技能，具备正确的疫病防控知识和技能，有助于动物疫病的有效控制，同时也是与国际接轨、实现相互认证的需要，便于国际上兽医资格认证和动物诊疗服务的相互认可。随着当前我国畜牧业极大繁荣、宠物行业迅猛发展、动物疫病日益复杂以及公共卫生备受关注，对兽医专业人才的需求量加速增长。中国兽医协会作为国家级兽医行业协会，促进兽医职业更专业化，助力执业兽医的培养责无旁贷。

为帮助考生更好地应对执业兽医资格考试，中国兽医协会组织权威专家，依据考试大纲要求，于2010年开始组织编写执业兽医资格考试指南，为众多考生高效复习、备考、应试提供了全面系统的指引。光阴荏苒，"全国执业兽医资格考试推荐用书"系列焕新升级，将继续成为考生们的备考宝典。

我相信，"全国执业兽医资格考试推荐用书"系列图书的出版将对参加全国执业兽医资格考试考生的复习、应试提供很大帮助，将积极推动执业兽医人才培养、提升行业整体素质，进而为提高畜牧业、公共卫生和食品安全保障水平奠定坚实基础。我们期待通过本丛书，推动执业兽医队伍建设，为行业的发展和社会的进步贡献力量。

陈焕春

中国工程院院士
中国兽医协会会长
华中农业大学教授

前 言

依据《中华人民共和国动物防疫法》和《国务院关于推进兽医管理体制改革的若干意见》相关要求以及《执业兽医管理办法》规定，我国于 2009 年 1 月 1 日起实行执业兽医资格考试制度。为帮助考生更好地应对执业兽医资格考试，中国兽医协会组织权威专家，依据考试大纲要求，于 2010 年开始组织编写执业兽医资格考试指南，为众多考生高效复习、备考、应试提供了全面系统的指导。随着科技的发展，考生的学习习惯和考试形式发生了很大的变化。为了适应现在的备考环境和考试形式，中国兽医协会与机械工业出版社展开合作，将"全国执业兽医资格考试推荐用书"系列焕新升级，使其更直击考点，以提升考生的备考效率。

《执业兽医资格考试考点突破（兽医全科类）临床科目 2025 年》包括兽医临床诊断学、兽医内科学、兽医外科与手术学、兽医产科学、中兽医学 5 个部分的考点，具有以下特点：

思维清晰：每章开篇设有思维导图，对该章知识点进行梳理。

考点精讲：针对每一个考点进行精讲（高频考点），便于考生理解、掌握。

试题解析：考点下面配有试题及解析，强化考生对考点的掌握。

重点突出：采用双色印刷，对重点内容进行突出处理，利于考生掌握重点。

参加执业兽医资格考试的考生教育背景不同，基础各异，在复习考试时可以根据自己的情况灵活处理，但是对于本考点突破所列考点，均应掌握或熟悉，这是迎接执业兽医资格考试的基本要求。

本书力求体现指导性和实战性的特点，由于编者水平有限，时间仓促，书中难免存在错误和不妥之处，敬请广大读者和同仁不吝赐教，以便再版时修正提高。

中国兽医协会

目　录

序

前言

第一篇　兽医临床诊断学 ……………………………………………………………1

　　第一章　兽医临床诊断的基本方法 ………………………………………………2

　　第二章　整体及一般状态的检查 …………………………………………………4

　　第三章　心血管系统的检查 ………………………………………………………7

　　第四章　胸廓、胸壁及呼吸系统的检查 …………………………………………9

　　第五章　消化系统的检查 …………………………………………………………12

　　第六章　泌尿系统的检查 …………………………………………………………14

　　第七章　生殖系统的检查 …………………………………………………………15

　　第八章　神经系统的检查 …………………………………………………………17

　　第九章　血液的一般检查 …………………………………………………………18

　　第十章　兽医临床常用生化检查 …………………………………………………22

　　第十一章　动物排泄物和体液的检查 ……………………………………………25

　　第十二章　X线检查 ………………………………………………………………27

　　第十三章　超声检查 ………………………………………………………………30

　　第十四章　兽医内镜诊断 …………………………………………………………32

　　第十五章　兽医心电图检查 ………………………………………………………33

　　第十六章　兽医医疗文书 …………………………………………………………34

第十七章	症状及症候学	35
第十八章	动物保定技术	38
第十九章	常用治疗技术	39

第二篇　兽医内科学　42

第一章	口腔、唾液腺、咽和食道疾病	43
第二章	反刍动物前胃和皱胃疾病	45
第三章	其他胃肠疾病	49
第四章	肝脏、腹膜和胰腺疾病	53
第五章	呼吸系统疾病	55
第六章	血液循环系统疾病	59
第七章	泌尿系统疾病	62
第八章	神经系统疾病	66
第九章	糖、脂肪及蛋白质代谢障碍疾病	68
第十章	矿物质代谢障碍疾病	72
第十一章	维生素与微量元素缺乏症	76
第十二章	中毒性疾病概论与饲料毒物中毒	79
第十三章	有毒植物和霉菌毒素中毒	82
第十四章	矿物类及微量元素中毒	85
第十五章	其他中毒病	88
第十六章	其他内科疾病	91

第三篇　兽医外科与手术学　95

第一章	外科感染	96
第二章	损伤	100
第三章	肿瘤	105
第四章	风湿病	109
第五章	眼病	111
第六章	头、颈部疾病	115

第七章　胸、腹壁创伤 ·· 118
第八章　疝 ·· 120
第九章　直肠与肛门疾病 ·· 123
第十章　泌尿与生殖系统疾病 ·· 125
第十一章　跛行诊断 ·· 127
第十二章　四肢疾病 ·· 130
第十三章　皮肤病 ·· 139
第十四章　蹄病 ·· 143
第十五章　术前准备 ·· 147
第十六章　麻醉技术 ·· 148
第十七章　手术基本操作 ·· 152
第十八章　手术技术 ·· 155

第四篇　兽医产科学 ··· 164

第一章　动物生殖激素 ·· 165
第二章　发情与配种 ·· 167
第三章　受精 ·· 170
第四章　妊娠 ·· 172
第五章　分娩 ·· 174
第六章　妊娠期疾病 ·· 178
第七章　分娩期疾病 ·· 182
第八章　产后期疾病 ·· 186
第九章　雌性动物的不育 ·· 190
第十章　雄性动物的不育 ·· 195
第十一章　新生仔畜疾病 ·· 196
第十二章　乳房疾病 ·· 198

第五篇　中兽医学 ··· 201

第一章　基础理论 ·· 202
第二章　辨证论治 ·· 206
第三章　中药和方剂总论 ·· 210

第四章　解表药及方剂 ………………………………………………………… 213

第五章　清热药及方剂 ………………………………………………………… 214

第六章　泻下药及方剂 ………………………………………………………… 216

第七章　消导药及方剂 ………………………………………………………… 217

第八章　止咳化痰平喘药及方剂 ……………………………………………… 218

第九章　温里药及方剂 ………………………………………………………… 220

第十章　祛湿药及方剂 ………………………………………………………… 221

第十一章　理气药及方剂 ……………………………………………………… 223

第十二章　理血药及方剂 ……………………………………………………… 224

第十三章　收涩药及方剂 ……………………………………………………… 225

第十四章　补虚药及方剂 ……………………………………………………… 226

第十五章　平肝药及方剂 ……………………………………………………… 228

第十六章　驱虫药及方剂 ……………………………………………………… 229

第十七章　外用药及方剂 ……………………………………………………… 230

第十八章　针灸 ………………………………………………………………… 231

第十九章　病证防治 …………………………………………………………… 233

参考文献 ……………………………………………………………………… 235

第一篇
兽医临床诊断学

第一章 兽医临床诊断的基本方法

轻装上阵

如何学？

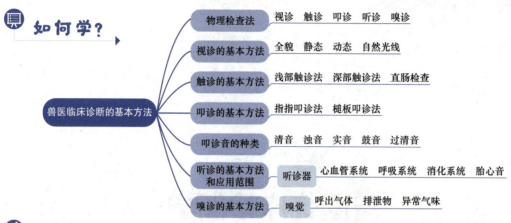

如何考？

本章考点在考试中主要出现在A1型题中，每年分值平均1分。下列所述考点均需掌握。对于重点内容，希望考生予以特别关注。

考点冲浪

考点1：物理检查法的概念★

物理检查法包括视诊、触诊、叩诊、听诊和嗅诊，是指利用检查者的视觉（眼）、触觉（手）、听觉（耳）、嗅觉（鼻）等器官去感知患病动物症状的检查方法。

考点2：问诊的基本方法★

问诊是兽医临床检查的第一步，通过问诊获得第一手临床资料，对其他诊断具有指导意义。问诊的主要内容包括病例登记、畜主主述、现在病史、日常管理和既往病史等。现在病史是指动物现在所患疾病的全部经过，包括疾病病因与疾病发生、发展、诊断和治疗的过程。

【例题】现在病史包括本次发病动物的（ E ）。
A. 品种　　　　　　B. 用途　　　　　　C. 过敏史
D. 免疫接种情况　　E. 发病经过

考点3：视诊的基本方法★★

视诊是指兽医利用视觉直接或借助器械观察患病动物的整体或局部表现的诊断方法。

视诊方法：一般应先与患病动物保持一定距离，观察其全貌，然后由前到后、由左到右，边走边看，围绕病畜行走一周，细致观察；先观察其静止状态的变化，再进行牵遛，以发现其运动过程及步态的改变。视诊应在自然光线下进行，被检查部位应充分暴露，诊断场所应保持安静、整洁、光线充足。

【例题】关于视诊检查，表述错误的是（D）。
A. 先群体后个体　　B. 先静态后动态　　C. 先整体后局部
D. 先保定后检查　　E. 按一定顺序检查

考点4：触诊的类型和基本方法★★★

触诊是检查者通过触觉和实体感觉进行检查的一种方法，一般用于检查动物体表状态、动物组织器官的敏感性、某些组织器官的生理性活动和病理性活动等。触诊分为浅部触诊法和深部触诊法两种。

浅部触诊法：将一只手轻放于被检查的部位，手指伸直，平贴于体表，利用掌指关节和腕关节的协调动作，适当加压或不加按压而轻柔地进行滑动触摸，依次进行触诊。主要检查动物体表的温度、湿度、弹性、软硬度、敏感性、肌肉紧张性、关节、软组织，以及浅部的动脉、静脉、神经等。

深部触诊法：包括深部滑行触诊法、双手触诊法、深压触诊法、冲击触诊法、切入式触诊法等，主要用于检查腹内脏器和腹部异常包块等。

直肠检查：将手指伸入动物的直肠内，感知骨盆腔或腹腔内组织器官性状的方法。

【例题1】浅部触诊主要用于检查（B）。
A. 肾脏大小　　B. 体表温度　　C. 肠内容物　　D. 腹腔肿块　　E. 肝脏边缘

【例题2】不宜采用触诊检查的是（B）。
A. 体表状态　　　　　　B. 眼结膜颜色　　　　　　C. 某些组织器官的生理性活动
D. 某些组织器官的病理性活动　　　　　　　　　　E. 动物组织器官的敏感性

考点5：叩诊的类型和基本方法★★

叩诊是指用手指或借助器械对动物体表的某一部位进行叩击，以引起其振动并发生音响，再借助其发出的音响特性来帮助判断体内器官、组织状况的检查方法。叩诊分为直接叩诊法和间接叩诊法两种。

直接叩诊法：用一个手指（中指或食指）或用并拢的食指、中指和无名指的掌面或指端直接轻轻叩打（或拍）被检查部位体表的检查方法。

间接叩诊法：在被叩击的体表部位先放一振动能力较强的附加物，后向这一附加物体上进行叩击的检查方法。间接叩诊法主要有指指叩诊法和槌板叩诊法。

指指叩诊法：简单、方便、不需要使用器械，适用于中、小动物和大动物浅表部位的检查。

槌板叩诊法：适用于大动物体内器官、组织状况的检查。

考点6：叩诊音的种类和性质★★

临床上叩诊音分为清音、浊音、实音、鼓音和过清音5种。

清音在叩击富有弹性含气的器官时产生，见于正常肺部区域；浊音在叩击覆盖有少量含气组织的实质器官时产生，见于正常肝区及心区；实音是叩击不含气的实质性脏器时所产生的声音，大量胸腔积液和肺实变也可产生；鼓音是叩击含有大量气体的空腔器官时出现的声音，见于瘤胃胀气、气胸、肺空洞等；过清音是一种介于清音和鼓音之间的叩诊音，主要见于肺组织弹性减弱而含气量增多的肺气肿患者。

考点 7：听诊的基本方法和应用范围 ★★★

听诊是指借助听诊器或直接用耳朵听取动物机体内脏器官活动过程中发出的自然声音或病理性声音，再根据声音的性质特点，判断有无病理性改变的一种检查方法。例如，喉、肺可以通过气流振动产生声音，胃、肠可以通过蠕动产生声音，咽部、脾脏不产生声响。间接听诊法是指借助听诊器进行听诊的方法，即器械听诊方法，为临床上常用的方法。听诊主要用于检查心血管系统、呼吸系统、消化系统、胎心音和胎动音等。

【例题 1】不适于听诊检查的脏器是（D）。
A. 心脏　　B. 肺　　C. 肠　　D. 脾脏　　E. 胃

【例题 2】不宜用听诊检查的疾病是（C）。
A. 喉炎　　B. 肺炎　　C. 咽炎　　D. 肠炎　　E. 胃炎

考点 8：嗅诊的基本方法 ★

嗅诊是指用嗅觉发现、辨别动物的呼出气体、口腔臭味、排泄物及病理性分泌物异常气味与疾病之间关系的一种检查方法。嗅诊主要用于检查汗液、呼出气体、痰液、呕吐物、粪便、尿液和脓液味等。

第二章　整体及一般状态的检查

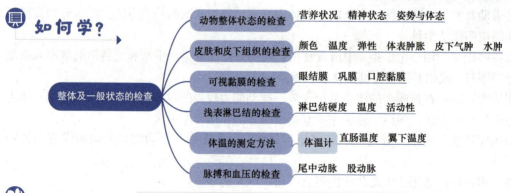

本章考点在考试中主要出现在 A1 型题中，每年分值平均 1 分。下列所述考点均需掌握。对于重点内容，希望考生予以特别关注。

考点 1：动物整体状态的检查内容 ★★

动物整体状态主要包括性别、年龄、精神状况、体格发育、营养状况、姿势与体态、运动与行为等。

动物的精神状态可以根据动物对外界刺激的反应能力和行为表现而判定,临床上主要观察病畜的神态,注意耳、眼活动和面部的表情及各种反应活动。

姿势与体态是指动物在相对静止或运动过程中的空间位置和呈现的姿态。在病理状态下,动物常在站立、躺卧和运动时出现一些特有的异常姿势。常见的运动和行为异常表现有运动失调(共济失调)、强迫运动、跛行、腹痛、异嗜、角弓反张、攻击人畜、瘙痒等。

营养状况的评价一般用视诊的方法来进行,主要根据肌肉丰满程度、骨骼与肌肉的外形及其发育程度、皮下脂肪蓄积量和被毛的状态、光泽度来判定。临床上将营养状况分为良好、中等、不良和过剩(肥胖)4种。

【例题】最能直接反映动物精神状态的是(E)。
A. 姿态　　　　　　　　B. 饮水量　　　　　　　　C. 采食量
D. 对环境的适应性　　　E. 对外界刺激的反应能力

考点2:皮肤和皮下组织的检查内容★★★

皮肤的检查主要包括皮肤的颜色、温度、湿度、弹性、皮肤的完整性、皮肤的疱疹,以及其他各种病理变化。皮肤的病变和反应有局部的和全身的,不同种类的动物还应注意其特定部位的变化。例如,贫血是血液中血红蛋白浓度、红细胞数低于正常值的综合征,主要表现为皮肤和可视黏膜苍白。贫血有多种类型,其中的溶血性贫血,红细胞大量破坏,使皮肤和可视黏膜黄染。

皮下组织的检查主要检查皮肤和皮下组织的肿胀,应注意肿胀的部位、大小、形态、内容物性状、硬度、温度、移动性及敏感性等。常见的体表肿胀主要有炎性肿胀、浮肿、皮下气肿、水肿、脓肿、血肿、淋巴外渗、疝和肿瘤等。其中皮下水肿的特征是水肿部位的皮肤表面光滑,紧张而有冷感,弹性减退,指压留痕,柔软如面团样,无痛感,肿胀界线多不明显。

【例题1】皮肤颜色呈现苍白、黄染的现象主要见于(C)。
A. 出血性贫血　　　　　B. 再生障碍性贫血　　　　C. 溶血性贫血
D. 亚硝酸盐中毒　　　　E. 一氧化碳中毒

【例题2】病猪腹部有局限性肿胀,触摸柔软如面团样,指压留痕,本病变可能是(E)。
A. 皮下血肿　　　　　　B. 疝　　　　　　　　　　C. 皮下气肿
D. 结缔组织增生　　　　E. 皮下水肿

考点3:可视黏膜的检查方法和临床意义★★

可视黏膜是指肉眼能看到或借助简单器械可观察到的黏膜,如眼结膜和鼻腔、口腔、直肠、阴道等部位的黏膜。临床上一般以检查眼结膜为主,牛主要检查巩膜。眼结膜检查一般在自然光线下用视诊的方法进行,应进行两眼的对照比较,必要时还应与其他可视黏膜进行对照检查。

临床意义:眼结膜上有点状或斑点状出血,常见于败血性传染病、出血性素质疾病,如猪瘟、马出血性紫癜、急性或亚急性传染性贫血等。马正常的眼结膜颜色呈浅红色,牛的呈浅红色,猪、羊、犬的呈粉红色。眼结膜呈树枝状充血是一种病理状态,其原因多由心肌功能障碍、静脉血液循环障碍所致。

【例题】眼结膜出现树枝状充血的原因是（ E ）。
A. 角膜炎　　　　　B. 坏死　　　　　C. 营养不良
D. 供氧不足　　　　E. 血液循环障碍

考点 4：浅表淋巴结的检查方法 ★★

浅表淋巴结的检查在确定附近组织器官的感染或诊断某些传染病上有重要的意义，主要表现为急性肿胀和慢性肿胀，浅表淋巴结急性化脓性炎症时，才会出现波动感。急性咽炎时，下颌淋巴结常见的变化是肿大、变硬、敏感。

浅表淋巴结的检查主要采用视诊和触诊的方法，必要时可配合穿刺检查法。视诊主要检查淋巴结大小、结构、形状、表面状态，而触诊主要检查淋巴结硬度、温度、敏感度及活动性等。

临床上对大动物主要检查下颌淋巴结、颈浅淋巴结、髂下淋巴结、腹股沟浅淋巴结；猪主要检查髂下淋巴结和腹股沟浅淋巴结；犬通常检查下颌淋巴结、腹股沟浅淋巴结和腘淋巴结等。其中腹股沟浅淋巴结在公畜上称为阴囊淋巴结，在母畜上称为乳房淋巴结。

【例题1】浅表淋巴结急性肿胀时，触诊无（ C ）。
A. 温热　　B. 坚实感　　C. 波动感　　D. 活动性　　E. 疼痛反应

【例题2】急性咽炎时，下颌淋巴结常见的变化是（ C ）。
A. 萎缩、变硬、敏感　　　　　B. 肿大、柔软、敏感
C. 肿大、变硬、敏感　　　　　D. 萎缩、柔软、敏感
E. 肿大、变硬、不敏感

考点 5：体温的测定方法、健康动物的体温范围及其临床意义 ★

临床上测量哺乳动物体温均以直肠温度为标准，而禽类通常测其翼下的温度，一般用体温计进行检温。检温时，先将水银柱甩动至35.0℃，后用消毒棉轻拭之，检温人员将体温计插入直肠，放置3~5min，取出后用酒精棉球拭净，读取水银柱上端的度数即可。

健康家畜的体温范围为：马37.5~38.5℃；牛37.5~39.5℃；羊38.0~40.0℃；猪38.0~39.5℃；犬37.5~39.0℃。

动物体温升高见于各种病原引起的全身感染和某些变态反应性疾病；体温降低见于严重贫血、营养不良、大出血等。

【例题】测量犬、猫体温的主要部位是（ E ）。
A. 皮肤　　B. 口腔　　C. 腋下　　D. 耳根　　E. 直肠

考点 6：脉搏频率、呼吸频率和动脉血压的检查方法 ★★

脉搏频率即每分钟的脉搏次数，以触诊的方法感知浅在动脉的搏动来测定。检查脉搏可以判断心脏活动机能与血液循环状态，甚至可以判断疾病的预后。马通常检查颌外动脉，牛检查尾动脉，小动物检查股动脉或肱动脉。

呼吸频率以每分钟呼吸次数（次/min）来表示。呼吸频率应在动物安静时，根据胸廓和腹壁的起伏动作或鼻翼的开张动作进行计数。鸡则通过观察肛门部羽毛的抽动进行计算。

动脉血压的测定方法有视诊法和听诊法。常用的血压计有汞柱式、弹簧式两种。大动物

在尾中动脉测定，小动物在股动脉测定。

【例题1】检查家禽呼吸频率最常用的方法是（C）。
A．观察头部　　　　　　　　　　B．观察胸廓运动
C．观察肛下羽毛　　　　　　　　D．用手背触感呼出气流
E．用手掌触感胸廓运动

【例题2】犬、猫间接性动脉血压的最佳测定部位是（B）。
A．颈动脉　　B．股动脉　　C．颌外动脉　　D．髂内动脉　　E．髂外动脉

第三章　心血管系统的检查

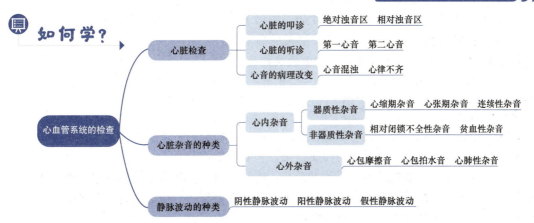

本章考点在考试中主要出现在A1型题中，每年分值平均1分。下列所述考点均需掌握。心脏检查的方法、心脏杂音的种类是考查最为频繁的内容，希望考生予以特别关注。

考点1：心脏检查的基本方法 ★★★

视诊、触诊、叩诊和听诊等是兽医临床上对心脏检查的基本方法，其中听诊最为常用。心脏的听诊主要用来听取正常心音，以及心音的频率（单位时间心音出现的次数）、强度、性质和节律的变化，从而反映心脏的病理状态。

心搏动又称心冲动，是指在心室搏动时，由于心肌急剧伸张，心脏横径增大并稍向左旋，而使相应部位的胸壁产生的振动。

检查心搏动，一般在左侧进行。马的心搏动在左侧的胸廓下1/3的中央水平线上的第3~6肋间，在第5肋间胸廓下1/3的中间处最明显；牛的心搏动在肩端线下1/2处的第3~5肋间；羊、猪的心搏动部位与牛的基本相同；犬、猫的心搏动在左侧第4~6肋间的胸廓下1/3处。

心脏的叩诊：心脏的一小部分与胸壁接触，叩诊呈浊音，称为心脏绝对浊音区；心脏的大部分被肺掩盖，叩诊时呈半浊音，称为心脏相对浊音区，它标志着心脏的真正大小。心脏相对浊音区增大见于心脏肥大、心包积液，心脏相对浊音区缩小见于肺气肿和气胸；心脏绝对浊音区增大由肺覆盖心脏的面积缩小所致，如肺萎缩等；心区叩诊呈鼓音见于渗出性心包炎。

心脏的听诊：一般在动物左侧进行，必要时可在右侧。在健康动物的每个心动周期中，可以听到"噜-塔""噜-塔"有节律地交替出现的两个声音，称为心音，前一个称为第一心音，后一个称为第二心音。

心音的病理改变主要包括心音的频率、强度、性质和节律的改变。

心音的频率改变包括窦性心动过速和窦性心动过缓；心音性质的改变包括心音混浊和金属样心音；心音节律的改变包括期前收缩、阵发性心动过速、心动间歇、心律不齐，主要是由心脏病理因素所引起的。

【例题1】马心搏动最明显的部位是左侧（C）。
A. 第3肋间胸廓下1/3　　B. 第4肋间胸廓下1/3　　C. 第5肋间胸廓下1/3
D. 第6肋间胸廓下1/3　　E. 第7肋间胸廓下1/3

【例题2】叩诊时，引起心浊音区缩小的疾病是（D）。
A. 心包积液　　B. 心扩张　　C. 心肥大　　D. 肺气肿　　E. 肺炎

考点2：心脏杂音的种类★★★

心脏杂音是指心音以外持续时间较长的附加声音。心脏杂音按发生部位分为心内杂音和心外杂音；心内杂音按发生原因分为器质性杂音和非器质性杂音。

器质性杂音包括心缩期杂音、心张期杂音、连续性杂音；非器质性杂音包括相对闭锁不全性杂音、贫血性杂音，都发生在心缩期。而心外杂音主要有心包摩擦音、心包拍水音、心肺性杂音等，是心脏器官之外的结构异常。

【例题1】属于心脏收缩期的非器质性杂音是（A）。
A. 贫血性杂音　　　　B. 心包摩擦音　　　　C. 心包拍水音
D. 连续性杂音　　　　E. 心肺性杂音

【例题2】引起心外杂音的是（B）。
A. 心瓣膜肥厚　　　　B. 纤维素性心包炎　　C. 严重贫血
D. 心瓣膜闭锁不全　　E. 心瓣膜狭窄

考点3：静脉波动的种类★

静脉波动是指伴随着心脏的活动，表在的大静脉也发生波动的现象。临床上主要检查颈静脉波动。静脉波动有以下3种类型：

阴性静脉波动：又称房性静脉波动，是指与心室收缩不一致的静脉波动。在心脏衰弱时，由于全身静脉瘀血严重，阴性静脉波动可以波及颈沟的中部以上。

阳性静脉波动：又称室性静脉波动，是指与心室收缩一致的静脉波动。在三尖瓣闭锁不全时，阳性静脉波动可波及颈沟的上1/3处。

假性静脉波动：又称伪性颈静脉波动，是由颈动脉的强力搏动所引起的静脉波动。

第四章　胸廓、胸壁及呼吸系统的检查

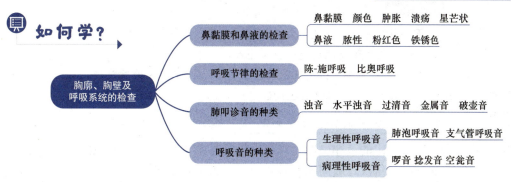

如何考？　本章考点在考试中主要出现在 A1 型题中，每年分值平均 1 分。下列所述考点均需掌握。叩诊音种类、呼吸音种类是考查最为频繁的内容，希望考生予以特别关注。可以结合兽医内科学相关内容进行学习。

考点1：胸廓、胸壁检查的临床意义 ★

胸廓、胸壁的检查：一般采取视诊和触诊的方法，主要检查其大小、外形、对称性和胸壁的敏感性。

胸壁疼痛：触诊胸壁时，病畜表现不安、回顾、躲闪、反抗或呻吟。

胸壁敏感：见于胸膜、胸壁皮肤、肌肉或肋骨发炎与疼痛性疾病。

胸膜摩擦感：胸膜炎时，随呼吸运动，胸壁的壁层和脏层相互摩擦，触诊时可以感觉到。触诊胸壁时，有轻微的震颤感，称为支气管震颤，见于异物性肺炎和肺脓肿破溃等。

皮下气肿：胸部皮下组织有气体积存的现象，一般出现捻发音。

考点2：鼻黏膜和鼻液检查的基本方法和临床意义 ★★

鼻黏膜的检查：主要使用视诊和触诊的方法。视诊的光线以白天的为最好，必要时可以使用开鼻器、反光镜、头灯或手电筒进行检查。检查鼻黏膜时，主要检查鼻黏膜颜色、有无肿胀、水疱、溃疡、结节、瘢痕和肿瘤等，如鼻疽性瘢痕多呈星芒状、马腺疫呈火山口状。

鼻液的检查：鼻液是鼻腔黏膜分泌的少量浆液和黏液，健康动物一般无鼻液。鼻液带血，呈红色，血量不等，或混有血丝、血凝块或全血，鲜红色滴流者，常提示鼻出血。

临床意义：鼻液黏稠呈线状，有腥臭味，为卡他性炎症的特征；鼻液脓性，黏稠混浊，呈糊状，具有脓臭或恶臭味，为化脓性炎症的特征；鼻液呈粉红色或鲜红色而混有许多小气泡者（即浆液性出血性鼻液），则提示肺水肿、肺充血；鼻肿瘤时，鼻液呈暗红色或果酱状；铁锈色鼻液为大叶性肺炎和传染性胸膜肺炎一定阶段的特征。

【例题1】仔猪，2月龄，血液突然从一侧鼻孔点滴状流出，呈鲜红色。该出血来源于（E）。
A. 肺泡　　　B. 小支气管　　　C. 大支气管　　　D. 气管　　　E. 鼻腔

【例题2】马急性肺水肿的鼻液性质是（D）。
A. 浆液性脓性　　　B. 黏液性脓性　　　C. 脓性腐败性
D. 浆液性血性　　　E. 腐败性血性

考点3：呼吸节律的检查方法和临床意义★★★

健康动物呼吸时，有一定的节律，即吸气之后紧接着呼气，每一次呼吸运动之后，稍有休息，再开始第二次呼吸。每次呼吸间隔的时间相等，如此周而复始，很有规律，称为节律性呼吸。呼吸节律异常是指在病理情况下，正常的呼吸节律遭到破坏的现象。呼吸节律异常主要有以下形式：

吸气延长：提示气流进入肺部不畅，从而出现吸气困难。

呼气延长：表示气流呼出不畅，从而出现呼气困难。呼气延长主要是由支气管腔狭窄，肺的弹性不足所致。

陈-施呼吸：特征为病畜呼吸由浅逐渐加强、加深、加快，当达到高峰以后，又逐渐变弱、变浅、变慢，而后呼吸中断，这种波浪式的呼吸方式又名潮式呼吸，是呼吸中枢敏感性降低的特殊指征，也是疾病危重的表现。

比奥呼吸：特征为数次连续的、深度大致相等的深呼吸和呼吸暂停交替出现，即周而复始的间停呼吸，又称为间停式呼吸，表示呼吸中枢的敏感性极度降低，是病情危重的标志，提示预后不良。

库斯莫尔呼吸：特征为呼吸不中断，发生深而慢的大呼吸，呼吸次数少，并带有明显的呼吸杂音，如啰音和鼾声，又称深大呼吸，提示呼吸中枢衰竭的晚期，是病危的象征。

【例题】比奥呼吸的特点是（C）。
A. 间断性呼气或吸气　　　　　　　　B. 呼气和吸气都费力，时间延长
C. 深大呼吸与暂停交替出现　　　　　D. 呼吸深大而慢，但无暂停
E. 由浅而深再至浅，经暂停后复始

考点4：肺叩诊区的叩诊方法和叩诊音的种类★★★

肺叩诊区的叩诊方法：大家畜主要采用槌板叩诊法，小动物多用指指叩诊法。健康牛肺叩诊区为三角形，上界为脊柱平行的直线，距背中线10cm左右，前界自肩胛骨后角沿肘肌向下画S曲线，止于第4肋间，后下界自背界的第12肋骨开始，向下、向前经髋结节线与第11肋间交叉，经肩关节线与第8肋间的交叉点，止于第4肋间的曲线。

胸、肺区叩诊音：健康大动物肺部叩诊区呈清音，特点为音调低、音响大、振动持续时间长；而叩诊边缘区域时由于含气量少呈现半浊音。病理性肺叩诊音主要有浊音、半浊音、

水平浊音、鼓音、过清音、金属音和破壶音等。

浊音、半浊音主要是肺泡内充满炎性渗出物，使肺组织发生实变、密度增加的结果；鼓音主要见于肺空洞、气胸、胸腔积液、皮下气肿等；过清音表示肺组织的弹性显著降低，气体过度充盈；破壶音见于与支气管相通的大空洞；金属音表示肺部有较大的空洞，叩诊发出金属音。

【例题】健康动物肺区边缘的正常叩诊音是（B）。
A. 清音　　　　B. 半浊音　　　　C. 浊音　　　　D. 鼓音　　　　E. 过清音

考点 5：肺区听诊的基本方法★

对于肺部听诊，常用间接听诊法，肺听诊区与肺叩诊区基本一致。听诊时，可以先从肺中 1/3 开始，由前向后逐渐听取，然后听诊上 1/3，最后听诊下 1/3。每个部位听 2~3 次呼吸音，再变换位置，直至听完全肺。

【例题】肺部听诊时，开始部位在肺听诊区的（B）。
A. 上 1/3　　B. 中 1/3　　C. 下 1/3　　D. 前 1/3　　E. 后 1/3

考点 6：生理性呼吸音与病理性呼吸音的种类★★★

生理性呼吸音是指动物呼吸时，气流进出细支气管和肺泡时发生摩擦，引起旋涡运动而产生的声音，经过肺组织和胸壁时，在体表所听到的声音，即为肺呼吸音。在正常肺部可以听到两种不同性质的声音，即肺泡呼吸音和支气管呼吸音。在肺区的前部，较大的支气管接近体表处可以听到生理性支气管呼吸音，但并非纯粹的支气管呼吸音，而是带有肺泡呼吸音的混合呼吸音。

生理性呼吸音主要有肺泡呼吸音和支气管呼吸音。肺泡呼吸音为一种类似柔和吹风的"夫、夫"音。支气管呼吸音是指动物呼吸时，气流通过喉部的声门裂隙产生的旋涡运动以及气流在气管、支气管形成涡流所产生的声音，是喉呼吸音和气管呼吸音的延长，一般发出"嚇、嚇"音。生理状况下，在犬的整个肺部都能听到明显的支气管呼吸音。

病理性呼吸音主要有啰音、捻发音、空瓮音、胸膜摩擦音和拍水音等。

啰音：呼吸音以外的附加音响，分为干啰音和湿啰音。干啰音是由于气管、支气管或细支气管狭窄或部分阻塞，空气吸入或呼出湍流所产生的声音；湿啰音为气流通过带有稀薄分泌物的支气管时，引起液体移动或水泡破裂而发生的声音。

捻发音：常提示肺实质的病变，也见于毛细支气管炎。

空瓮音：气流通过细小支气管进入内壁光滑大的肺空洞时的声音，常带金属音调。

胸膜摩擦音：发生胸膜炎，呼吸运动时两层粗糙的胸膜面互相摩擦而产生胸膜摩擦音。触诊时会出现胸膜摩擦感和疼痛表现。

拍水音（击水音）：胸腔内有液体和气体同时存在发出的声音。

【例题 1】属于犬生理性肺呼吸音的是（D）。
A. 啰音　　　B. 捻发音　　　C. 空瓮音　　　D. 混合呼吸音　　　E. 齿轮呼吸音

【例题 2】肺部各区域均可听到支气管呼吸音的健康动物是（A）。
A. 犬　　　　B. 猪　　　　C. 羊　　　　D. 牛　　　　E. 马

第五章　消化系统的检查

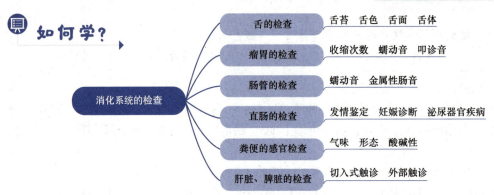

本章考点在考试中主要出现在 A1 型题中，每年分值平均 1 分。下列所述考点均需掌握。瘤胃检查和直肠检查是考查最为频繁的内容，希望考生予以特别关注。

考点 1：舌检查的基本方法和临床意义 ★★

舌检查常用的方法是视诊和触诊。其临床意义如下：

舌苔：覆盖在舌体表面的一层疏松或致密的沉淀物。舌苔薄而色浅提示病程短，病情轻；舌苔厚而色深，提示病程长，病情较重。

舌色：呈深红色或紫色，提示循环高度障碍或机体缺氧；呈青紫色，舌软如绵，提示疾病已到危险期。

舌面：出现水疱、糜烂或溃疡，见于口蹄疫、水疱性口炎、牛黏膜病。

舌体：舌硬如木，体积增大，甚至垂于口外，见于放线菌病；舌体麻木，失去活动能力，见于中枢神经系统疾病或饲料中毒。

考点 2：瘤胃检查的基本方法和内容 ★★★★★

瘤胃的检查一般是在左侧腹壁上，采用视诊、触诊、叩诊和听诊的方法进行，主要了解瘤胃收缩次数、强度、内容物的性状和数量，必要时可以穿刺，检查瘤胃液。

正常健康动物瘤胃的收缩次数为：牛 1~3 次/min，山羊 1~2 次/min，绵羊 1.5~3 次/min，以食后 2h 最旺盛。健康牛的瘤胃蠕动音呈雷鸣音或远炮音。健康牛瘤胃上部叩诊为鼓音，由肷窝向下逐渐变为半浊音，下部完全为浊音。

【例题 1】瘤胃蠕动的听诊音是（D）。
A. 夫夫音　　B. 流水音　　C. 钢管音　　D. 雷鸣音　　E. 捻发音

【例题 2】健康牛的瘤胃蠕动次数（次/min）为（C）。
A. 7~9　　B. 4~6　　C. 1~3　　D. 10~12　　E. <1

考点3：肠管的检查方法和临床意义 ★★

肠管的检查主要采用听诊和直肠检查的方法。健康反刍动物在腹部右侧后部听诊，可听到稀而弱的肠蠕动音。小肠蠕动音类似于含漱音、流水音；大肠蠕动音类似雷鸣音或远炮音。

临床意义：肠音增强，听诊肠音高朗，连绵不断，见于急性肠炎、肠痉挛和服用泻剂等；肠音减弱，听诊肠音短而弱，次数少，见于一切热性病及消化功能障碍；肠音消失，听诊肠音完全停止，为肠管麻痹的表现，见于肠套叠及肠便秘等。

金属性肠音：听诊肠音如水滴落在金属板上的声音，是因肠内充满气体，或肠壁过于紧张，邻近的肠内容物移动冲击该部肠壁发生振动而形成的声音。

小动物表现为疼痛不安、惊恐、呻吟、弓腰努责等，主要是由胃肠炎、腹膜炎、结肠便秘、肠套叠、肠臌气等引起的。

小结肠内粪球过大、硬结，有疼痛反应，提示小结肠便秘。小动物发生结肠便秘、胃肠炎、高热性疾病，剧烈腹痛时呈"祈祷"姿势。

肠便秘：病畜频频做排粪姿势，初期排干小粪球，以后排粪停止；听诊肠音微弱，有时听到金属性肠音；腹部触诊显示不安，小型瘦弱猪可摸到形如串珠的干粪球。

【例题1】犬腹痛时，典型的表现是（D）。
A. 昏睡　　B. 晕厥　　C. 嚎叫　　D. 弓腰姿势　　E. 前肢刨地

【例题2】犬细小病毒病不表现（A）。
A. 粪便秘结　　B. 排粪失禁　　C. 排粪增加　　D. 排粪痛苦　　E. 里急后重

【解析】本题考查肠管检查的临床意义。犬细小病毒病分为心肌炎型和肠炎型，其中肠炎型表现为呕吐和腹泻，如排粪增加、排粪失禁、排粪痛苦、里急后重等。

考点4：直肠检查的应用范围和临床意义 ★★

直肠检查是指对大动物，以手伸入直肠并经肠壁间接地对盆腔器官和后部腹腔器官进行检查的基本方法。直肠检查主要用于发情鉴定、妊娠诊断，以及疝痛、母畜生殖器官及泌尿器官疾病的检查和诊断。

临床意义：膀胱敏感、疼痛，表示膀胱有炎症；当触之发现囊内有硬块状物体时，疑为膀胱结石；高度膨大，充满尿液，提示膀胱括约肌痉挛或膀胱麻痹。

考点5：粪便感官检查的临床意义 ★★

健康草食动物的粪便一般无恶臭气味，呈现弱碱性，若为酸性，表明是胃肠卡他；猪、犬、猫的粪便较臭，呈现弱酸性。动物便秘时，粪便干硬而色暗，病程较长，粪便呈算盘珠状。前部肠管或胃出血时，粪便呈黑色；后部肠管出血时，粪便表面呈鲜红色；阻塞性黄疸时，粪便呈灰白色。

【例题】草食动物的正常粪便常呈（B）。
A. 强碱性　　B. 弱碱性　　C. 强酸性　　D. 弱酸性　　E. 中性

考点6：肝脏、脾脏检查的临床意义 ★★

犬肝脏位于右季肋下部，主要采用切入式触诊。肝脏肿大时，可以触诊右季肋下部肝区，发现肝脏变厚，疼痛明显；叩诊肝脏浊音区扩大，见于肝炎、肝硬化、肝片吸虫病。

犬脾脏位于左季肋部，主要采用外部触诊，使犬右侧卧，右手向深部按压，触知脾脏的大小、形状、硬度和疼痛反应。犬的脾脏肿大见于白血病、急性和慢性脾炎、炭疽、脾脏淀粉样变性和巴贝斯虫病。

【例题】犬肝脏的触诊检查常用（C）。
A. 双手触诊法　　B. 浅部触诊法　　C. 切入式触诊法　　D. 深压触诊法　　E. 冲击触诊法

第六章　泌尿系统的检查

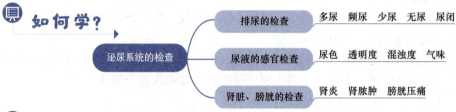

本章考点在考试中主要出现在 A1 型题中，每年分值平均 1 分。下列所述考点均需掌握。对于重点内容，希望考生予以特别关注。

考点 1：排尿检查的临床意义 ★★

排尿异常主要有以下类型：

多尿：指 24h 内尿的总量增多，表现为排尿次数增多而每次尿量并不少，或为排尿次数虽不明显增加，但每次尿量增多，主要见于肾小管细胞损伤（慢性肾炎）、应用利尿剂或大量饮水之后。

频尿：指排尿次数增多，而每次尿量不多甚至减少，或呈滴状排出，主要见于膀胱炎、膀胱受刺激和尿路炎症。

少尿和无尿：指动物 24h 内排尿总量减少甚至接近没有尿液排出，表现为排尿次数和每次尿量均减少，或甚至久不排尿。少尿时尿液通常被浓缩且比重增加，可见于急性肾炎、发热、休克、心脏病和脱水等。病理情况分为肾前性（功能性肾衰竭）、肾原性（器质性肾衰竭，特点多为少尿，少数严重者无尿）及肾后性（梗阻性肾衰竭，见于肾盂或输尿管阻塞，机械性尿路阻塞，膀胱结石或肿瘤压迫）。

尿淋漓：指家畜频做排尿动作，但尿液仅呈细流状或滴状排出。

尿闭：又称尿潴留，是指尿液滞留在膀胱内而不能排出，表现为少尿或无尿，但膀胱充盈，主要见于尿路阻塞或狭窄、膀胱括约肌痉挛或膀胱麻痹。

排尿困难或疼痛：某些泌尿器官疾病，使得动物排尿时感到非常不适，甚至呈腹痛样症状和排尿困难。

尿失禁：指动物未采取一定的准备动作和排尿姿势，而尿液不自主地经常自行流出，主要见于脊髓疾病。

【例题】家畜频做排尿动作，但尿液仅呈细流状或滴状排出的症状称为（A）。
A. 尿淋漓　　B. 尿失禁　　C. 尿闭　　D. 少尿　　E. 无尿

考点2： 尿液的感官检查和临床意义★★★

尿液的一般性状是指在不借助显微镜或化学试剂的情况下，可以观察到的尿液的所有属性，包括尿量、尿色、透明度、混浊度、黏稠度和气味等。健康动物的新鲜尿为深浅不一的黄色，犬尿为黄色，水牛尿和猪尿为水样外观。健康动物的尿液一般是清亮透明的，但马尿刚排出时呈混浊状，若变清亮，则提示纤维素性骨营养不良或慢性胃肠卡他；静置时在尿表面形成一层碳酸钙闪光薄膜，底层出现黄色沉淀。

临床意义：尿呈棕黄色、黄绿色，振荡后产生黄色泡沫，见于各型黄疸。红尿是指尿变红色、红棕色甚至黑棕色的总称。血尿是指尿中混有血液，因新鲜度不同而呈鲜红色、暗红色或棕红色，混浊而不透明，振荡后呈云雾状，放置后有大量沉淀。尿中仅含有游离的血红蛋白者，称为血红蛋白尿。

不同动物的尿液各具有一定气味，公山羊、公猪、公猫的尿液具有难闻的臊臭味。患羊妊娠毒血症、牛酮病或消化系统的某些疾病时，由于尿液中含有酮体而产生一种果香味。

【例题】正常尿液混浊的动物是（A）。
A. 马　　B. 牛　　C. 犬　　D. 猪　　E. 羊

考点3： 肾脏、膀胱检查的基本方法和临床意义★★

肾脏的检查一般采用触诊和叩诊等方法进行。其临床意义：肾脏的敏感性升高、肾区疼痛时，病畜表现为腰背僵硬，运步小心，后肢向前移动缓慢，主要见于急性肾炎、肾脏及其周围组织发生化脓性感染、肾脓肿等。

小动物膀胱一般采用直肠触诊检查的方法，检查其大小、充满度、壁厚度及有无压痛，主要表现有尿频、尿痛、膀胱压痛、排尿困难、尿潴留等。

第七章　生殖系统的检查

轻装上阵

如何学？

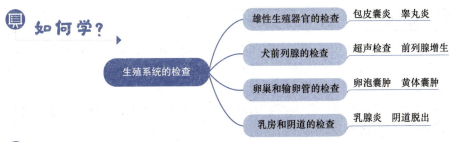

如何考？

本章考点在考试中主要出现在A1型题中，每年分值平均1分。下列所述考点均需掌握。对于重点内容，希望考生予以特别关注。

考点冲浪

考点1: 雄性生殖器官检查的临床意义 ★

雄性生殖器官的检查应注意阴囊、睾丸和阴茎的大小、形状、尿道口颜色、肿胀、分泌物或新生物等，以诊断包皮囊炎、睾丸炎。

临床意义：公犬患包皮及包皮囊炎时，主要表现为包皮肿胀、捏粉样感觉，包皮口污秽不洁，流出脓样腥臭的液体；翻开包皮囊可见红肿、溃疡病变，龟头有炎症。

阴囊显著肿大，腹痛明显，触诊阴囊有软坠感；阴囊皮肤温度降低，有冰凉感，是阴囊疝的表现，常见于仔猪、幼犬。

考点2: 犬前列腺检查的基本方法和临床意义 ★★

犬前列腺的检查常用视诊和触诊的方法，但最好采用超声检查或X线检查。前列腺疾病常见于中老龄公犬。

临床意义：前列腺肥大症又称前列腺增生，一般不表现临床症状，前列腺肥大压迫膀胱时，可以引起便秘和尿淋漓。

前列腺炎常发于老龄犬，表现发热、前列腺疼痛、便秘、频尿、血尿、触诊前列腺肿大、敏感。射精时采集前列腺液，镜检可见较多的炎症细胞，且以中性粒细胞为主。

考点3: 卵巢和输卵管检查的临床意义 ★★

临床意义：卵巢功能减退是指卵巢功能受到扰乱，处于静止状态，无发情表现，发情的外表征象不明显，发情周期延长或长期不发情，有时出现发情症候但不排卵。卵巢囊肿包括卵泡囊肿和黄体囊肿。患卵泡囊肿的母牛，一般表现无规律的、长时间或连续性的发情症状（慕雄狂），或长时间不出现发情征象（乏情），直肠检查在卵巢上可感觉到有囊肿状结构，囊肿常位于卵巢的边缘，壁厚。如果囊肿壁极厚，且有波动感，则很可能为黄体囊肿，这种牛多数表现为乏情。

输卵管疾病主要有输卵管炎、输卵管积液和输卵管囊肿。

【例题】不属于卵巢功能减退症状的是（ C ）。
A. 长期不发情　　　　　　　　　B. 发情周期延长
C. 出现发情症状并排卵　　　　　D. 出现发情症状但不排卵
E. 发情的外表征象不明显

考点4: 乳房和阴道检查的基本方法和临床意义 ★★

乳房是泌乳母畜的检查重点之一，主要采用视诊、触诊的方法，并注意乳汁的性状。乳汁浓稠，内含絮状物、纤维蛋白性凝块或脓汁、带血，多为乳腺炎的重要指征，必要时应进行乳汁的化学分析和显微镜检查。

阴道检查可以借助器械扩张阴道，仔细观察阴道黏膜的颜色、湿度、损伤、炎症、肿物和溃疡等，同时注意宫颈口的状态及阴道分泌物的变化。

临床意义：病畜表现弓背，努责，时做排尿状，阴门中流出浆液性或黏液脓性污秽液，甚至附着在阴门、尾根部变为干痂，表明为阴道炎；尾根高举、骚动不安、弓背、频频努责时，表明为阴道损伤；阴道脱出和子宫脱出时，可见阴门外有脱垂的物体；当母牛产后胎衣不下时，阴门外常吊挂部分胎衣。

【例题1】奶牛乳腺炎常用的检查方法不包括（C）。
A. 视诊　　　　　　　B. 触诊　　　　　　　C. 乳房穿刺
D. 乳汁化学分析　　　E. 乳汁显微镜检查

【例题2】不属于牛阴道损伤的临床症状是（C）。
A. 尾根高举　　B. 骚动不安　　C. 左肷窝隆起　　D. 弓背　　E. 频频努责

第八章　神经系统的检查

本章考点在考试中主要出现在A1型题中，每年分值平均1分。下列所述考点均需掌握。对于重点内容，希望考生予以特别关注。

考点1：视神经和听神经检查的基本方法★★★

视神经检查的基本方法：主要包括威胁性试验、动物障碍试验、视觉放置试验、瞳孔光反射试验及检眼镜检查，主要检查动物巩膜、角膜、眼球、瞳孔、视力、瞳孔对光的反应、视乳头等是否异常。

听神经检查的基本方法：一般先将动物眼睛遮盖并避免其他声音的干扰，检查者可从不同距离发出声音。健康动物听到声音后，其头向声音发出方向回顾，同时外耳也做运动，以获得外界的声音。听力异常分为听觉迟钝或完全缺失（聋）和听觉过敏。

【例题1】犬，13岁，饮欲、食欲正常，最近发现，在门半闭时不能自行出入，初步检查四肢未见异常。进一步诊断需要检查的是（D）。
A. 三叉神经　　B. 面神经　　C. 迷走神经　　D. 视神经　　E. 听神经

【例题2】犬，3月龄，购回1个多月，对主人的呼唤无反应，饮欲、食欲正常，该犬首先需要检查的脑神经是（B）。
A. 视神经　　B. 听神经　　C. 三叉神经　　D. 舌咽神经　　E. 动眼神经

考点2：浅感觉检查的基本方法和临床意义★★

浅感觉是指皮肤和黏膜的感觉，包括痛觉、触觉、温觉和电的感觉等。浅感觉检查一般是尽可能让动物安静，最好有熟悉人员在旁。将动物的眼睛遮住，用针头以不同的力量针刺皮肤，观察动物的反应。

临床意义：一般包括以下3种常见的浅感觉病理变化。浅感觉过敏是指轻微刺激或抚触即可引起强烈反应；浅感觉减退和缺失是指对针刺的感觉能力降低或感觉程度减弱，甚至完全缺失；浅感觉异常是指不受外界刺激影响而自发产生的异常感觉，如痒感、蚁行感、烧灼感等，动物对感觉异常部位表现为舌舔、啃咬、摩擦、搔抓，甚至咬破皮肤而露出肌肉。

【例题】羊，表现奇痒而不断摩擦，以致被毛折断脱落，实验室诊断朊病毒病呈阳性，该羊的皮肤感觉属于（ C ）。
A. 浅感觉过敏　　　　B. 浅感觉减退　　　　C. 浅感觉异常
D. 深感觉异常　　　　E. 特殊感觉异常

考点3： 反射活动检查的基本方法★★★

反射活动检查的基本方法主要有耳反射、鬐甲反射或肩峰反射、腹壁反射、肛门反射、角膜反射、膝反射和跟腱反射，主要用于检查动物脊髓各段的病变。例如，进行跟腱反射检查时，动物侧卧，让被测后肢保持松弛，用叩诊槌叩击跟腱，正常时跗关节伸展，而球关节屈曲，神经反射中枢位于脊髓荐椎段。进行肛门反射检查时，正常刺激条件下，腹下神经兴奋，反射性引起括约肌收缩；腹下神经抑制，反射性引起括约肌松弛。

【例题1】动物侧卧、后肢保持松弛，叩诊槌叩击跟腱，正常表现为（ D ）。
A. 跗关节屈曲、球关节屈曲　　　　B. 跗关节伸展、球关节伸展
C. 跗关节屈曲、球关节伸展　　　　D. 跗关节伸展、球关节屈曲
E. 跗关节不动、球关节屈曲

【例题2】腹下神经抑制，反射性引起（ D ）。
A. 腹直肌收缩　　　　B. 泌尿肌松弛　　　　C. 括约肌收缩
D. 括约肌松弛　　　　E. 腹横肌松弛

第九章　血液的一般检查

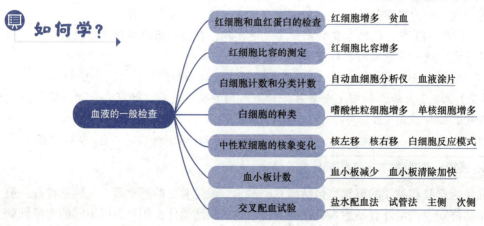

> **如何考？** 本章考点在考试中主要出现在 A1、B1 型题中，每年分值平均 2 分。下列所述考点均需掌握。白细胞的种类、中性粒细胞的核象变化是考查最为频繁的内容，希望考生予以特别关注。

考点冲浪

考点 1：红细胞和血红蛋白检查的临床意义 ★★

临床意义：红细胞增多症是指动物血液循环中红细胞数量增加的现象。其中原发性绝对红细胞增多症是一种罕见骨髓增生性疾病，特点为产生大量成熟红细胞；继发性绝对红细胞增多症是由于慢性低氧血症导致促红细胞生成素生理性释放而引起的增生性疾病，常见于慢性肺炎、心脏病、肺动脉主动脉短路、高海拔等情况。

红细胞数量减少：即贫血，分为再生性贫血和非再生性贫血。再生性贫血是指贫血时骨髓红细胞生成量增加，最终使红细胞数量达到正常值。非再生性贫血是指红细胞无效生成或者红细胞生成量减少（再生障碍性贫血）。按发生原因，贫血分为溶血性贫血、营养性贫血、出血性贫血和再生障碍性贫血。其中，溶血性贫血主要见于急性感染和中毒，如马传染性贫血、附红细胞体病、洋葱中毒、甘蓝中毒、大葱中毒等。胆红素是红细胞代谢分解的副产物，在血浆中与蛋白质结合，转运到肝脏后与葡萄糖醛酸结合变成可溶性结合胆红素。

【例题 1】犬洋葱中毒所引起的贫血属于（ A ）。
A. 溶血性贫血　　　　B. 失血性贫血　　　　C. 营养性贫血
D. 小细胞低色素性贫血　E. 再生障碍性贫血

【例题 2】死亡后能产生游离胆红素的细胞是（ D ）。
A. 淋巴细胞　B. 单核细胞　C. 白细胞　D. 红细胞　E. 血小板

考点 2：红细胞比容的测定方法和临床意义 ★★★

红细胞比容的测定常采用温氏法，即抗凝全血经离心沉淀后，测定下沉的血细胞在全血中所占体积的百分比。

临床意义：红细胞比容增多见于各种原因所致的血液浓缩，如呕吐、腹泻、失水、大面积烧伤等；红细胞比容减少见于各种贫血。

考点 3：白细胞计数和分类计数的基本方法 ★★

白细胞计数是指测定每升血液中各种白细胞的总数，测定方法有光学显微镜计数法和自动血细胞分析仪计数法。

白细胞分类计数：血液涂片进行显微镜检查是白细胞分类计数的基本方法。制备厚薄适宜、细胞分布均匀、染色良好的血液涂片是血液学检查最重要的基本技术之一。血液涂片后，观察血涂片，首先由低倍镜开始观察，再用高倍镜观察，最后用油镜进行分类计数，至少计数 100 个白细胞，计算每种类型的白细胞个数，以百分比记录，称之为相对白细胞数。

考点 4：白细胞的种类和临床意义 ★★★★

哺乳动物的白细胞由成熟和未成熟中性粒细胞、淋巴细胞、单核细胞、嗜酸性粒细胞和嗜碱性粒细胞组成。

临床意义：中性粒细胞增多症是引起白细胞增多症最常见的原因。中性粒细胞增多主要见于急性细菌感染和化脓性炎症，如化脓性胸膜炎、化脓性腹膜炎、创伤性心包炎、子宫炎、乳腺炎等，以及严重组织损伤、急性大出血。

嗜酸性粒细胞增多：主要见于免疫介导性疾病、过敏性疾病、皮肤真菌感染、寄生虫病和某些恶性肿瘤。

淋巴细胞增多：主要见于生理性增多（如肾上腺素增加）、病毒性传染病（猪瘟、流感）、慢性细菌感染（结核、布病）和淋巴细胞白血病。例如，由病毒引起的家畜病毒性脑膜炎，临床血液学检查表现为白细胞总数减少、淋巴细胞数增多、嗜酸性粒细胞数减少。

单核细胞增多：主要见于某些感染，如免疫缺陷型病毒感染、焦虫病、锥虫病、结核、布鲁氏菌病以及组织坏死性疾病。

【例题1】过敏性疾病白细胞分类计数显示（C）。
A. 中性粒细胞增多　　B. 中性粒细胞减少　　C. 嗜酸性粒细胞增多
D. 嗜酸性粒细胞减少　　E. 嗜碱性粒细胞减少

【例题2】家畜病毒性脑膜炎的血常规检查结果是（D）。
A. 淋巴细胞数正常　　B. 白细胞总数升高　　C. 嗜酸性粒细胞数升高
D. 白细胞总数降低　　E. 嗜碱性粒细胞数升高

考点5：中性粒细胞的核象变化和临床意义★★★★★

外周血中中性粒细胞核象是指中性粒细胞的成熟程度。中性粒细胞分为未成熟中性粒细胞（原粒细胞、早幼粒细胞、中幼粒细胞、晚幼粒细胞）、过渡型中性粒细胞（中性杆状核粒细胞）和中性分叶核粒细胞。血液学检查，中性杆状核粒细胞大小约为红细胞的2倍；细胞质呈粉红色，其中有粉红色或红色微细颗粒；细胞核呈马蹄形或腊肠形，染色呈浅蓝紫色，细胞核染色质细致。中性粒细胞核象的变化可以反映疾病的病情发展和预后。**中性粒细胞的核象变化分为核左移和核右移两种。核左移、核右移的区分线在杆状核与分叶核之间。**

中性粒细胞核左移：外周血中中性杆状核粒细胞增多和杆状核阶段以前的幼稚细胞出现称为核左移。核左移伴有白细胞总数增多者，称为再生性左移，常见于急性化脓性感染、急性中毒、急性大出血等。

中性粒细胞核右移：外周血中中性分叶核粒细胞增多，同时分5叶核以上的细胞大于3%时称为核右移，这是造血功能衰退或造血物质缺乏的表现。核右移常伴有白细胞总数减少，主要见于营养性巨幼细胞性贫血、恶性贫血和使用抗代谢药物过多。在疾病进行期，突然出现核右移，提示预后不良。

白细胞反应的一般模式主要有兴奋性白细胞象，表现为犬、猫白细胞增多，猫淋巴细胞和中性分叶核粒细胞增多，犬无变化；还有应激性白细胞象，表现为白细胞增多，淋巴细胞减少。

【例题1】过渡型中性粒细胞是指（C）。
A. 原粒细胞　　　　　B. 中幼粒细胞　　　　C. 中性杆状核粒细胞

D. 3 叶核粒细胞　　　　　E. 5 叶核粒细胞

【例题 2】犬，血液学检查，细胞大小约为红细胞的 2 倍；细胞质呈粉红色，其中有粉红色或红色微颗粒，细胞核呈马蹄形或腊肠形，染色呈浅蓝紫色，细胞核染色质细致。该类细胞是（B）。

A. 晚幼中性粒细胞　　　B. 中性杆状核粒细胞　　　C. 中性分叶核粒细胞
D. 淋巴细胞　　　　　　E. 单核细胞

【例题 3】猫兴奋性白细胞增多，除淋巴细胞增多外，还表现为（D）。

A. 单核细胞增多　　　　　　　　B. 嗜碱性粒细胞增多
C. 嗜酸性粒细胞增多　　　　　　D. 中性分叶核粒细胞增多
E. 中性杆状核粒细胞增多

考点 6：血小板计数的临床意义 ★★★

临床意义：血小板增多多为暂时性的，主要见于急性出血、慢性出血、骨折、创伤、手术后；血小板减少主要见于传染性因素，包括埃利希氏体病、猫免疫缺陷病毒病、使用磺胺嘧啶及非类固醇类抗炎药后。血小板清除加快主要见于系统红斑狼疮、巴贝斯虫病、心丝虫病、溶血性尿毒症等；血小板分布异常主要见于某些真菌毒素中毒、蕨类植物中毒、放射病和白血病等。白血病是一类造血干细胞异常的克隆性恶性疾病。在骨髓和其他造血组织中白血病细胞大量增生积聚并浸润其他器官和组织，同时使正常造血受抑制，血小板减少且分布异常，临床表现为贫血、出血、感染及各器官浸润症状。

【例题 1】血小板清除加快常见于（B）。

A. 骨折　　　B. 心丝虫病　　　C. 胰腺炎　　　D. 白血病　　　E. 支气管炎

【例题 2】血小板减少且分布异常常见于（D）。

A. 骨折　　　B. 肝炎　　　　C. 胰腺炎　　　D. 白血病　　　E. 支气管炎

考点 7：交叉配血试验的基本方法 ★★★★

配血试验是检测受血者与供血者血液是否相合及避免溶血性输血反应必不可少的检测项目，分为主侧交叉配血和次侧交叉配血。

把患病动物的血清与献血者红细胞相配的一管，称为主侧；把献血者血清与受血者红细胞相配的一管，称为次侧；两者合称交叉配血。

常用的交叉配血试验为盐水配血法，主要操作方法有玻片法和试管法两种。血清和红细胞混匀，前后振荡，置于室温下 20~30min 后观察结果。判定标准如下：

如主、次侧的液体都均匀红染，无红细胞凝集现象，显微镜观察红细胞界线清楚，表示配备相合，可以输血。

如主、次两侧或主侧红细胞凝集成沙粒状团块，液体透明，显微镜下观察红细胞堆积一起，分不清界线，表示配备不合，不能输血。

如主侧不凝集而次侧凝集，分两种情况：一是供血动物血清中的抗体是免疫性抗体，不可输血；二是供血动物血清中的抗体虽属正常抗体，在一定条件下可以输血，但因其效价较高，凝集力强，为了安全起见，最好不输血，以防破坏受血动物的红细胞。

【例题】交叉配血试验时，主侧与供血者红细胞配合的是受血者的（B）。

A. 红细胞　　　　B. 血清　　　　C. 血细胞　　　　D. 全血　　　　E. 血小板

第十章　兽医临床常用生化检查

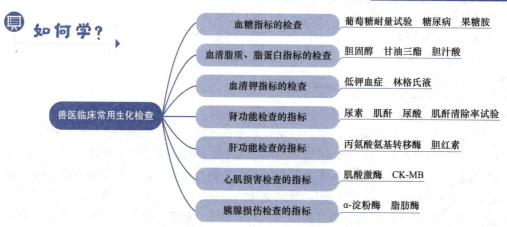

本章考点在考试中主要出现在 A1、A2、B1 型题中，每年分值平均 2 分。下列所述考点均需掌握。肝功能、心脏、肾功能指标是考查最为频繁的内容，希望考生予以特别关注。可以结合兽医内科学相关内容进行学习。

考点 1：血糖相关指标和临床意义 ★★

血糖指标：健康单胃动物禁食后血糖浓度为 4~5.5mmol/L，反刍动物禁食后血糖浓度为 3~4mmol/L。

临床意义：血糖浓度升高主要见于采食高碳水化合物的饲料、剧烈的运动、严重的或急性应激；含糖的液体静脉注射治疗和常见的先天性糖尿病或继发于其他疾病的糖尿病，如胰腺破坏。

葡萄糖耐量试验是直接用葡萄糖负荷量来挑战胰腺的功能，通过评估血液和尿液中葡萄糖浓度来评定胰岛素的作用。静脉注射葡萄糖耐量试验是反刍动物的唯一选择。糖尿病动物会出现葡萄糖耐量下降；葡萄糖耐量升高主要见于甲状腺功能减退、肾上腺皮质功能减退、高胰岛素血症。

果糖胺代表葡萄糖与蛋白质结合的不可逆反应。对于患糖尿病的动物，血糖浓度持续升高，葡萄糖与血清蛋白的结合也增多，果糖胺升高表明存在持续的高血糖。

考点 2：血清脂质、脂蛋白相关指标和临床意义 ★★

血清脂质、脂蛋白相关指标主要有血清胆固醇、血清甘油三酯、血清胆汁酸等。

血清胆固醇：正常动物的血清胆固醇浓度，犬为7~8mmol/L，猫为4~5mmol/L。血清胆固醇升高主要见于肝脏或胆管疾病、糖尿病、库兴氏综合征、甲状腺功能减退（甲状腺功能减退可使高胆固醇浓度高达50mmol/L）。

血清甘油三酯：正常动物的血清甘油三酯浓度，犬约为1mmol/L，马约为0.4mmol/L。与血清甘油三酯升高相关的疾病包括糖尿病、甲状腺功能减退、肾病综合征、肾衰竭、急性坏死性胰腺炎。

血清胆汁酸：血清胆汁酸含量增多见于胆管阻塞。正常动物的血清胆汁酸浓度低于15μmol/L。胆汁酸分为游离胆汁酸和结合胆汁酸两大类。游离胆汁酸主要有胆酸、鹅胆酸和脱氧胆酸3种，它们由肝细胞产生。

考点3：血清钾相关指标和临床意义★★★★

正常动物的血清钾浓度为3.3~5.5mmol/L。低钾血症常见于持续高钾液体的丢失，呕吐和腹泻是最典型的症状，也可见于长期使用无钾液体治疗的患病动物，如用葡萄糖氯化钠溶液或等渗盐水。患病动物多表现嗜睡、肌肉无力和心律不齐。

在所有动物中，血清钾浓度低于3.0mmol/L水平，可以诊断为低钾血症。最好采用口服方法来恢复低钾血症动物的血钾水平。但呕吐或腹泻的患病动物，需要静脉注射来补充，但输液要慢。林格氏液含钾4.0mmol/L，适用于维持体液平衡。

【例题1】血清钾浓度降低最可能见于（D）。
A. 高热　　　B. 严重创伤　　C. 严重缺氧　　D. 严重呕吐　　E. 呼吸困难

【例题2】猫，12岁，突发尿量增多，不食，精神委顿，四肢无力，血清生化检查可见（D）。
A. 钠升高　　B. 钾升高　　C. 氯升高　　D. 钾降低　　E. 钙降低

考点4：肾功能检查的指标及其临床意义★★★★

肾功能检查的指标主要有尿素、肌酐、氨、尿酸、尿蛋白/肌酐比率等。

尿素在肝脏形成后，运输到肾脏，接着排泄入尿。血清尿素浓度升高主要源于肾功能下降，如肾衰竭。因此，血清尿素氮升高最常见于肾脏疾病。正常动物的血清尿素浓度为3~8mmol/L；正常动物的血清肌酐浓度低于150μmol/L；正常动物的血清氨浓度低于60μmol/L。

尿酸是禽类氮代谢的主要终产物，尿中排泄的尿酸占总尿氮排泄量的60%~80%。血浆或血清尿酸的水平是评价鸟类肾功能的指标。家禽痛风是由于蛋白质代谢障碍和肾脏受损使尿酸盐在体内蓄积而导致的营养代谢病。禽痛风的根本原因是体内蓄积过多的尿酸。

尿蛋白/肌酐比率：肾脏蛋白尿的定量测定对于诊断肾脏病意义重大，尿中缺乏炎性细胞时，蛋白尿表明存在肾小球疾病。

肾小球功能检测方法包括肌酐清除率试验、单次注射菊粉清除率试验和对氨苯磺酸钠清除率试验。其中，氨苯磺酸钠清除率试验排泄机制尚不明晰，故目前不再被广泛应用。

【例题1】血清尿素氮升高最常见于（E）。

A. 心脏疾病　　B. 肝脏疾病　　C. 肺部疾病　　D. 脾脏疾病　　E. 肾脏疾病

【例题2】禽痛风的根本原因是体内蓄积过多的（D）。

A. 血糖　　B. 胆固醇　　C. 白蛋白　　D. 尿酸　　E. 甘油三酯

考点5：肝功能检查的指标和临床意义★★★★★

肝功能检查的指标主要有蛋白质及其代谢产物、胆红素及其代谢产物、胆汁酸，以及血清中一系列酶等。

正常动物的总蛋白为60~80g/L，白蛋白为25~35g/L；正常动物的血清胆红素的浓度低于5μmol/L；正常动物的血清胆汁酸浓度低于15μmol/L。

血清酶主要包括天冬氨酸氨基转移酶（AST）、丙氨酸氨基转移酶（ALT）、γ-谷氨酰转移酶、碱性磷酸酶（ALP）等。

临床意义：在犬和猫中，丙氨酸氨基转移酶是肝细胞损伤特异酶，正常犬和猫血清中丙氨酸氨基转移酶活性低于100IU/L，在急性肝炎中可以升高到5000IU/L。同时，病犬、猫临床表现为尿色黄，皮肤及结膜黄染，触诊肝区疼痛，叩诊肝浊音区扩大等。

【例题】犬，食欲降低，粪便稀软、恶臭，尿色黄，皮肤及结膜黄染，触诊肝区疼痛，叩诊肝浊音区扩大，实验室检查首选项目是（E）。

A. 肌酸激酶　　　　　　B. 白细胞计数　　　　　　C. 红细胞计数

D. 血液淀粉酶　　　　　E. 丙氨酸氨基转移酶

考点6：心肌损害的指标和临床意义★★★★

心肌损害检查的指标主要有肌酸激酶、天冬氨酸氨基转移酶和乳酸脱氢酶。其中，肌酸激酶是心肌损害的特定指标。

肌酸激酶（CK）：肌酸激酶可以催化肌酸和腺苷三磷酸生成磷酸肌酐和腺苷二磷酸的可逆反应，有3种同工酶的形式，即MM、MB和BB。其中CK-MB是心肌的表现形式，可以特异性地用于心脏疾病的诊断。CK-MM是骨骼肌的表现形式，肌肉损伤时会明显升高。CK-BB是脑的形式，在诊断脑病中十分有用。

乳酸脱氢酶（LDH）：有5种同工酶的形式，即LDH1~LDH5。LDH1与心肌和肾脏有关，LDH5与肝脏有关，其余与骨骼肌和肺有关。

【例题】心肌损伤时，活性升高的血清酶是（E）。

A. 脂肪酶　　　　　　B. α-淀粉酶　　　　　　C. 碱性磷酸酶

D. 丙氨酸氨基转移酶　　E. 肌酸激酶

考点7：胰腺损伤的指标和临床意义★★★★

胰腺损伤检查的指标主要有α-淀粉酶和脂肪酶。

α-淀粉酶：α-淀粉酶与食物中纤维和糖原分解为麦芽糖有关，主要存在于胰腺中，通过肾脏排泄，临床上主要用于诊断急性坏死性胰腺炎。在本病中，淀粉酶从细胞中漏出，开始消化自己的组织，出现急性腹痛和呕吐的症状，粪便中有少量未消化的食物，呈黄色；触诊患病动物腹部异常敏感等。

脂肪酶：脂肪酶与食物中脂肪的分解有关，主要存在于胰腺中，其次为十二指肠和肝脏。脂肪酶通常与α-淀粉酶一起用于诊断急性坏死性胰腺炎，且对本病特异性较强，受非特异因素影响小，在疾病早期持续增加的时间较长。

血清脂肪酶活性升高主要见于胰腺疾病、肠阻塞、肝脏和肾脏疾病，以及使用泼尼松或地塞米松等药物时。

【例题】犬，突然发病，食欲不振，反复呕吐，粪便中有少量未消化的食物，呈黄色；触诊其腹部异常敏感，体温40.2℃。实验室检查首选项目是（D）。

A．肌酸激酶　　　　　B．白细胞计数　　　　　C．红细胞计数
D．血液淀粉酶　　　　E．丙氨酸氨基转移酶

第十一章　动物排泄物和体液的检查

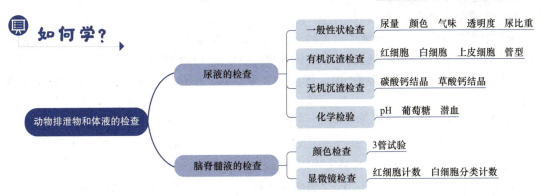

本章考点在考试中主要出现在 A1 型题中，每年分值平均 1 分。下列所述考点均需掌握。对于重点内容，希望考生予以特别关注。

考点1：尿液检查的基本方法和临床意义★★★

肾脏是动物体的重要排泄器官，主要功能是过滤形成尿并排出代谢废物，调节体内电解质和酸碱平衡。尿液形成障碍，可能受损的是肾脏。

尿液检查是一种简单、快速、经济的实验室检查方法，通过检查尿液和尿沉淀的物理和化学性质，可以判定分析疾病的性质。进食前的晨尿是进行尿液检查最为理想的样品，样品应在采集后 30~60min 内进行检查。

尿液的检查包括尿液的一般性状检查、尿液中有机沉渣的检查、尿液中无机沉渣的检查和尿液的化学检验。

尿液的一般性状检查包括尿量、颜色、气味、透明度和尿比重。多尿是指每天尿液排出量或生成量增加，多尿见于肾炎、糖尿病；少尿是指每天排尿量减少，见于急性肾炎、发热、休克、心脏病和脱水；无尿症是指无尿液排出，见于尿道阻塞、膀胱破裂和肾功能丧失。

尿液中有机沉渣检查包括红细胞、白细胞、上皮细胞、黏液和管型等。

红细胞：正常情况下，健康动物的尿液在每个高倍视野下的尿沉渣中不应多于3个红细胞。发生血尿时，若尿液中蛋白质含量较多，同时看到肾上皮细胞和红细胞管型，则认为是肾源性出血；若尿液中有肾盂上皮细胞及膀胱上皮细胞，并有大量血块，则认为是肾盂、膀胱及尿道出血。例如，急性膀胱炎是指膀胱黏膜的炎症，主要表现为尿少而频、血尿、混浊恶臭尿、排尿困难、尿失禁等。

白细胞：尿液中通常含有少量白细胞，发现2个以上白细胞时，表明泌尿道或生殖道有炎症，如肾炎、肾盂肾炎、膀胱炎、尿道炎或输尿管炎。

上皮细胞：尿液中存在少量上皮细胞，上皮细胞显著增加，提示炎症。尿沉渣中可以见到3种上皮细胞：鳞状上皮细胞（或扁平上皮细胞）、移行上皮细胞和肾上皮细胞（或小圆上皮细胞）。其中扁平上皮细胞来自膀胱或尿道黏膜，大量出现说明膀胱或尿道有炎症；小圆上皮细胞来自肾小管，肾小管病变时会大量出现。

管型（尿圆柱）：尿中出现管型是肾炎的特征，具有重要的诊断意义。显微镜下常见的管型有细胞管型、透明管型、颗粒管型、脂肪管型、蜡样管型、肾衰竭管型。

尿液中无机沉渣检查：尿液中常见的无机结晶有磷酸铵镁结晶、无定形磷酸盐、碳酸钙结晶、无定形尿酸盐、尿酸铵结晶、草酸钙和磺胺类结晶（磺胺类药物）。

尿液的化学检验项目主要有pH、蛋白质、葡萄糖、酮体、胆色素、潜血，以及亚硝酸盐。

【例题1】尿液形成障碍，可能受损的是（B）。

A. 肝脏　　　B. 肾脏　　　C. 尿道　　　D. 膀胱　　　E. 输尿管

【例题2】可以引起血尿的疾病是（D）。

A. 纤维病　　　　　　B. 牛磷酸盐血病　　　　　C. 犬巴贝斯虫病

D. 犬膀胱炎　　　　　E. 牛滴虫病

考点2：脑脊髓液检查的基本方法和临床意义 ★★

脑脊髓液检查的主要项目有颜色、透明度、比重和凝固性等。其中脑脊髓液颜色的检查是脑脊髓液检查的首要内容。

检查方法：采集穿刺所得的脑脊髓液时，通常用灭菌试管3支，编上1、2、3号。最初流出的脑脊髓液可能含有少量红细胞，置于第一管内，供细菌学检验用；第二管的脑脊髓液供化学检验用；第三管的脑脊髓液供细胞计数用。

正常脑脊髓液为无色水样。脑脊髓液异常的颜色主要有乳白色、浅红色或红色、黄色。

临床意义：乳白色见于急性化脓性脑膜炎；浅红色或红色可能是因穿刺时损伤脑脊髓膜出血而流入蛛网膜下腔所致。如红色仅见第一管标本，第二、第三管标本红色逐渐变浅，则是由于穿刺时损伤所致；如3管标本均呈均匀的红色，则可能为脑脊髓膜出血。脑或脊髓高度充血及日射病时，脑脊髓液呈浅红色。黄色见于蛛网膜下腔出血、脑膜炎、脑肿瘤等。

脑脊髓液的显微镜检查主要进行白细胞计数、红细胞计数和白细胞分类计数。

临床意义：白细胞增多见于日射病、热射病及恶性卡他热等。化脓性脑膜炎时，白细胞数显著增多，以中性粒细胞为主；中枢神经系统病毒感染时，以淋巴细胞为主；中枢神经系统寄生虫感染时，出现嗜酸性粒细胞。中枢系统的肿瘤可见肿瘤细胞。

第十二章 X线检查

◎ 轻装上阵

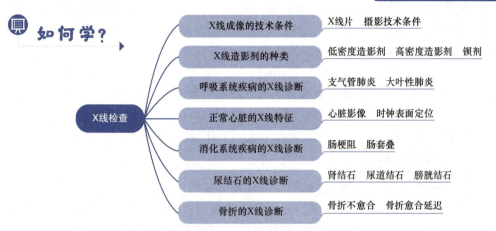

本章考点在考试中主要出现在A1、A2型题中，每年分值平均2分。下列所述考点均需掌握。各系统疾病的X线检查是考查最为频繁的内容，希望考生予以特别关注。可以结合兽医内科学相关内容进行学习。

◎ 考点冲浪

考点1：X线成像的基本原理和技术条件★★

X线成像的基本原理：X线诊断主要取决于X线的特殊性质、动物体组织器官密度的差异和人工造影技术的应用。

动物体组织器官根据天然对比的不同，分为密度由高至低的骨骼、软组织和体液、脂肪组织和气体4类，在X线片上依次呈现为透明白色、深灰色、灰黑色和黑色。

X线摄影的技术条件：X线有很强的穿透性，其穿透力（千伏峰值）与X线的波长、被穿透物质的密度和厚度有关。X线管电压越高，则X线波长越短，穿透力就越大。影响X线穿透力的摄影技术条件是千伏峰值（kVp）。厚度（cm）×2+25＝千伏峰值（kVp）；毫安（mA）表示X线的量，毫安大即单位时间内X线的输出量大；焦片距即X线球管阳极焦点面至胶片的距离，以厘米表示，焦片距过近可使影像放大和清晰度下降。一般选择75cm，胸部摄影延至100~180cm。曝光时间为管电流通过X线管的时间，以秒表示。

【例题】影响X线穿透力的摄影技术条件是（A）。
A. 千伏峰值　　B. 毫安　　C. 焦片距　　D. 物片距　　E. 曝光时间

考点2：X线造影剂的种类★★★

造影检查是指将X线造影剂引入被检器官的内腔或周围，形成密度差异，以显示被检器官而进行诊断的方法。X线检查时，常常需要注入造影剂。X线造影剂具有良好的造影效果，无毒、无危险、无副作用，分为低密度造影剂和高密度造影剂。

低密度造影剂：又称阴性造影剂，如空气、氧气、氧化亚氮和二氧化碳等，常用于腹腔造影、膀胱充气造影、消化道双重造影等。

高密度造影剂：又称阳性造影剂，如钡剂和碘剂等。医用硫酸钡是最常用的钡剂类造影剂，多用于消化道造影，犬灌服钡餐后胃的初始排空时间一般是15min；碘剂类造影剂有碘化钠、碘油和有机碘造影剂等。

【例题1】健康犬灌服钡餐后胃的初始排空时间一般是（B）。
A. 5min　　　B. 15min　　　C. 30min　　　D. 45min　　　E. 60min

【例题2】X线检查时，为了使得被检器官的内腔或周围形成密度差异，从而显现其影像，常常需要（A）。
A. 注入造影剂　B. 空腹检查　C. 加大千伏　D. 加大毫安　E. 提高显影温度

考点3：X线检查技术的种类★★

X线检查技术包括透视检查和摄影检查。透视检查是利用X线的穿透性和荧光作用，观察动物体X线片进行诊断，检查方便，无须特殊器材，费用低；摄影检查是利用X线的光化学作用，使X线穿透动物后照射到胶片上感光成像，需暗室设备，费时费钱，但可以永久记录保存病例档案。透视检查主要用于胸腹部的侦察性检查，也用于骨折、脱位的辅助复位、异物定位和摘取手术等；骨和关节疾病，一般不采用透视检查，只做摄影检查。

考点4：常见呼吸系统疾病的X线诊断★★★★

颈部侧位X线检查中，可以发现气管在颈椎腹侧中部呈现一条与颈椎并行的带状低密度阴影。

支气管肺炎的X线诊断：支气管肺炎的病理学特征为肺泡内充满了由上皮细胞、血浆和白细胞组成的卡他性炎性渗出物。X线检查显示，在透亮的肺野中可见多发的密度不均匀、边缘模糊不清、大小不一的点状、片状或云絮状渗出性阴影，多发于肺心叶和膈叶，呈弥漫性分布，或沿肺纹理的走向散在于肺野，肺纹理增多、增粗和模糊。

大叶性肺炎的X线诊断：大叶性肺炎又称纤维素性肺炎。X线检查显示，病变部肺纹理增粗、增浓，肝变期比较典型，肺野中下部呈大片均匀致密的阴影，上界呈弧形隆起。

膈疝的X线诊断：X线检查显示，膈肌的部分或大部分不能显示，肺野中下部密度增加，胸、腹的界线模糊不清。

【例题1】犬颈部侧位X线片中，在颈椎腹侧中部有一条与颈椎并行的带状低密度阴影。该条带状阴影是（C）。
A. 食管　　　B. 胃导管　　　C. 气管　　　D. 支气管　　　E. 气管插管

【例题2】支气管肺炎的X线特征是（C）。

A. 黑色阴影　　　　　　　　　　　B. 密度均匀的阴影
C. 大小不一的云絮状阴影　　　　　D. 边缘整齐的大块状阴影
E. 整个肺视野出现高密度阴影

考点5：正常心脏的X线特征★★★

各种小动物心脏的形态大小各异。犬胸部侧位X线片，心脏影像的前上部为右心房，前下部为右心室，前纵隔的腹侧缘与右心边界相交形成浅的凹陷，称为心前腰；心脏影像的后上部为左心房，后下部为左心室。

腹背位X线片上，心脏形如囊状。以时钟表面定位心脏，11~1时处为主动脉弓，1~2时处为肺动脉段，2~3时处为左心耳，3~5时处为左心室，5时处为心尖，5~9时处为右心室，9~11时处为右心房，4时和8时处为左、右肺膈叶的肺动静脉。

【例题1】犬胸部侧位X线片，心脏影像的前上部和前下部分别是（A）。
A. 右心房和右心室　　B. 左心房和左心室　　C. 右心房和左心室
D. 左心房和右心室　　E. 右心室和左心室

【例题2】犬胸部腹背位X线片上，以时钟表面定位心脏，1~2时处及9~11时处依次是心脏的（A）。
A. 肺动脉段、右心房　　B. 肺动脉段、左心室　　C. 肺动脉段、右心室
D. 肺动脉段、左心房　　E. 左心房、右心室

考点6：常见消化系统疾病的X线诊断★★★

胃内异物的X线诊断：一类是X线不透性异物，如金属性异物、骨头或石块类，为游离状态，不难确诊；另一类是X线可透性异物，如透明塑料、布片等，需进行胃造影检查。

肠梗阻的X线诊断：腹部侧位X线检查，在采用8mAs、100cm焦片距的前提下，对于普通大小的动物，一般选择最佳管电压为80kV。X线检查显示，腹腔内部分肠管积气、积液，肠腔直径扩大。发生肠套叠，钡剂灌肠可显示肠腔内套叠形成的肿块密影，套入部侧面呈杯口状的特征性影像。

考点7：尿结石的X线诊断★★★★

尿结石临床上以膀胱结石和公畜的尿道结石多见，普通X线检查可以显示其高密度阴影，多数尿结石为不透性结石，如磷酸盐、碳酸盐和草酸盐等，但尿酸盐结石为可透性结石。犬、猫常见的结石为磷酸盐结石。尿结石可长期存在而不被察觉，仅在出现尿频、血尿、尿淋漓和排尿困难等明显症状时才被发现。

肾结石表现为单个或多个大小不一、边界清晰的不透性致密阴影；膀胱结石表现为单个或多个圆形、椭圆形、边界清晰的不透性致密阴影。

考点8：骨折的X线诊断★★★★

骨折是指骨的连续性中断。骨折分为开放性骨折、闭合性骨折、不完全骨折、撕脱性骨折、压缩性骨折、粉碎性骨折、骨干骨折、骨骺分离和病理性骨折等。

骨折后，X线片可以显示黑色、透明的骨折线（纹）。

骨折愈合：X线检查显示，骨折断端及其周围出现骨痂形成的致密阴影，骨折线模糊

骨折愈合延迟：X线检查显示，骨折后超过骨痂硬化所需的时间，骨折线仍迟迟不见消失，骨折断端不见硬化骨痂出现。

骨折不愈合：X线检查显示，原骨折线增宽，骨折断端光滑，骨髓腔闭塞，密度升高硬化，形成假关节。多见于骨折固定不良、断端经常摩擦、骨痂生长不佳以至骨折停止愈合。

骨质软化：X线检查显示，骨密度均匀降低，骨小梁模糊变细，密质骨变薄。

全骨炎：又称嗜酸性全骨炎，X线检查显示，在骨干或骨端的骨髓腔内出现斑块状致密阴影，骨小梁结构模糊不清，骨内膜增厚。

【例题1】犬，股骨骨折，3个月后复诊，X线检查显示，原骨折线增宽，骨断端光滑，骨髓腔闭合，骨密度升高，提示该骨折（C）。

A. 愈合　　　　B. 二次骨折　　　C. 不愈合　　　D. 愈合延迟　　　E. 骨质增生

【例题2】骨质软化的X线影像表现为（A）。

A. 骨密度均匀降低，骨小梁模糊变细
B. 骨密度均匀降低，骨小梁模糊变粗
C. 骨密度均匀降低，密质骨变厚
D. 骨密度局部降低，密质骨变厚
E. 骨密度局部降低，骨髓腔变窄

第十三章　超声检查

本章考点在考试中主要出现在A1、A2型题中，每年分值平均1分。下列所述考点均需掌握。肝脏、肾脏疾病的超声检查是考查最为频繁的内容，希望考生予以特别关注。可以结合兽医内科学相关内容进行学习。

考点1：超声诊断的类型★★★★

决定超声透射能力的主要因素是超声的频率和波长。频率越高，其显现力和分辨率越强，显示的组织结构和病理结构越清晰；但频率越高，其衰减越显著，透入的深度就越小，即频率越高，穿透力越低；频率越低，穿透力越强。

超声诊断的类型主要有 A 型超声诊断、B 型超声诊断、M 型超声诊断和多普勒超声诊断。

A 型超声诊断为振幅调制型，以波幅变化反映回波情况，主要用于动物背膘的测定、妊娠检查（A 型警报型）和某些疾病的诊断（如脑棘球蚴病等）。

B 型超声诊断为灰度调制型，以明暗不同的光点反映回声变化，广泛用于动物各组织器官疾病的诊断，如心血管疾病、肝胆疾病、肾脏及膀胱疾病、生殖系统疾病、脾脏疾病、眼科疾病、内分泌腺病变及其他软组织病变的诊断。

M 型超声诊断为活动显示型，在单声束取样获得一灰度声像图的基础上，外加一慢扫描时间基线，形成"距离 - 时间"曲线，以显示动态变化，主要应用于心血管系统的检查。

多普勒超声诊断为差频示波型，主要用于检测动物体内运动器官的活动、胎动及胃肠蠕动等，多适用于妊娠检查等。如加彩色，即为彩色多普勒超声诊断。

【例题 1】对超声物理性质描述正确的是（B）。
A. 频率越高，透入深度越大
B. 频率越高，穿透力越低
C. 频率越低，分辨率越高
D. 频率越高，显现力越低
E. 频率越低，衰减越显著

【例题 2】在单声束取样获得灰度声像图的基础上，外加慢扫描时间基线，形成"距离 - 时间"曲线的超声诊断类型是（E）。
A. A 型
B. B 型
C. 多普勒彩色流体声像图
D. D 型
E. M 型

考点 2： 肝脏、肾脏、脾脏超声检查的部位和临床应用 ★★★★

常见动物肝胆系统超声检查部位：马为右侧第 10~14 肋间肩关节水平线下；牛为右侧第 8~12 肋间肩关节水平线下；羊为右侧第 8~10 肋间肩关节水平线下。

临床上对犬的肝胆系统超声检查，一般行仰卧、俯卧或侧卧，超声探查部位为右侧第 10~12 肋间或剑突后方。健康犬的正常声像图特点是肝实质为低强微细回声，周边回声强而平滑，胆囊为液性暗区，壁薄而光滑。

用超声检查健康动物的脾脏时，应首先确定脾脏的大致扫描位置。牛于左侧第 11、第 12 肋间背侧部，探头稍对向头部扫描，可得到脾脏的声像图；山羊于左侧第 8~12 肋骨背侧部，与牛大致相同，可获得脾脏的声像图；马于左侧腹部下方第 8~17 肋骨，可得到脾脏的声像图；犬可在左侧第 11~12 肋间进行脾脏超声探查。

肾脏的超声检查，一般取右侧第 12 肋间上部及最后肋骨上缘。

临床应用：临床上急性实质性肝炎 B 超声像图，可见许多密集的回声光点；肝脓肿除见肝脏肿大外，肝脓肿声像图上可见液性暗区加大增益后，由于脓汁中存在细小的脓性凝块或脓球，声像图上可见细小的回声光点，大的凝块可产生絮状光斑；肝肿瘤癌症结节回声比周围肝实质回声强，甚至出现声尾。肾结石在肾盂或肾窦内有强回声，完全的声影投射到整个深层组织；肾盂积水可见豆状实质的回声，其后带光滑的弧形回声光带下出现较大的液性暗区。腹水显示为液性暗区，若存在纤维蛋白条状物，则会有条索状强回音。

【例题1】对动物做肝脏B超探查时，出现局限性液性暗区，其中有散在的光点或小光团，提示（D）。
A. 肝结节　　B. 肝硬化　　C. 肝肿瘤　　D. 肝脓肿　　E. 肝坏死

【例题2】肝性腹水时，声像图可见腹腔内液性暗区，浆膜表面回声可以显示为（A）。
A. 条索状强回声　　B. 绒毛状等回声　　C. 斑块状强回声
D. 光滑界面回声　　E. 结节状强回声

【例题3】犬右侧最后肋骨后方，靠近第1腰椎处向腹侧作B超纵切面扫查时，见豆状实质性回声，其后带光滑的弧形回声光带下出现较大的液性暗区，提示（A）。
A. 肾盂积水　　B. 心包积液　　C. 肝囊肿　　D. 肝脓肿　　E. 肾脓肿

第十四章　兽医内镜诊断

轻装上阵

如何学？

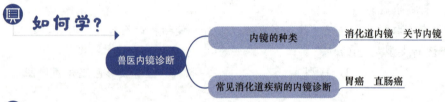

如何考？

本章考点在考试中主要出现在A1型题中，每年分值平均1分。下列所述考点均需掌握。对于重点内容，希望考生予以特别关注。

考点冲浪

考点1：内镜的种类和用途★★

内镜分为硬质内镜和软质内镜。按其发展及成像构造，内镜分为硬管式内镜、光学纤维（软管式）内镜、电子内镜和胶囊式内镜；按其功能，内镜分为消化道内镜、呼吸系统内镜、腹腔内镜、泌尿系统内镜、生殖系统内镜、血管内镜和关节内镜。

用途：借助内镜，可以进行最有效的早期肿瘤监视，拓宽对良性、恶性肿瘤施行的闭合性或半闭合性腔内手术，对肿瘤疾病进行治疗。

考点2：常见消化道疾病的内镜诊断★★★

胃癌：目前广泛应用的胃癌内镜分期是根据癌肿浸润胃壁结构层次的深浅进行的。运用内镜主要观察胃组织局部病变的表面基本形态、表面色泽的深浅、边界是否清楚及周围黏膜的状态等。

大肠癌和直肠癌：纤维结肠镜检查是对大肠内病变诊断最有效、最安全、最可靠的检查方法，绝大部分早期大肠癌可以由内镜检查发现，并给予有效的治疗。

第十五章 兽医心电图检查

本章考点在考试中主要出现在 A1、A2 型题中，每年分值平均 1 分。下列所述考点均需掌握。希望考生予以特别关注。可以结合兽医内科学相关内容进行学习。

考点 1：心电图导联的方式 ★★★

导联是指电极在动物体表的放置部位及其与心电图描记仪正、负极的连接方法。动物中常用的心电图导联有双极肢导联、加压单极肢导联、A-B 导联、双极胸导联和单极胸导联。加压单极肢导联系统的 3 个导联分别以符号 aVR、aVL、aVF 表示，其中 aVL 是指加压单极左前肢导联。

【例题】心电图检查采用的 aVL 是指加压单极（A）。
A. 左前肢导联　　　　B. 左后肢导联　　　　C. 右前肢导联
D. 右后肢导联　　　　E. 双后肢导联

考点 2：正常心电图的组成和 P 波段意义 ★★★★

正常心电图的组成包括 P 波、P-R 段、P-Q 间期、QRS 综合波、S-T 段、T 波、Q-T 间期、U 波、T-P 段、R-R 间期。

心电图中 P 波代表心房肌去极化过程的电位变化，QRS 综合波代表心室肌去极化过程的电位变化。T 波反映心室肌复极化过程的电位变化。

心电图中的 P 波是一个小波，反映了兴奋在心房传导过程中的电位变化，P 波起始点标志心房部分开始兴奋，P 波终点说明左心房、右心房已全部兴奋，暂时不存在电位差。

【例题】心电图中的 T 波反映（D）。
A. 心房肌去极化　　　B. 心房肌复极化　　　C. 心室肌去极化
D. 心室肌复极化　　　E. 窦房结激动

考点 3：心电发生原理和心电向量环 ★★★

一般来说，引导电极面向心电向量的方向，记录出的电变化为正，波形向上；背向心电向量的方向，记录出的电变化为负，波形向下；处于等电点时，记录不出电变化。

将心脏激动的各个瞬间心电向量的箭头顶点，按激动时间的顺序连接成一曲线，构成**心电向量环**。心房肌除极化构成 P 环，心室肌除极化构成 QRS 环，心室肌复极化构成 T 环。

【例题 1】在心电图检查中，如果引导电极面向心电向量的方向，则记录为（A）。
A. 电变化为正，波形向上　　　　B. 电变化为正，波形向下
C. 电变化为负，波形向上　　　　D. 电变化为负，波形向下
E. 基线

【例题 2】在心电向量环中，心室肌除极化是（E）。
A. P-Q　　B. S-T　　C. T　　D. Q-T　　E. QRS

考点 4：心电图检查的临床应用★★★★★

左心房肥大：P 波时限延长，大于 0.05s，P 波呈双峰或有切迹，或呈现二尖瓣型 P 波，P 波的后半部常呈负向而出现双向 P 波。

右心房肥大：P 波高耸而尖锐，有时出现心房复极化波（Ta 波）。

双侧心房肥大：兼有左心房肥大和右心房肥大的心电图特征，P 波增宽，电压升高，即出现具有切迹的高耸尖锐 P 波。

双侧心室肥大：表现为窦性心动过速，这种心电图表现和右心室肥大相一致，主要表现为 P-Q 间期缩短，T 波大而不规则。

心肌缺血：心内膜下心肌缺血时出现巨大高耸的冠状 T 波，心外膜下心肌缺血为主时呈现 T 波倒置。

心肌梗死：出现异常 Q 波，S-T 段升高及 T 波倒置。

心室扑动：QRS 波群和 T 波难以辨认，完全消失，代之以形状、大小、间隔各异的扑动波，每分钟 150~250 次。

【例题 1】在心电图检查中，仅 P 波时限延长提示（A）。
A. 左心房肥大　　　　B. 右心房肥大　　　　C. 右心室肥大
D. 左心室肥大　　　　E. 左心房、右心房肥大

【例题 2】窦性心动过速，心电图最明显的变化是（A）。
A. P-Q 间期缩短　　　　B. Q-T 间期缩短　　　　C. P-T 间期缩短
D. P 波高耸　　　　E. T 波倒置

第十六章　兽医医疗文书

轻装上阵

如何学？

兽医医疗文书　　处方的格式和内容　　动物信息　处置方法　兽医签名

本章考点在考试中主要出现在 A1 型题中。对于重点内容，希望考生予以特别关注。

考点冲浪

考点：处方的格式和内容 ★★

处方是执业兽医针对动物疾病所开具的医疗文书，具有法律效应。处方开具时，应该完整地填写处方要求填写的内容。

完整的处方具有下列内容：动物诊疗机构名称、动物信息、动物主人信息、处治时间、"R 或 R_p："字样及符号、处置方法（包括外科处理和手术、特殊治疗方法、药物及药物组方、使用方法等）、兽医签名、处置费用等。

【例题 1】有注册的执业兽医师和执业助理兽医师在诊疗活动中为患病动物开具的作为患病动物处置凭证的医疗文书是（B）。

A. 医嘱　　　　B. 处方　　　　C. 诊断建议书　　　D. 病情通知书　　　E. 病危通知书

【例题 2】属于兽医处方中处置方法的是（D）。

A. 术后监护　　　　　　B. 生化检查　　　　　　C. 动物保定方法
D. 外科处理和手术　　　E. 麻醉与手术期监护

第十七章　症状及症候学

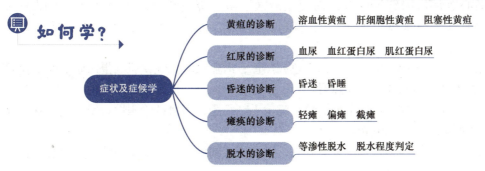

本章考点在考试中主要出现在 A2、B1 型题中，每年分值平均 2 分。下列所述考点均需掌握，希望考生予以特别关注。可以结合兽医内科学相关内容进行学习。

考点冲浪

考点 1：黄疸的诊断 ★★

黄疸是由于血清胆红素含量升高所致皮肤、黏膜发黄的一种临床症状。

根据发病原因，黄疸分为溶血性黄疸、肝细胞性黄疸和阻塞性黄疸 3 种类型，溶血性黄疸主要是由于红细胞遭到大量破坏，释放出大量的血红蛋白，致使血清中胆红素含量增多（非结合胆红素增多，结合胆红素正常），超过肝细胞的处理能力，从而出现黄疸。肝细胞性黄疸称为实质性黄疸，主要由肝脏疾病引起。临床上主要检查眼结膜和巩膜，在确定黄疸的基础上根据各类黄疸的临床特征，结合血清总胆红素检查等，确定黄疸的病因和性质。

【例题 1】引起实质性黄疸的疾病是（E）。
A. 胆管结石　　B. 胆囊结石　　C. 胆管狭窄　　D. 胆囊炎　　E. 肝炎

【例题 2】溶血性黄疸时，血液检查会出现（C）。
A. 总胆红素增加，结合胆红素增加
B. 总胆红素增加，结合胆红素减少
C. 总胆红素增加，结合胆红素正常
D. 总胆红素减少，结合胆红素增加
E. 总胆红素减少，结合胆红素减少

考点 2：红尿的诊断★★★★

红尿是指尿液的颜色呈红色、红棕色或黑棕色的一种病理现象。红尿分为血尿、血红蛋白尿、肌红蛋白尿、卟啉尿和药物性红尿等。

血尿是指尿液呈红色、暗红色，混浊，震荡时呈云雾状，静置或离心后有红色沉淀，镜检可见大量红细胞及其他细胞，潜血试验阳性。一般见于泌尿组织器官出血、炎症等。

血红蛋白尿是指尿液呈暗红色、酱油色或葡萄酒色，尿色均匀、不混浊，无红色沉淀，镜检无细胞或有极少量红细胞，潜血试验阳性。一般见于肾脏疾病、溶血性疾病等，并伴有黄疸的症状。

鉴别血尿和血红蛋白尿的主要方法是尿沉渣检查。通过尿沉渣的显微镜检查，可以发现血尿离心沉淀后因红细胞沉淀而使上清液透明，镜检每个高倍视野有 3 个以上的红细胞，而血红蛋白尿离心沉淀后上清液仍见红色，镜检时不见红细胞或偶见红细胞碎屑。

肌红蛋白尿是指尿液呈暗红色、深褐色或黑色，潜血试验阳性，肌红蛋白尿定性试验阳性。同时病畜表现肌肉病变和运动障碍。

卟啉尿是指尿液呈棕红色或葡萄酒色，镜检无红细胞，潜血试验阴性。尿液经乙醚提取后，在紫外线照射下发红色荧光。

药物性红尿是指因药物色素使尿液变红，镜检无红细胞，潜血试验阴性。尿液酸化后红色减退。

【例题 1】鉴别血尿和血红蛋白尿的主要方法是（E）。
A. 潜血检查　　B. 尿胆原检查　　C. 胆红素检查　　D. 尿酮体检查　　E. 尿沉渣检查

【例题 2】马，5 岁，长期饲喂富含碳水化合物的饲料，在一次剧烈运动后，大量出汗，出现步态强拘，进而卧地不起，呈犬坐姿势，尿液呈深棕色。该病例红尿的性质是（C）。
A. 血尿　　B. 卟啉尿　　C. 肌红蛋白尿　　D. 血红蛋白尿　　E. 药物性红尿

考点3: 昏迷的诊断 ★★★

昏迷是动物大脑皮层和皮层下网状结构发生高度抑制的一种病理状态，主要特征是意识完全丧失，随意运动丧失，感觉和反射功能障碍，乃至给以任何刺激均不能引起觉醒，仅保留自主神经活动，心律不齐，呼吸不规则。

昏睡为大脑皮层中度抑制现象，对外界事物、轻度刺激无反应，给予强烈刺激可以产生轻微的反应，但很快进入沉睡状态。

【例题】病畜昏迷时，对外界刺激的表现是（A）。
A. 全无反应　　B. 轻微反应　　C. 迟钝反应　　D. 短暂反应　　E. 意识部分丧失

考点4: 瘫痪的诊断 ★★★

瘫痪是指动物的骨骼肌对疼痛的应答反应和随意运动的能力减弱或消失。根据临床症状特征，可分为瘫痪和轻瘫、单瘫、偏瘫、截瘫及短暂性瘫痪。

瘫痪和轻瘫：瘫痪又称完全瘫痪，指肌肉的收缩力完全丧失，运动和感觉消失。轻瘫又称不完全瘫痪，指肌肉的收缩力减弱，呈局限性。

单瘫：少数神经节支配的某一肌肉或肌群的瘫痪，如局部外伤、骨折、缺血等引起外周神经损害而导致单瘫。

偏瘫：又称半身不遂，指一侧上下肢的瘫痪，见于各种脑病。

截瘫：两侧对称部位的瘫痪，如两前肢、两后肢或颜面两侧的瘫痪，常见动物腰部损伤，多起因于脊髓损伤。

短暂性瘫痪：肌肉组织临时性瘫痪，特点是肌肉收缩力的渐退性和可恢复性，常见于奶牛生产瘫痪、低钾血症、母牛倒地不起综合征等。

【例题1】一侧大脑的运动神经受损所致瘫痪称为（C）。
A. 单瘫　　B. 截瘫　　C. 偏瘫　　D. 轻瘫　　E. 暂时性瘫痪

【例题2】腰部脊髓损伤导致两后肢瘫痪，表现为（E）。
A. 偏瘫　　B. 短暂性瘫痪　　C. 完全瘫痪　　D. 单瘫　　E. 截瘫

考点5: 脱水的诊断 ★★★★

脱水分为高渗性脱水、等渗性脱水和低渗性脱水。高渗性脱水主要见于热射病和大量利用利尿剂；等渗性脱水最为常见，主要见于呕吐、腹泻、肠梗阻、大面积烧伤等。脱水在临床上表现为皮肤干燥而皱缩，皮肤弹性降低，眼球凹陷，少尿或无尿，体重减轻等，一般可以用皮肤皱缩试验进行检查。脱水程度判定，主要检查动物眼球的凹陷和皮肤弹性，一般评价体重减轻的百分比。注意体重减轻的百分比和补液的对应关系，一般为1%对应5mL。

【例题1】临床上可以用于脱水程度判定的方法是（A）。
A. 皮肤皱缩试验　　B. 范登白试验　　C. 纤维消化实验
D. 色素排泄试验　　E. 血球凝集试验

【例题2】当动物脱水量为6%~8%时，每千克体重需要补液（C）。
A. 10~20mL　　B. 20~25mL　　C. 30~50mL　　D. 50~60mL　　E. 80~120mL

第十八章　动物保定技术

如何考？　本章考点在考试中主要出现在 A1 型题中。下列所述考点均需掌握。对于重点内容，希望考生予以特别关注。

考点冲浪

考点 1：牛的保定方法★★★

牛的保定方法主要有柱栏保定、头的保定、肢蹄的保定和倒牛法。其中倒牛法是主要的保定方法。

牛的柱栏保定分四柱栏、五柱栏和六柱栏保定；头的保定一般使用笼头或鼻钳控制牛头；肢蹄的保定一般选柔软的绳索在跗关节上方做"8"字形固定或用绳套固定。

倒牛法是选一长绳，一端拴在牛的角根或做一死套放在颈基部，绳的另一端向后牵引，在肩胛骨的后角，以半结做一胸环；再在髋结前做一相同的绳环，围缠后腹部，绳的游离端向后牵引，并沉稳用力。同时牵引者向前拉牛，要坚持 2~3min，牛极少挣扎，之后平稳地卧倒。

【例题 1】最常用鼻钳进行保定的动物是（B）。
A. 马　　　　B. 牛　　　　C. 羊　　　　D. 猪　　　　E. 犬
【例题 2】倒牛时，最常使用（A）。
A. 单绳倒牛法　　　　B. 双绳倒牛法　　　　C. 3 条绳倒牛法
D. 4 条绳倒牛法　　　E. 5 条绳倒牛法

考点 2：马的保定方法★★★

马的保定方法主要有柱栏保定、四肢的保定。马的柱栏保定分六柱栏、四柱栏、二柱栏和单柱栏保定。四肢的保定一般采用徒手提举法，主要用于四肢的检查、治疗和装蹄。保定时可以配合使用鼻捻子、耳夹子、开口器、颈圈、吊马器等；使用双抽筋倒马法倒马。

双抽筋倒马法：双抽筋倒马法是将长绳双折在中间做一双套结，形成一长、一短的两个绳套，每个套各穿上一铁环。将绳套用木棒固定在马的颈基部，放在倒卧的对侧。由两名助手各执一游离端，向后牵引，通过两前肢间和两后肢间，分别从两后肢跗关节上方，由内向外反折向前，与前绳做一交叉。两游离端分别穿入前面放置的金属环内，再反折向后拉紧。把跗关节的绳套移到系部后，两名助手向后牵引两游离端。与此同时，牵马的助手向前拉马，马在运步过程中，拉绳的助手迅速收紧绳索，最后马由于身体失衡而倒卧在地。

【例题】最常用耳夹子保定的是（A）。
A. 马　　　　B. 牛　　　　C. 羊　　　　D. 猪　　　　E. 犬

考点3: 猪的保定方法★★★

仔猪保定时，双手提举两后肢小腿部是最为常用的方法，仔猪可侧卧或半仰卧。成年猪保定选用口吻绳和鼻捻棒，也可用长柄捉猪钳，夹在猪耳后颈部或跗关节上方。

第十九章　常用治疗技术

轻装上阵

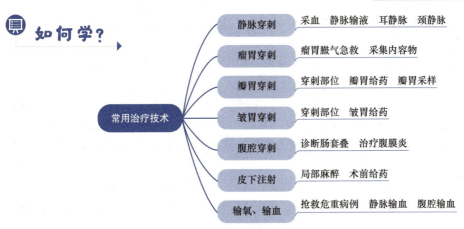

如何考？

本章考点在考试中主要出现在 A1、A2 型题中，每年分值平均 1 分。下列所述考点均需掌握，希望考生予以特别关注。可以结合兽医内科学相关内容进行学习。

考点冲浪

考点1: 静脉穿刺的目的和部位★★★

静脉穿刺常用于采血、静脉输液（静脉推注和静脉滴注）。一般选择粗直、弹性好、不易滑动的静脉。最常用的静脉血管为耳静脉、颈静脉、隐静脉、桡外侧静脉等。对于犬来说，兽医临床上常用的还是前肢的桡外侧静脉。

【例题】犬静脉穿刺最常用的血管是（D）。
A. 耳静脉　　B. 后腔静脉　　C. 前腔静脉　　D. 桡外侧静脉　　E. 尾静脉

考点2: 瘤胃穿刺的目的和部位★★★

瘤胃穿刺一般是在左肷部中点与最后肋骨水平线的中点隆起最高处，剪毛、消毒，用盐水放气针或套管针刺入瘤胃。主要目的是用于瘤胃臌气急救、采集瘤胃内容物用于检验，以及注入治疗药物等。

考点 3：瓣胃穿刺的目的和部位 ★★★

瓣胃位于腹右侧第 7~10 肋间，穿刺取右侧第 8 肋间后缘或第 9 肋间前缘。主要目的是用于瓣胃给药、瓣胃蠕动判断和瓣胃采样。

【例题】兽医临床上牛瓣胃穿刺的正确部位是（E）。
A. 左侧第 7 肋间　　B. 左侧第 8 肋间　　C. 右侧第 6 肋间
D. 右侧第 7 肋间　　E. 右侧第 8 肋间

考点 4：皱胃穿刺的目的和部位 ★★★

皱胃位于右下腹部第 9~11 肋骨之间，沿肋骨区直接与腹壁接触。穿刺取右侧第 10 肋间肋弓下方。主要目的是用于皱胃给药、皱胃放气和皱胃采样。

【例题】牛皱胃穿刺的正确部位是（D）。
A. 左侧第 8 肋间肋弓下方　　B. 右侧第 8 肋间肋弓下方
C. 左侧第 10 肋间肋弓下方　　D. 右侧第 10 肋间肋弓下方
E. 右侧第 12 肋间肋弓下方

考点 5：腹腔穿刺的目的和部位 ★★

一般来说，动物站立时，取腹腔最低点进行腹腔穿刺。马在左下腹部，牛在右下腹部，小动物在脐部稍后方，腹白线偏 1~2cm。腹腔穿刺主要用于诊断肠变位（包括肠套叠）、胃肠破裂、内脏出血等；治疗腹膜炎；小动物的腹腔麻醉；同时也可以用于腹腔注射、抽取腹水、缓解腹压等。

【例题】腹腔穿刺不用于（C）。
A. 腹腔积水　B. 治疗腹膜炎　C. 治疗肠便秘　D. 腹腔注射　E. 诊断肠套叠

考点 6：皮下注射的目的和方法 ★★

皮下注射法是将小量药液注入皮下组织的方法。皮下注射可以用于局部麻醉给药、术前给药，注入对肌肉刺激性强的药物，预防接种，以及可作为不宜经口服给药的替代方法。

【例题】皮下注射不用于（D）。
A. 局部麻醉给药　　B. 术前给药　　C. 预防接种
D. 变态反应诊断　　E. 对肌肉刺激性强的药物

考点 7：输氧的目的和方法 ★★

输氧疗法是一种支持疗法，目的在于防止动物缺氧，增加动脉血氧的张力，使脑和其他组织氧张力恢复到正常水平。在小动物临床上，输氧疗法多用于抢救危重病例或某些手术和各种类型的缺氧。输氧时一般在纯氧中加入 5% 的二氧化碳，有利于兴奋呼吸中枢。

常用的输氧方法有面罩给氧、鼻导管给氧、气管插管给氧、气管穿刺给氧、氧帐给氧、静脉输氧等。

【例题】用气管插管输氧时，应在纯氧中加入一定浓度的（B）。
A. 一氧化碳　B. 二氧化碳　C. 空气　D. 氮气　E. 氨气

考点8：输血的目的和方法★★

输血是临床治疗的一种重要方法，主要使用全血进行输血。输血疗法主要应用于大出血、大量体液丧失、营养性贫血、溶血性贫血、再生障碍性贫血、中毒性休克、白血病、危重病等。输血前，应先检验动物的血型或进行交叉配血试验。常用的输血方法是静脉输血，如静脉输血有困难，可以进行腹腔输血。输血过程要保证严格的无菌操作，速度不宜过快。输血过程中出现心悸、呼吸急促、呕吐等异常时，立即停止输血，采取对症治疗措施。

第二篇
兽医内科学

第一章　口腔、唾液腺、咽和食道疾病

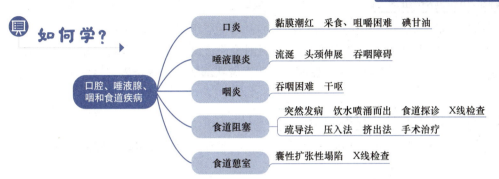

如何考？　本章考点在考试中主要出现在A1型题中，每年分值平均1分。下列所述考点均需掌握。对于食道阻塞等重点内容，希望考生予以特别关注。

考点冲浪

考点1：口炎的临床特征和防治方法★★

口炎是指口腔黏膜炎症的统称，包括舌炎、腭炎和齿龈炎，主要由食用了粗糙或尖锐的饲料，饲料中混有木片、玻璃或麦芒等杂物、牙齿磨灭不正等各种机械性的刺激所引起。维生素 B_2 缺乏症的临床症状多为非特异性，但维生素 B_2 缺乏所致的症状常有群体患病的特点，常见临床症状有阴囊皮炎、口角糜烂、脂溢性皮炎、结膜充血及畏光、流泪等。因此，维生素 B_2 缺乏时能引起家畜非传染性口炎。

临床特征：主要表现为口腔有大量唾液流出，口角外附有泡沫样黏液，采食、咀嚼困难，口腔黏膜潮红、升温、肿胀和疼痛。粪便、尿液和体温正常。

防治方法：一般用生理盐水、1%食盐水或3%硼酸溶液，每天洗口数次。口腔黏膜溃烂或溃疡时，口腔洗涤后，溃烂面涂10%磺胺甘油乳剂或碘甘油。

【例题1】缺乏时能引起家畜非传染性口炎的维生素是（B）。
A. 维生素 B_1　B. 维生素 B_2　C. 维生素 B_6　D. 维生素 B_{11}　E. 维生素 B_{12}

【例题2】治疗口炎常用的口腔清洗液是（B）。
A. 过氧化氢　　　　　　B. 生理盐水　　　　　　C. 来苏儿
D. 10%氯化钠溶液　　　E. 20%硫酸钠溶液

考点2：唾液腺炎的发病原因和临床特征★★

唾液腺炎是指腮腺、颌下腺和舌下腺炎症的统称，包括腮腺炎、颌下腺炎和舌下腺炎。

发病病因：主要是由于饲料芒刺或尖锐异物刺伤唾液腺管。继发性唾液腺炎主要见于口炎、咽炎、马传染性胸膜肺炎，以及流行性腮腺炎等。

临床特征：主要表现为流涎；头颈伸展（两侧性）或歪斜（一侧性）；采食、咀嚼困难以至吞咽障碍；腺体局部红、肿、热、痛等体征。

考点3：咽炎的临床特征★

咽炎是指咽黏膜、软腭、扁桃体（淋巴滤泡）及其深层组织炎症的总称。

临床特征：主要表现为病畜头颈伸展，吞咽困难，流涎，呕吐或干呕（猪、犬、猫），流出混有食糜、唾液和炎性产物的污秽鼻液。临床上做咽部触诊，病畜表现疼痛不安并发弱痛性咳嗽。

考点4：食道阻塞的诊断方法和防治方法★★★

食道阻塞是由于吞咽物过大或咽下功能紊乱所导致的一种食道疾病。各种动物均可发生，多发生于牛、马和犬。

临床特征：病畜采食停止，突然发病，口腔大量流涎和鼻腔流大量鼻液，低头伸颈，徘徊不安，晃头缩脖，大量饮水后从口腔和鼻孔喷涌而出。颈部食道阻塞，可见局限性膨隆，能摸到阻塞的物体。

诊断方法：可以根据采食中突然发生咽下障碍和胃管插至阻塞部即不能前进，容易诊断。确诊依据食道探诊和X线检查。注意区别食道狭窄、食道炎、食道痉挛、食道麻痹等。

防治方法：原则是润滑管腔，缓解痉挛，清除阻塞物。主要治疗方法有疏导法、压入法、挤出法、手术治疗（胸部阻塞）。

【例题1】犬争食软骨、肉块和筋腱时，可能突然引起的食道疾病是（D）。
A. 溃疡　　　　B. 痉挛　　　　C. 狭窄　　　　D. 阻塞　　　　E. 麻痹

【例题2】食道阻塞的发病特征是（D）。
A. 黏膜发绀　　B. 咀嚼障碍　　C. 精神沉郁　　D. 突然发生　　E. 口腔溃疡

考点5：食道憩室的临床特征和诊断方法★★

食道憩室是指发生在食道壁的囊性扩张性塌陷，常发生在颈部食道远端至胸腔入口处，偶发于犬和猫。食道憩室分为先天性憩室和后天性憩室，后者是由食道管腔内压升高，或深部食道炎症导致黏膜疝的形成所引起。

临床特征：憩室较小时，不表现临床症状，但憩室足够大时，所摄入的食物在囊状结构处滞留，引发呼吸困难、干呕及厌食。

诊断方法：X线检查可在食道憩室处见到充满空气和食物的团块，食道造影能很好地显示食道中的囊状结构。因存在并发症，以外科治疗为主，施行手术对憩室进行横断和切除。

第二章　反刍动物前胃和皱胃疾病

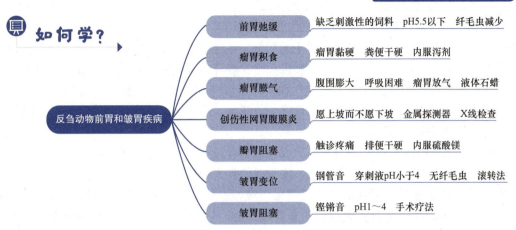

本章考点在考试的 4 种题型中均会出现，每年分值平均 2 分。下列所述考点均需掌握。瘤胃积食、瘤胃臌气、皱胃变位等是考查最为频繁的内容，希望考生予以特别关注。

考点 1：前胃弛缓的发病原因和临床特征 ★★★★

前胃弛缓是由各种病因导致前胃神经兴奋性降低，肌肉收缩力减弱，瘤胃内容物运转缓慢，微生物区系失调，产生大量发酵和腐败物质的一种疾病。临床上以食欲减退、反刍障碍、前胃蠕动功能减弱或停止为特征。

发病原因：长期饲喂粗硬劣质难以消化的饲料，或长期饲喂柔软刺激小或缺乏刺激性的饲料均易发生前胃弛缓；另外，过度使役或运动不足也是促进前胃弛缓发生的主要因素。

临床特征：食欲、饮欲减退，甚至食欲废绝，反刍无力，次数减少。瘤胃蠕动音减弱或消失，网胃及瓣胃蠕动音减弱。瘤胃触诊，内容物松软，有时出现间歇性臌气。瘤胃内容物异常分解，产生大量有机酸，pH 下降到 5.5~6.5，甚至在 5.5 以下，菌群共生关系遭到破坏，微生物异常增殖，产生大量的有毒物质，纤毛虫活性降低，数量减少，甚至消失。

【例题 1】原发性前胃弛缓最常见的病因是（D）。
A. 病毒感染　　　　　　B. 细菌感染　　　　　　C. 寄生虫感染
D. 饲养管理不当　　　　E. 中毒

【例题 2】牛，近日采食量减少，反刍和嗳气也减少，体温 38.7℃，听诊瘤胃蠕动音明显减弱，触诊瘤胃内容物松动，实验室检查瘤胃液 pH 为 5.8，纤毛虫数量减少。本病最可能诊断为（A）。

A. 前胃弛缓　　B. 瘤胃酸中毒　　C. 瘤胃积食　　D. 瓣胃阻塞　　E. 瘤胃臌气

【例题3】急性前胃弛缓时瘤胃内容物的pH（C）。
A. 不变　　　　　　　　B. 升高　　　　　　　　C. 降低
D. 先升高后降低　　　　E. 先降低后升高

考点2：瘤胃积食的发病原因和临床特征★★★★

瘤胃积食是指动物采食大量粗劣难消化的饲料，致使瘤胃运动功能障碍、食物积滞于瘤胃内，使瘤胃壁扩张、容积增大的疾病。瘤胃积食主要导致消化吸收紊乱，使得瘤胃内菌群失调，产生大量碱性的胺类物质或大量酸性物质，瘤胃内pH过高或过低，导致瘤胃内溶液的渗透压升高，使得体液向瘤胃内渗透，最终导致脱水。临床上以<mark>瘤胃蠕动音消失、腹部膨满、触诊瘤胃黏硬或坚硬</mark>为特征。

发病原因：主要原因是饲养不当，一次或长期采食过量劣质、粗硬的饲料，或一次喂过量适口饲料，或采食大量干料后饮水不足，或脱缰偷食大量精饲料等。

临床特征：食欲减退，甚至拒食，初期反刍缓慢、稀少，不断嗳气，以后反刍、嗳气均停止。鼻镜干燥，有轻度腹痛表现，病畜背腰拱起，后肢踢腹，摇尾，有时呻吟。触诊瘤胃，病畜表现疼痛，瘤胃内容物黏硬或坚硬。左侧下腹部轻度增大，左肷窝部变为平坦。叩诊呈浊音（不产气时）。瘤胃听诊，初期蠕动音增强，以后减弱或消失。排粪迟滞、减少，粪便干硬色暗，有时排少量恶臭的粪便。一般体温不高。

防治方法：可以采用按摩瘤胃，<mark>内服泻剂，如硫酸镁或硫酸钠</mark>等方法排出瘤胃内容物；同时服用健胃剂马钱子酊兴奋瘤胃蠕动。病畜高度脱水时，需大量输液。重症而顽固的瘤胃积食，可以施行瘤胃切开术。注意充分饮水，适当运动。

【例题1】奶牛，食欲减退，反刍缓慢，背腰拱起，后肢踢腹，左侧下腹部膨大，左肷部平坦，瘤胃触诊内容物坚实，叩诊浊音区扩大，听诊蠕动音减弱，排粪迟缓，粪便干硬。本病最可能的诊断是（E）。
A. 瘤胃臌气　　B. 瓣胃阻塞　　C. 前胃弛缓　　D. 瘤胃炎　　E. 瘤胃积食

【例题2】牛瘤胃积食时，叩诊左肷部出现（B）。
A. 鼓音　　　　B. 浊音　　　　C. 钢管音　　　D. 过清音　　E. 金属音

【例题3】瘤胃积食导致机体脱水的主要原因是（D）。
A. 腹泻　　　　　　　　B. 饮水不足　　　　　　C. 出汗
D. 体液向瘤胃内渗透　　E. 呕吐

考点3：瘤胃臌气的临床特征和防治方法★★★★

瘤胃臌气是指反刍动物采食了大量易发酵的草料，特别是春季草地幼嫩多汁的豆科牧草，在瘤胃和网胃内发酵，以致瘤胃和网胃内迅速产生并积聚大量气体，而使瘤胃积聚臌气的疾病。继发性瘤胃臌气常继发于嗳气发生障碍的疾病，如食道阻塞、前胃弛缓、瓣胃阻塞、皱胃变位、创伤性网胃腹膜炎等。临床上以<mark>呼吸极度困难，腹围急剧膨大，触诊瘤胃紧张而有弹性</mark>为特征。瘤胃内气体多与液体和固体食物混合存在，形成泡沫性臌气。

临床特征：病畜突然发病，表现不安，回顾腹部，后肢踢腹及背腰拱起等疼痛症状。食欲废绝，反刍和嗳气很快停止，腹围迅速膨大。肷窝凸出，触诊左侧肷窝部紧张而有弹性，叩诊呈鼓音。瘤胃蠕动音减弱或消失。呼吸高度困难，黏膜呈蓝紫色，静脉怒张，后期病畜呻吟，卧地不起，常因窒息或心脏停搏而死亡。

防治方法：治疗原则是促进瘤胃积气排出，缓泻制酵，恢复瘤胃功能。对于呼吸困难的病牛，及时进行瘤胃穿刺，放气急救。放气后，可由套管针注入福尔马林10~15mL，制止发酵。一般使用植物油、矿物油（如液体石蜡），也可应用降低泡沫表面张力的药物，如二甲硅油，促进瘤胃内气体的排出。

【例题1】继发性瘤胃臌气的疾病不包括（A）。
A. 瘤胃酸中毒　　　　　B. 瓣胃阻塞　　　　　C. 食道阻塞
D. 皱胃变位　　　　　　E. 创伤性网胃腹膜炎

【例题2】牛急性瘤胃臌气导致极度呼吸困难时，首先要采取的措施是（C）。
A. 强心　　B. 兴奋呼吸　　C. 穿刺放气　　D. 镇静　　E. 输氧

考点4：创伤性网胃腹膜炎的临床特征和防治方法★★★★

创伤性网胃腹膜炎是指反刍动物采食时吞下尖锐金属异物，进入网胃，损伤网胃壁而引起的网胃腹膜炎。临床上以顽固前胃弛缓症状和触压网胃疼痛为特征，奶牛多发。

临床特征：病牛行动和姿势异常，站立时肘头外展。运步时，步样强拘，愿走软路而不愿走硬路，尤不愿意急转弯；愿上坡而不愿下坡，上坡时步态灵活，下坡时不愿迈步，或斜行拘谨下坡。

创伤性网胃腹膜炎，根据顽固的消化功能紊乱，触压网胃疼痛的表现，配合金属探测器和X线检查，一般可以确诊。

防治方法：目前尚无理想的治疗方法。保守疗法一般可应用抗生素或磺胺类药物，以控制炎症发展。根本疗法在于早期施行手术，摘除异物。若由心包取出异物，效果不理想。

【例题】病牛运步小心谨慎，不愿走硬路，不愿下坡，站多卧少，病情时好时坏，在吸气、排粪、起卧过程中出现呻吟等疼痛表现。触诊剑状软骨后表现痛苦，躲闪，鬐甲反射阳性。提示本病是（A）。
A. 创伤性网胃腹膜炎　　B. 瓣胃阻塞　　　　　C. 瘤胃积食
D. 皱胃变位　　　　　　E. 皱胃阻塞

考点5：瓣胃阻塞的发病原因、临床特征和防治方法★★★

瓣胃阻塞是指瓣胃收缩力减弱，瓣胃内积滞干涸食物而发生阻塞的疾病。临床上以前胃弛缓，瓣胃听诊蠕动音减弱或消失，触诊疼痛，排粪干少色暗为特征。

发病原因：主要原因是长期大量饲喂兴奋刺激性小或缺乏刺激性的细粉状饲料，如谷糠、麸皮等，以致瓣胃的兴奋性和收缩力逐渐减弱。

临床特征：病初呈现前胃弛缓症状，食欲减退，鼻镜干燥，嗳气减少，反刍缓慢或停止，瘤胃蠕动音减弱。触压右侧第7~9肋间肩关节水平线上下，有时表现疼痛不安。初期粪便干少，色暗成球，算盘珠样，表面附有黏液，粪内含有大量未消化的饲料和粗长的纤维。

防治方法：治疗原则主要是增强瓣胃蠕动功能，促进瓣胃内容物的排出。可以内服泻剂和促进前胃蠕动的药物，如硫酸镁、硫酸钠或液体石蜡；重症病畜，可以施行瓣胃内注射硫酸钠和甘油。可施行瘤胃切开术。

【例题1】触诊瓣胃阻塞病牛，能引起其疼痛不安的部位是（D）。
A. 左侧第4~6肋间与肩关节水平线交界上下
B. 左侧第5~7肋间与肩关节水平线交界上下
C. 左侧第7~9肋间与肩关节水平线交界上下
D. 右侧第7~9肋间与肩关节水平线交界上下
E. 右侧第5~7肋间与肩关节水平线交界上下

【例题2】牛瓣胃阻塞时，临床症状不包括（D）。
A. 反刍缓慢　　　　B. 轻度腹痛　　　　C. 食欲减退
D. 触诊左腹壁敏感　　E. 瘤胃蠕动音减弱

【例题3】治疗瓣胃阻塞的首选药物是（B）。
A. 硼酸　　B. 硫酸镁　　C. 酵母片　　D. 稀盐酸　　E. 胃蛋白酶

考点6：皱胃变位与扭转的种类、临床特征和防治方法★★★★

皱胃变位是奶牛最常见的皱胃疾患，分为左方变位和右方变位。皱胃扭转是指皱胃围绕自己的纵轴做180°~270°扭转，导致瓣皱孔和幽门口不完全或完全闭塞，是一种可致奶牛较快死亡的疾病。临床特征是中度或重度脱水，低血钾，代谢性碱中毒，皱胃机械性排空障碍。临床上常见皱胃左方变位。

皱胃左方变位是指皱胃由腹中线偏右的正常位置，经瘤胃腹囊与腹腔底壁间潜在空隙移位于腹腔左壁与瘤胃之间的位置改变。临床特征表现为反刍和嗳气停止，排粪减少，视诊腹围缩小，两侧肷窝部塌陷。直肠检查可感知右侧腹腔上部空虚，左腹肋弓部膨大，冲击式触诊可听到液体振荡音，叩诊呈鼓音。听诊左侧腹壁，在第9~12肋弓下缘、肩-膝水平线上下听到皱胃音，似流水音或滴答音。用听诊、叩诊结合方法，即用手指叩击肋骨，可听到类似铁锤叩击钢管发出的共鸣音-钢管音（砰音）。

右方变位病牛在右侧第9~12肋，或在第7~10肋肩关节水平线上下，叩诊、听诊结合发现有钢管音。发生皱胃扭转的病牛，突然表现腹痛不安，回头顾腹，后肢踢腹。食欲废绝，眼深陷，中度或重度脱水，泌乳量急剧下降，甚至无乳。粪便多呈深褐色，有的稀而臭，有的少而干。

皱胃变位常常导致大量未经消化或消化不全的纤维素提前进入皱胃，随同进入的纤维素分解菌和纤毛虫在强酸胃液的作用下迅速死亡，皱胃穿刺抽取液pH小于4，无纤毛虫。

防治方法：对于皱胃变位的治疗，皱胃左方变位病例多采用保守疗法（滚转法、药物治疗等），但对于严重的皱胃变位，最佳方法是手术整复。

【例题1】母牛分娩后不久食欲减退，厌食精饲料，反刍和嗳气停止，排少量糊状粪便。左腹肋弓部膨大，冲击式触诊可听到液体振荡音，穿刺液中无纤毛虫。直肠检查可感知右侧腹腔上部空虚。若在左侧膨大区听诊同时叩诊，可能会听到（E）。
A. 清音　　B. 过清音　　C. 鼓音　　D. 浊音　　E. 钢管音

【例题2】牛皱胃右方变位可能出现（A）。
A. 低血钾　　B. 高血钾　　C. 低血钠　　D. 高血氯　　E. 高血钙

【例题3】皱胃左方变位的首选疗法是（D）。
A. 镇痛解痉　　　　B. 洗胃　　　　C. 接种健康牛瘤胃液

D. 滚转法　　　　　　E. 催吐

考点7：皱胃阻塞的发病原因、临床特征和防治方法★★★★

皱胃阻塞又称皱胃积食，主要是由于迷走神经调节功能紊乱，皱胃内容物积滞，而形成阻塞，多发于2~8岁的黄牛。

发病原因：皱胃阻塞发生的原因主要是饲料、饲养或管理使役不当。皱胃阻塞还常继发于前胃弛缓、创伤性网胃腹膜炎等。

临床特征：病牛食欲废绝，反刍减少或停止，腹围显著膨大，右侧更为明显。右肷窝部触诊有波动感，并发出振水声。在肷窝部结合叩诊肋骨弓进行听诊，呈现叩击钢管清朗的铿锵音。肠音微弱，有时排出少量糊状、棕褐色恶臭粪便，混有少量黏液或血丝和血凝块。皱胃穿刺内容物的pH为1~4。直肠检查皱胃增大，坚硬。

防治方法：治疗原则是促进皱胃内容物排出，防止脱水和自体中毒。严重的皱胃阻塞，药物治疗多无效果，应及时施行手术疗法。

第三章　其他胃肠疾病

轻装上阵

如何学？

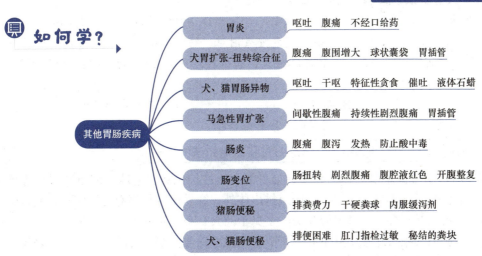

如何考？

本章考点在考试中主要出现在A2型题中，每年分值平均1分。下列所述考点均需掌握。对于肠便秘、肠炎等重点内容，希望考生予以特别关注。

考点冲浪

考点1：胃炎的临床特征和防治方法★★

胃炎是指胃黏膜的急性或慢性炎症，是犬、猫急性呕吐的最常见原因。

临床特征：临床上犬、猫以精神沉郁、呕吐和腹痛为主要症状。呕吐是本病的最明显症状，病初呕吐食糜、泡沫状黏液、胃液，呕吐物中常带有血液、脓汁或絮状物。

防治方法：治疗原则是除去刺激性因素，保护胃黏膜，抑制呕吐。对持续性、顽固性呕吐的动物，应投予镇静、止吐并具有抗胆碱能的药物，如阿托品等。犬、猫胃炎，特别是急性胃炎，应尽可能不经口给药。

【例题】犬、猫急性胃炎时，给药方式应尽量避免（D）。
A. 灌肠　　　　B. 静脉注射　　　C. 肌内注射　　　D. 口服给药　　　E. 皮下注射

考点2：犬胃扩张-扭转综合征的发病原因、临床特点和防治方法★★★

犬胃扭转是指胃幽门部从右侧转向左侧，导致胃内容物不能后送的疾病，胃扭转后很快发生胃扩张，称为胃扩张-扭转综合征。本病主要发生于大型犬和胸部狭长品种的犬。

发病病因主要为胃下垂，胃胀满，脾脏肿大，以及饱食后打滚、跳跃、上下楼梯时的旋转等。病犬突然表现腹痛、躺卧于地、口吐白沫、腹围增大、腹部叩诊呈鼓音或金属音，腹部触诊可以摸到球状囊袋。胸腹部X线侧位片可见肋弓前后大面积圆形低密度影，后腔静脉狭窄；正位片可见膈后大面积横梨形低密度影，肠管后移等临床特征和影像特征。病犬呼吸困难，脉搏增数，很快死亡。

一般采取胃插管来诊断和治疗，对于插入胃管不能缓解症状的犬，应进行开腹手术，整复和使胃排空。必要时可以利用X线检查来确诊。

【例题1】犬胃扩张-扭转综合征的临床特征是（A）。
A. 腹围增大　　　B. 腹泻　　　　C. 血便　　　　D. 脾脏后移　　　E. 脾脏肿大

【例题2】德国牧羊犬，3岁，训练后突发呼吸困难，结膜发绀，胸腹部X线侧位片可见肋弓前后大面积圆形低密度影，后腔静脉狭窄；正位片可见膈后大面积横梨形低密度影，肠管后移。该犬的初步诊断是（E）。
A. 肠套叠　　　　　　　　　B. 肠梗阻　　　　　　　　C. 胃内异物
D. 胃幽门阻塞　　　　　　　E. 胃扩张-扭转综合征

考点3：犬、猫胃肠异物的临床特征、诊断方法和防治方法★★★

犬、猫胃内长期滞留难以消化的异物，如骨骼、石块、鱼钩、毛球、破布和玩具等异物，不能被胃液消化，又不易通过呕吐或肠道排出体外，容易使胃黏膜遭受损伤，影响胃的功能，严重时还能引起胃穿孔，继发腹膜炎，多见于幼犬、小型品种犬和老龄猫。

临床特征：猫胃内毛球往往引起呕吐或干呕，食欲减退或废绝。有的猫的特征性表现为饥饿，觅食时鸣叫，饲喂食物时出现贪食，但只吃几口就走开了，动物逐渐消瘦，这种现象表示胃内可能存有异物。

诊断方法：小型犬和猫腹壁较柔软，胃内有较大异物时，用手触诊可以觉察到异物。应用X线检查可以帮助诊断，必要时投服造影剂，查明异物的大小和性质。

防治方法：一般可以应用阿扑吗啡或隆朋进行催吐；或投服液体石蜡。当大异物无法排出时，应施行外科手术。

【例题】猫，贪食，但少量进食后立即呕吐，机体逐渐消瘦，腹部触诊敏感。进一步检查首选的方法是（A）。
A. X线检查　　　　　　　　B. 血液生化检查　　　　　　C. 血常规检查

D. 粪便检查　　　　　　E. 呕吐物检查

考点 4：马急性胃扩张的发病原因、临床特点和防治方法 ★★★

马急性胃扩张是由于马属动物采食过多和后送功能障碍所引起的胃急性扩张。按内容物性状可以分为食滞性胃扩张、气胀性胃扩张和积液性胃扩张。发病原因主要包括采食过量难以消化的或容易膨胀的饲料，过度疲劳，胃肠道疾病等。

临床上主要表现为病初呈轻度或中度间歇性腹痛，很快变为持续性剧烈腹痛，病马急起急卧，倒地翻滚，快步疾走，喜前高后低站立，或呈犬坐姿势。频频排少量粪便，粪便多松软不成形，后期排粪减少或停止。胃管插入，可排出大量酸臭气体或液状食糜，若腹痛减轻，则为气胀性胃扩张。若延误诊治，则会因窒息、心力衰竭或胃破裂而死亡。

对于马急性胃扩张，治疗原则为制止胃内容物腐败发酵，降低胃内压，镇痛解痉，补液强心，同时还要积极治疗原发病。

【例题】治疗马积液性胃扩张，除导胃减压外，还应特别注意的是（E）。
A. 强心　　　B. 镇静　　　C. 消炎　　　D. 镇痛　　　E. 治疗原发病

考点 5：肠炎的临床特征和治疗原则 ★★★

肠炎是指肠黏膜的急性或慢性炎症。临床上以消化紊乱、腹痛、腹泻、发热为特征。由病原微生物所致的肠炎，体温升高，精神沉郁，食欲减退或废绝，重剧肠炎动物机体脱水，迅速消瘦，电解质丢失和酸中毒。

治疗原则：控制和预防病原菌感染是治疗肠炎的最好方法，同时补充水分、电解质和防止酸中毒。

【例题】犬、猫肠炎不正确的治疗措施是（B）。
A. 补充水分　　B. 防止碱中毒　　C. 预防感染　　D. 补充电解质　　E. 控制饮食

考点 6：肠变位的种类、临床特征和治疗方法 ★★★★

肠变位是由于肠管自然位置发生改变，致使肠系膜或肠间膜受到挤压或缠绞，肠管血液循环发生障碍，肠腔陷于部分或完全阻塞的一组重剧性腹痛病。临床特征是腹痛由剧烈狂暴转为沉重稳静，全身症状逐渐增重，腹腔穿刺液量多、红色混浊，病程短急，肠变位肠段有特征性改变。肠变位是骡、马常发的五大腹痛病之一。

肠变位包括 20 多种病，分为肠扭转、肠缠结、肠嵌闭和肠套叠 4 种类型。

肠扭转：肠管沿自身的纵轴或以肠系膜基部为轴而做不同程度扭转，使肠腔发生闭塞、肠壁血液循环发生障碍的疾病。比较常见的是左侧大结肠扭转。

肠缠结：一段肠管以其他肠管、肠系膜基部、精索、韧带、腹腔肿瘤的根蒂等为轴心进行缠绕而形成缠结，使肠腔发生闭塞。比较常见的是空肠缠结，其次是小结肠缠结。

肠嵌闭：一段肠管连同其肠系膜坠入与腹腔相通的天然孔或破裂口内，使肠腔发生闭塞。比较常见的是小肠嵌闭。

肠套叠：一段肠管套入其邻接肠管内，使肠腔发生闭塞、肠壁血液循环发生障碍的疾病。套叠的肠管分为鞘部（被套的）和套入部（套入的）。肠套叠分为一级套叠、二级套叠和三级套叠。

临床特征：肠扭转病马食欲废绝，口腔干燥，肠音微弱或消失，排恶臭稀粪，并混有黏液和血液。腹痛由间歇性腹痛迅速转为持续性剧烈腹痛。在疾病后期，腹痛变得持续而沉重。随疾病的发展，体温升高，出汗，肌肉震颤。腹腔穿刺液检查，腹腔液呈粉红色或红色。

牛肠套叠：突然发病，剧烈腹痛，应用镇静剂无效，直肠检查，腹内压升高，右肾下方可摸到手臂粗、圆柱状硬物等。

猪肠套叠：突然不食，呈剧烈腹痛，表现为缩腹弓背。严重时常突然倒地，翻倒滚转，四肢划动。病初频频排出稀粪，常混有大量黏液或血丝，后期排粪停止。

治疗方法：根本的治疗方法在于早期确诊后进行开腹整复。为提高整复手术的疗效，在手术前实施常规疗法，如镇痛、补液和强心，并适当纠正酸中毒。

【例题1】马肠扭转的最佳治疗方法是（D）。
A. 翻滚法　　B. 针灸法　　C. 下泻法　　D. 手术整复　　E. 深部灌肠

【例题2】奶牛，6岁，突然发病，剧烈腹痛，应用镇静剂无效，瘤胃蠕动音、肠蠕动音明显减弱，随努责排出少量松节油样粪便，直肠检查，腹内压升高，右肾下方可摸到手臂粗、圆柱状硬物。本病最可能的诊断是（C）。
A. 肠肿瘤　　B. 肠炎　　C. 肠套叠　　D. 肠便秘　　E. 肠痉挛

【例题3】治疗肠变位的原则不包括（D）。
A. 补液　　B. 镇痛　　C. 减压　　D. 利尿　　E. 强心

考点7：猪肠便秘的临床特征、治疗方法和预防措施★★★★

肠便秘是由于肠管运动功能和分泌功能紊乱，内容物滞留不能后移，水分被吸收，致使一段或几段肠管秘结的一种疾病。

猪肠便秘：由于肠内容物停滞、变干、变硬，致使肠腔阻塞。便秘多由于长期饲喂不易消化的含粗纤维多的饲料，或饲料内含泥沙过多，或喂精饲料过多，而青饲料和饮水不足；或长期舍饲，缺乏运动等引起。

临床特征：体温变化不大，结膜潮红，呼吸增快，口渴贪饮，起卧不安，频做排粪动作，两后肢张开，排粪费力，排出粪便干硬粪球，粪便干硬带有少量血丝。按压时往往有疼痛表现，腹部听诊肠音减弱或消失，难以排出粪便或初期仅排出少量带有黏液或血丝的粪便。腹部触诊，体瘦的病猪一般可摸到大肠内干硬的粪块。

治疗方法：对于猪肠便秘的治疗，常用硫酸钠（或硫酸镁）或人工盐内服缓泻；也可用大量1%温食盐水或软肥皂水灌肠、静脉输液等方法进行治疗。

预防措施：合理调配饲料，改进饲养管理，适当运动，喂给多汁易消化的青饲料，并应限制喂量，但饮水要充足。

【例题】猪，30日龄发病，表现结膜潮红、呼吸增快，体温39℃，食欲不振、喜饮，起卧不安，频频做排粪动作，粪便干硬带有少量血丝。本病可能是（C）。
A. 胃炎　　B. 肠炎　　C. 肠便秘　　D. 肠扭转　　E. 肠套叠

考点8：犬、猫肠便秘的发病原因和治疗方法★★★★★

犬、猫肠便秘是由于肠蠕动功能障碍，肠内容物不能及时后送而滞留于大肠内，内容物变干、变硬,致使排粪困难的现象。便秘是犬、猫的常见病,多发生于老龄犬、猫。发病的主要原因包括饲料中混有骨头、毛发等,生活环境的改变打乱了排便习惯,患有肛门脓肿、肛瘘、直肠肿瘤等疾病,以及肠套叠、肠疝、骨盆骨折、前列腺肥大等。

对于原发性便秘,排便困难,腹围增大,腹痛,肛门指检过敏,直肠内有秘结的粪块,可以用温肥皂水、甘油灌肠,或服用缓泻剂;让犬适当运动,给予充足的饮水。阿托品为抗胆碱药,具有松弛平滑肌的作用,不宜用于治疗犬、猫肠便秘。

【例题】某老龄猫,表现排粪费力,粪便干结、色深,腹痛,肛门指检过敏。不宜采取的治疗措施是(D)。
A. 深部灌肠　　B. 静脉输液　　C. 驱赶运动　　D. 注射阿托品　　E. 人工盐灌服

第四章　肝脏、腹膜和胰腺疾病

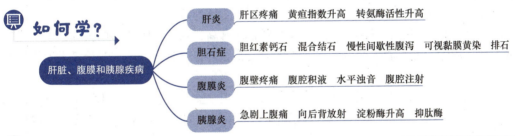

本章考点在考试中主要出现在A2型题中,每年分值平均1分。下列所述考点均需掌握。对于重点内容,希望考生予以特别关注。

考点1: 肝炎的种类和临床特征★★★

肝炎又称急性实质性肝炎,是以肝细胞变性、坏死和肝组织炎性病变为病理特征的一组肝脏疾病。

临床上根据发病的原因,肝炎分为中毒性肝炎、感染性肝炎、侵袭性肝炎、营养性肝炎和充血性肝炎5种。

临床特征:主要表现为消化不良,粪便臭味大而色泽浅。可视黏膜黄染(肝性黄疸),肝浊音区扩大,触诊疼痛。肝功能检查血清黄疸指数升高,直接胆红素和间接胆色素含量增加;尿中胆红素和尿胆原试验呈阳性反应;乳酸脱氢酶、丙氨酸氨基转移酶、天冬氨酸氨基转移酶等反映肝脏损伤的血清酶活性升高。

防治方法:除去病因,治疗原发病,保肝利胆。常用的方法包括静脉注射25%葡萄糖溶液、5%维生素C和5%维生素B_1溶液;服用肝泰乐(葡醛内酯)等保肝药。

【例题】犬急性肝炎的实验室检查出现的变化是（ A ）。
A. 天冬氨酸氨基转移酶活性升高   B. 血浆白蛋白升高
C. 血脂降低   D. ATP 增多
E. 维生素 K 增加

考点 2：胆石症的种类和临床特征 ★★★

胆石症是指胆道系统包括胆囊和胆管内发生结石的疾病。按胆石成分分为 3 种类型：胆红素钙石的主要成分为胆红素钙，多发生于猪和犬；胆固醇石的主要成分为胆固醇，常呈单个大的结石，多发于猴和鼠；混合结石的主要成分为胆红素、胆固醇、碳酸钙，切面呈同心环状层，常发生在胆囊，见于各种动物。

临床特征：主要表现为消化不良，肝功能障碍，如厌食、慢性间歇性腹泻、可视黏膜黄染、渐进性消瘦。可采取中西医结合的排石、溶石等方法治疗，必要时手术取出结石或直接切除胆囊是最好的方法。

考点 3：腹膜炎的临床特征和防治方法 ★★★

腹膜炎是指腹膜壁层和脏层各种炎症的统称，分为弥漫性腹膜炎和局限性腹膜炎；按渗出物的性质，又可分为浆液性腹膜炎、浆液-纤维蛋白性腹膜炎、出血性腹膜炎、化脓性和腐败性腹膜炎。临床上以腹壁疼痛和腹腔积有炎性渗出物为特征。

临床特征：精神不振，发热，呕吐，腹壁紧张性升高，胸式呼吸，触压腹壁，表现强烈的疼痛反应，腹腔积液，腹下部两侧呈对称性膨大，触诊腹壁有波动感，叩诊呈水平线的浊音区。

防治方法：治疗原则是抗菌消炎，制止渗出，纠正水盐代谢障碍。制止渗出，可以静脉注射 10% 氯化钙溶液。静脉注射、肌内注射或大剂量腹腔内注入广谱抗生素或多种抗生素联合使用效果较好。

【例题】治疗动物腹膜炎，为制止渗出，应选择静脉注射的药物是（ B ）。
A. 生理盐水   B. 10% 氯化钙   C. 3% 氯化钾
D. 5% 葡萄糖   E. 0.25% 普鲁卡因

考点 4：胰腺炎的临床特征和防治方法 ★★★

胰腺炎是胰腺因胰蛋白酶的自身消化作用而引起的疾病。

临床特征：急性胰腺炎是临床上常见的引发急性腹痛的病症（急腹症），是胰腺中的消化酶发生自身消化的急性化脓性炎症。临床表现为突然发作的急剧上腹痛，向后背放射，恶心、呕吐、发热、血压降低，血、尿淀粉酶升高。急性胰腺炎坏死出血型病情危重，很快发生休克、腹膜炎，部分病畜发生猝死。

治疗方法：一般采用胰蛋白酶抑制剂（抑肽酶、加贝酯）进行治疗，可应用脂肪乳剂作为热源；同时早期禁食，症状减轻后，可恢复饮食。

【例题】泰迪犬，8 岁，饮食不规律，喜暴饮暴食，突发腹痛、腹胀、呕吐，发热，血清淀粉酶超过正常值 5 倍，本病最可能的诊断是（ E ）。
A. 肠梗阻   B. 急性肝炎   C. 胃肠炎   D. 胆囊炎   E. 急性胰腺炎

第五章　呼吸系统疾病

轻装上阵

如何学？

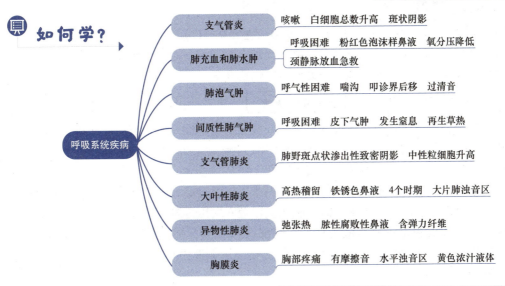

如何考？

本章考点在考试四种题型中均会出现，每年分值平均2分。下列所述考点均需掌握。肺气肿、肺炎等是考查最为频繁的内容，希望考生予以特别关注。

考点冲浪

考点1：支气管炎的临床特征和诊断方法★★★

支气管炎是指各种原因引起的动物支气管黏膜表层或深层的炎症，临床上以咳嗽、流鼻液和不定热型为特征，各种动物均可发生。

支气管炎主要由冷空气、异物刺激、病毒感染、细菌感染、吸入花粉等因素引起。能导致犬支气管炎的病毒主要有犬腺病毒2型、犬瘟热病毒、犬流感病毒、犬副流感病毒等。一般情况下，犬细小病毒不会引起犬支气管炎。其中花粉可以引起气管-支气管的过敏性炎症，会出现嗜酸性粒细胞。

临床特征：急性支气管炎的主要症状是咳嗽。病初为带痛的干咳，后转为湿咳。严重时为痉挛性咳嗽，在早晨尤为严重，表现干、短和疼痛咳嗽。

诊断方法：血液学检查重症犬、猫可见白细胞总数升高，伴有中性粒细胞数升高及核左移。X线检查急性支气管炎可见沿支气管有斑状阴影；慢性支气管炎可见肺纹理增粗，紊乱，呈网状或条索状、斑点状阴影，支气管周围有圆形X线不能透过的部分。

治疗原则：消除病因，祛痰镇咳，抗菌消炎。

【例题1】一般情况下，不引起犬支气管炎的病毒是（D）。

A. 犬腺病毒 2 型　　　　　B. 犬瘟热病毒　　　　　C. 犬流感病毒
D. 犬细小病毒　　　　　　E. 犬副流感病毒

【例题 2】发生支气管炎时，若支气管分泌物中有大量的嗜酸性粒细胞，其原因可能是（A）。
A. 吸入花粉　　　　　　　B. 寒冷空气刺激　　　　C. 病毒感染
D. 细菌感染　　　　　　　E. 通风不良

【例题 3】犬发生急性支气管炎时，血液学检查可见（C）。
A. 白细胞总数正常　　　　B. 白细胞总数减少　　　C. 白细胞总数增多
D. 中性粒细胞数减少　　　E. 嗜酸性粒细胞数增多

考点 2：肺充血和肺水肿的临床特征 ★★★★

肺充血是指肺毛细血管内血液过度充满，一般分为主动性充血和被动性充血。肺水肿是指由于肺充血持续时间过长，血液的液体成分渗漏到肺实质和肺泡。肺充血和肺水肿在临床上均以呼吸困难、黏膜发绀和泡沫状鼻液为特征。

临床特征：肺充血和肺水肿呈进行性呼吸困难。体温升高，呼吸和脉搏加快；胸部叩诊呈浊音，听诊呈广泛水泡音。肺水肿时，临床上以呼吸极度困难、结膜发绀、体温升高、两侧鼻孔流出大量粉红色泡沫样鼻液为特征。胸部 X 线检查，肺视野阴影呈弥漫性增加，密度增加，阴影加重，肺门血管纹理显著。血气分析显示血液中氧分压（PO_2）降低，二氧化碳分压（PCO_2）升高。

治疗原则：减轻心脏负荷，缓解呼吸困难。对于极度呼吸困难的病畜，颈静脉大量放血有急救功效，降低肺中血压，增加进入肺部的空气。

【例题 1】马，精神沉郁，呼吸困难，鼻孔流出粉红色泡沫状鼻液，脉搏跳动快，可视黏膜发绀，本病可能是（B）。
A. 肺泡气肿　　　　　　　B. 肺充血和肺水肿　　　C. 肺间质水肿
D. 支气管肺炎　　　　　　E. 大叶性肺炎

【例题 2】马，7 岁，由于过度使役而突然发病，临床表现明显的呼吸困难，流泡沫状鼻液，黏膜发绀。体温 40.5℃，肺部听诊湿啰音。X 线检查显示肺野密度增加，阴影加重，肺门血管纹理显著。血气分析最可能的异常是（E）。
A. PO_2 正常，PCO_2 升高　　B. PO_2 升高，PCO_2 升高　　C. PO_2 降低，PCO_2 降低
D. PO_2 升高，PCO_2 降低　　E. PO_2 降低，PCO_2 升高

考点 3：肺泡气肿的临床特征和防治方法 ★★★★

肺泡气肿是指肺泡腔在致病因素作用下，发生扩张并常伴有肺泡隔破裂，引起以呼吸困难为特征的疾病。根据其发生的过程和性质，分为急性肺泡气肿和慢性肺泡气肿两种。临床上以高度呼吸困难、肺泡呼吸音减弱及肺部叩诊后移为特征。

临床特征：慢性肺泡气肿主要表现呼气性困难，呈现二重式呼气，同时沿肋骨弓出现较深凹陷沟，又称"喘沟"或"喘线"。肺部叩诊呈过清音，正常叩诊界后移。黏膜发绀，体温正常。X 线检查，整个肺区异常透明，支气管影像模糊，膈穹窿后移。

防治方法：缓解呼吸困难，治疗原发病。缓解呼吸困难，可用 1% 硫酸阿托品、2% 氨茶碱或 0.5% 异丙肾上腺素雾化吸入。危险时及时吸氧。

考点 4： 间质性肺气肿的发病原因和临床特征 ★★★★

间质性肺气肿是由于肺泡和细支气管破裂，空气进入肺间质，在肺小叶间隔与肺膜连接处形成串珠状小气泡，呈网状分布于肺膜下的一种疾病。临床特征为突然表现呼吸困难，皮下气肿，以及迅速发生窒息。本病主要发生于牛。

发病原因：牛，特别是成年肉牛，在秋季转入草木茂盛的草场后，可在5~10d发生急性肺气肿和肺水肿，即所谓的"再生草热"，主要是生长茂盛的牧草中L-色氨酸含量高。

临床特征：突然发病，呈现呼吸困难，甚至窒息，病畜张口呼吸，伸舌，流涎，惊恐不安，胸部叩诊音高朗，呈过清音，听诊肺泡呼吸音减弱。多数病畜颈部和肩部皮下出现气肿，有的迅速散布于全身皮下组织。

治疗：尚无特效疗法。治疗原则为加强护理，消除病因，治疗原发疾病。

【例题】牛，过度使役，突然出现呼吸困难，皮下气肿，伸舌，惊恐不安，本病可能是（E）。
A. 肺充血　　B. 肺水肿　　C. 大叶性肺炎　　D. 小叶性肺炎　　E. 间质性肺气肿

考点 5： 支气管肺炎的临床特征和诊断方法 ★★★

支气管肺炎又称小叶性肺炎或卡他性肺炎，是由各种刺激因子刺激支气管和肺组织而引发的支气管及肺的卡他性炎症。其病理特征是病灶内有浆液性分泌物、脱落的上皮细胞和白细胞。

临床特征：主要表现为精神沉郁，食欲减退或废绝，咳嗽，呼吸困难，流浆液性、黏液性或脓性鼻液，体温40.1℃，呈弛张热，呼吸增数，叩诊胸区出现局灶性浊音区，胸部听诊有捻发音，病灶部位肺泡呼吸音减弱。

诊断方法：血液学检查白细胞总数增加，中性粒细胞比例达80%以上，出现核左移现象。X线检查两肺野下部表现斑片状或斑点状渗出性致密阴影，大小和形状不规则，边缘模糊不清，沿肺纹理分布。病变密度不均匀，中心密度较高，多伴有肺纹理增粗。当病灶发生融合时，则形成较大片的云絮状阴影。

防治方法：治疗原则是抑菌消炎，祛痰止咳，制止渗出，对症治疗。心脏衰弱时，肌内注射10%安钠咖2~10mL。

【例题1】犬支气管肺炎最常见的热型是（B）。
A. 稽留热　　B. 弛张热　　C. 间歇热　　D. 回归热　　E. 双相热

【例题2】德国牧羊犬，3岁，弛张热，咳嗽，呼吸次数增加，胸部叩诊呈局灶性浊音区，X线检查可见肺野有（A）。
A. 点片状的渗出性阴影　　　　　　B. 大片状均匀的渗出性阴影
C. 肺野中下部密度增加　　　　　　D. 肺野下方密度降低
E. 弥散性斑块状高密度阴影

考点 6： 大叶性肺炎的临床特征和病变特征 ★★★★★

大叶性肺炎又称格鲁布性肺炎或纤维素性肺炎，是由病原微生物引起，以肺泡内纤维蛋白渗出为主要特征的肺部炎症。临床表现为高热稽留、流铁锈色鼻液、大片肺浊音区及定型经过。

临床特征：食欲废绝，结膜充血黄染，呼吸困难，呈腹式呼吸，体温升高，呈稽留热型，脉搏增加，流铁锈色鼻液，粪便干燥或便秘。

病变特征：分为典型的4个时期。充血水肿期病变部肺组织呈褐红色，按压流出大量血样泡沫；红色肝变期肺质地实变，呈暗红色，类似肝脏，称为肝变；灰色肝变期病变部肺组织呈灰色肝变，切面呈灰色花岗岩样；溶解期病变部肺组织缩小，挤压有脓性混浊液流出，色泽渐渐恢复正常。

X线检查：病变部肺纹理增粗增浓，肝变期比较典型，肺野中下部呈大片均匀致密的阴影，上界呈弧形隆起。

治疗原则：抗菌消炎，制止渗出，促进渗出物吸收。

【例题1】大叶性肺炎病畜典型的热型是（E）。
A. 弛张热　　B. 波浪热　　C. 回归热　　D. 不定型热　　E. 稽留热

【例题2】3月龄牛，连续数天体温为42~42.5℃，反复咳嗽，呼吸困难，胸部叩诊出现大片浊音区。该牛最可能患的疾病是（C）。
A. 肺结核　　　　　　B. 支气管炎　　　　　　C. 大叶性肺炎
D. 小叶性肺炎　　　　E. 肺充血和肺水肿

考点7：异物性肺炎的临床特点和诊断方法 ★★★

异物性肺炎又称吸入性肺炎，是由饲料、呕吐物、药物等异物被吸入肺内或腐败细菌侵入肺部而引起的一种坏疽性炎症。临床上以弛张热型、呼吸极度困难、鼻孔流出脓性、腐败性恶臭鼻液和鼻液含有弹力纤维为特征。肺部叩诊病初呈浊音，病后期呈局灶性鼓音、金属音或破壶音。鼻液弹力纤维检查阳性。X线检查可见肺空洞或坏死灶的阴影。血常规检查白细胞数减少，淋巴细胞数增多。

治疗方法：采取排出异物、抗菌治疗、气管内注入甲醛或薄荷脑液体石蜡等方法进行治疗。

考点8：胸膜炎的临床特征 ★★★★

胸膜炎是指胸膜伴有炎性渗出和纤维蛋白沉着的炎症过程。

临床特征：体重下降，牛、羊产奶量下降，发热，精神沉郁，不愿意运动，头颈伸展，呼吸困难，叩诊胸部疼痛，听诊胸部时有摩擦音或没有声音。胸壁受刺激或叩诊表现频繁咳嗽并躲闪，渗出期叩诊呈水平浊音区，小动物水平浊音随体位而改变。胸腔穿刺可流出黄色或含有浓汁的液体，含有大量纤维蛋白，易凝固。

治疗原则：抗菌消炎、制止渗出、促进渗出物的吸收和排出，同时进行解热镇痛、穿刺放液、强心利尿等对症治疗。

【例题1】牛，发热，精神沉郁，叩诊胸部敏感，听诊胸部有摩擦音，胸腔穿刺液含有大量纤维蛋白。该牛病可以诊断为（D）。
A. 大叶性肺炎　B. 小叶性肺炎　C. 肺充血　　D. 胸膜炎　　E. 肺泡气肿

【例题2】犬，5岁，体温40.5℃，呈明显的腹式呼吸，常取坐姿。胸腔穿刺见大量浅黄色、混浊的液体，其中蛋白质含量和中性粒细胞数增多。治疗本病不宜采用（D）。
A. 抗菌消炎　B. 强心利尿　C. 解热镇痛　D. 大量补液　E. 穿刺放液

第六章　血液循环系统疾病

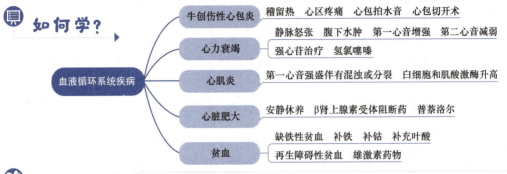

本章考点在考试中主要出现在 A2 型题中，每年分值平均 1 分。下列所述考点均需掌握。对于重点内容，希望考生予以特别关注。

考点冲浪

考点1：牛创伤性心包炎的发病原因和临床特征★★★

创伤性心包炎是创伤性网胃腹膜炎的一种继发症，是指心包受到机械性损伤，主要是由从网胃来的细长的金属异物刺透网胃、膈直至心包引发本病。

临床特征：病初体温升高，多数呈稽留热，少数弛张热，后期降至常温。呼吸浅快、迫促，甚至困难，呈腹式呼吸。瘤胃蠕动弛缓，触诊心区有疼痛反应。病初心音增强且伴有心包摩擦音，后期摩擦音消失，呈现心包拍水音或金属音。叩诊时心浊音区扩大，尤其浊音界的上方出现鼓音或浊鼓音。

防治方法：一般采取心包切开术治疗，手术越早进行越好。

【例题1】最有可能引起奶牛创伤性心包炎的异物是（E）。
A. 碎石块　　B. 碎铁块　　C. 塑料片　　D. 螺丝帽　　E. 细长金属物

【例题2】牛创伤性心包炎，心脏听诊可能出现的异常是（B）。
A. 奔马音　　B. 拍水音　　C. 射血音　　D. 狭窄音　　E. 胎性心音

考点2：心力衰竭的临床特征和诊断方法★★★

心力衰竭又称心脏衰弱、心功能不全，是由于心肌收缩力减弱或衰竭，引起外周静脉过度充盈，使心脏排血量减少，动脉压降低，静脉回流受阻等引起的呼吸困难、皮下水肿、发绀，甚至心搏骤停和突然死亡的一种全身血液循环障碍综合征。

诊断方法：依据静脉怒张、脉搏增数、呼吸困难、垂皮和腹下水肿、第一心音增强、第二心音减弱等特征，同时进行心电图、X线检查，即可确诊。可以使用强心苷药物进行治疗，为消除水肿和钠、水潴留，可以给予利尿药双氢克尿噻（氢氯噻嗪），以减少血容量，减轻心脏负荷。

【例题】急性心力衰竭出现水肿、钠潴留时，可以选用的治疗药物是（D）。

A. 氨茶碱　　　B. 甲硝唑　　　C. 氨基比林　　　D. 氢氯噻嗪　　　E. 硫代硫酸钠

考点3：心肌炎的发病原因和临床特征★★★

心肌炎是指伴发心肌兴奋性增强和心肌收缩机能减弱为特征的心肌局灶性和弥漫性心脏肌肉炎症。本病很少单独发生，多继发或并发于其他各种传染性疾病、脓毒败血症或中毒性疾病过程中。临床上以急性非化脓性心肌炎较为常见。

发病原因：猪的心肌炎常见于猪的伪狂犬病、猪瘟、猪丹毒、猪口蹄疫和猪肺疫等经过中。犬心肌炎主要见于犬细小病毒、犬瘟热病毒、流感病毒、传染性肝炎病毒等感染。

临床特征：黏膜发绀，四肢下部水肿。听诊时，病初第一心音强盛伴有混浊或分裂，第二心音显著减弱，多伴有因心脏扩张、房室瓣闭锁不全而引起的缩期性杂音。重症病畜出现奔马音，或有频繁的期前收缩，濒死期心音减弱。心电图检查出现各种类型传导阻滞，其中以房室传导阻滞较多见。实验室检查白细胞总数增多和肌酸激酶活性升高。

防治原则：减少心脏负担，增加心脏营养，提高心脏收缩机能和防治其原发病。

【例题】心肌炎时，临床上不会出现（E）。
A. 大脉　　　B. 小脉　　　C. 早期收缩　　　D. 节律不齐　　　E. 第二心音增强

考点4：心脏瓣膜病的临床特点和诊断方法★★

心脏瓣膜病是指心脏瓣膜和瓣孔发生器质性病变，导致血流动力学紊乱的一种慢性心内膜疾病，又称慢性心内膜炎。本病分为先天性心脏瓣膜病和后天性心脏瓣膜病，主要发生于马和犬。临床上以器质性心内杂音和血液循环紊乱为特征。临床上本病表现为多种类型，如心房间隔缺损、心室间隔缺损、二尖瓣闭锁不全、左房室孔狭窄、三尖瓣闭锁不全、主动脉瓣闭锁不全、法洛氏四联症等。

对于心脏瓣膜病的诊断，利用心电图检查、X线检查、超声心动图检查等手段，可以发现不同疾病类型的特征。例如，二尖瓣闭锁不全经X线检查，胸部侧位片可见心影增大且后下部膨出；胸部腹背位片以时钟表面定位心脏的3~5时处膨出等。

心脏瓣膜病属于心脏瓣膜装置出现各种形态和结构的变化，采用药物无法彻底治愈，可以试用手术矫正疗法，同时对症治疗和加强护理。

【例题】5岁松狮犬，22kg，体温正常，心跳98次/min，脉搏细微，运动不耐受。胸部侧位片可见心影增大且后下部膨出。胸部腹背位片以时钟表面定位心脏的3~5时处膨出。该犬最可能患的疾病是（C）。
A. 心丝虫病　　　B. 房间隔缺损　　　C. 二尖瓣闭锁不全
D. 三尖瓣闭锁不全　　　E. 主动脉瓣闭锁不全

考点5：心脏肥大的病变特征和防治方法★★★

心脏肥大是指心脏的血容量增多或循环阻力增大，使心脏长期负荷加重时所引起的心肌纤维变粗、体积增大，并由此而导致心壁增厚、心脏重量增加的一种疾病。组织学病变特征是心肌细胞显著肥大，心肌纤维排列紊乱。胸部X线片可见肺野清晰，心影增大而模糊，且夹杂少量低密度斑影等。本病常见于德国牧羊犬、马和猪等。

防治方法：避免急剧性运动。在保持安静休养的同时，注意营养疗法。对于患心脏肥大的猫用 β 肾上腺素受体阻断药治疗；对于犬应用心得安（普萘洛尔）等药物进行治疗。

【例题】3 月龄贵宾犬，腹式呼吸，运动不耐受，胸部 X 线片可见肺野清晰，心影增大而模糊，且夹杂少量低密度斑影。该犬最可能患的疾病是（A）。
A. 心脏肥大　　　　B. 房间隔缺损　　　　C. 二尖瓣闭锁不全
D. 三尖瓣闭锁不全　E. 主动脉瓣闭锁不全

考点 6：贫血的种类和临床特征 ★★★

贫血是指单位体积外周血液中的血红蛋白浓度、红细胞数和/或红细胞压积低于正常值的综合征。在临床上是一种最常见的病理状态，主要表现为皮肤和黏膜苍白、心率加快、心搏增强、肌肉无力及各器官由于组织缺氧而产生的各种症状。贫血不是特定的疾病，而是各种原因引起的不同疾病的一种症状。

按贫血发生的原因，贫血分为溶血性贫血、营养性贫血、出血性贫血和再生障碍性贫血 4 种类型。营养性贫血主要见于营养物质铁、钴、铜等微量元素和叶酸、维生素 B_{12} 等维生素缺乏。

缺铁性贫血是指动物体内铁不足引起的一种营养缺乏病，是营养性贫血的一种。临床上以皮肤和可视黏膜苍白、精神沉郁、易疲劳和生长发育受阻为特征，补铁是治疗缺铁性贫血的关键措施。可以使用铁制剂，如血多素；为补充钴元素，可以给予硫酸钴或氯化钴、维生素 B_{12}。叶酸缺乏时，补充叶酸。

再生障碍性贫血是由于放射病、骨髓肿瘤、长期使用抗肿瘤药物，如环磷酰胺、甲氨蝶呤、长春新碱等原因，造成血液再生机能下降引起的疾病。可以使用雄激素药物和促红细胞生成素等刺激骨髓造血机能。

【例题 1】不引起贫血的营养因素是（D）。
A. 叶酸　　B. 钴　　C. 铜　　D. 钙　　E. 维生素 B_{12}

【例题 2】2 周龄仔猪，精神沉郁，吮乳减少，结膜苍白。应用铁制剂治疗后痊愈。该仔猪所患可能为（A）。
A. 贫血　　B. 心力衰竭　　C. 低血糖症　　D. 出血性紫癜　　E. 仔猪水肿病

考点 7：血友病的种类和临床特征 ★★

血友病是指一组遗传性凝血功能障碍的出血性疾病，其共同特征是活性凝血活酶生成障碍，凝血时间延长，具有终身轻微创伤后出血现象。主要有以下种类：

甲型血友病：由凝血因子Ⅷ合成障碍或结构异常所致，称为真性血友病。

乙型血友病：由凝血因子Ⅸ生成不足或结构异常所致，公犬、公猫易发病。

甲乙型血友病：由凝血因子Ⅷ、凝血因子Ⅸ先天性缺乏所致。

丙型血友病：由凝血因子Ⅺ先天性合成障碍所致，牛呈家族性发生。

第七章　泌尿系统疾病

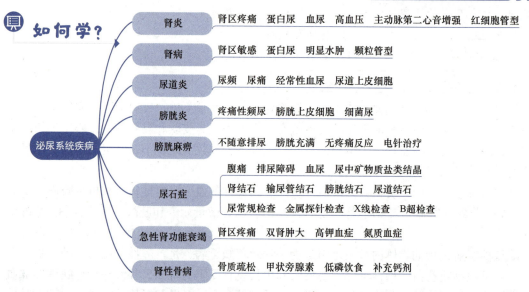

> 本章考点在考试的4种题型中均会出现，每年分值平均2分。下列所述考点均需掌握。肾炎、肾病和尿石症等是考查最为频繁的内容，希望考生予以特别关注。

考点1：肾炎的临床特征和诊断方法★★★★★

肾炎是指肾小球、肾小管或肾间质组织发生炎症性病理变化的统称。临床特征是肾区敏感和疼痛、尿量减少、蛋白尿、血尿和高血压等。临床上以急性肾炎、慢性肾炎和间质性肾炎多发。

肾炎很少单独发生，多由微量元素硒、锌等的缺乏，栎树叶、毒芹等外源性毒物的中毒，猪瘟和犬瘟热等传染性疾病继发，子宫内膜炎等邻近器官炎症的蔓延等引起。

诊断方法：主要根据病史（某些传染病或中毒或感冒）、典型的临床症状（少尿或无尿，肾区敏感、疼痛，氮血症性尿毒症，血压升高，主动脉第二心音增强）、尿液的变化（尿蛋白、血尿、红细胞管型及肾上皮细胞）进行诊断。

肾炎与肾病的鉴别：肾病是由于细菌或毒物直接刺激肾脏而引起肾小管上皮变性的一种非炎症性疾病，临床上表现为明显水肿、大量蛋白尿及低蛋白血症，但不见血尿和肾性高血压现象。肾炎与肾病的主要鉴别症状是血尿或红细胞管型。

治疗原则：消除病因，对症治疗，加强护理，消炎利尿和免疫抑制疗法。

【例题1】一般不会引起肾炎的因素是（A）。
A. 冲击、踢踢等外力作用　　　　　　　　B. 微量元素硒、锌等缺乏

C. 栎树叶、毒芹等外源性毒物的中毒　　D. 猪瘟和犬瘟热等传染性疾病继发

E. 子宫内膜炎等邻近器官炎症的蔓延

【例题 2】动物急性肾炎时，心脏听诊可能出现（D）。

A. 肺动脉第二心音减弱　　B. 第二心音分裂　　C. 主动脉第二心音减弱

D. 主动脉第二心音增强　　E. 肺动脉第二心音增强

【例题 3】肾炎的治疗原则除了消除病因、消炎利尿和对症治疗外，还包括（A）。

A. 抑制免疫　　B. 增强免疫　　C. 使用磺胺药　　D. 大量补液　　E. 补充电解质

【例题 4】犬尿液检查尿蛋白阳性，并有红细胞管型，本病最可能的诊断是（B）。

A. 肾病　　　　B. 肾炎　　　　C. 膀胱炎　　　　D. 尿道炎　　　　E. 尿石症

考点 2：肾病的临床特征和诊断方法 ★★★

肾病是指肾小管上皮细胞发生变性坏死的一种非炎症性肾脏疾病。临床特征是大量蛋白尿、明显水肿及低蛋白血症，但无血尿及血压升高。

临床特征：主要表现为排尿减少，弓腰，尿量减少，比重增加，肾区触诊敏感，病畜呈现衰弱、消瘦、营养不良及水肿现象，水肿多发生于颜面、肉髯、四肢、腹下等部位。发生急性肾病时，由于肾小管上皮受损而高度肿胀，致使管腔变窄，尿量减少，比重增加，尿液浓稠，颜色变黄如豆油状，严重时无尿，排尿困难。

诊断方法：根据尿液检查，尿中含有大量蛋白质、肾上皮细胞，透明和颗粒管型，但一般无红细胞和红细胞管型；血检蛋白质含量降低，胆固醇含量升高。急性肾病血检时可见尿素氮和亮氨酸氨基肽酶的水平升高。

【例题 1】肾病与急性肾炎的主要鉴别症状是（D）。

A. 少尿　　　　B. 无尿　　　　C. 水肿　　　　D. 血尿　　　　E. 肾区敏感

【例题 2】犬，9岁，少尿，尿液浓稠，黄如豆油状，尿中出现大量蛋白质及肾上皮细胞和透明管型。临床血液生化检查最可能见到（A）。

A. 尿素氮升高　　　　B. 胆固醇降低　　　　C. 钠离子升高

D. 葡萄糖升高　　　　E. 甘油三酯升高

考点 3：尿道炎的临床特征和诊断方法 ★★★

尿道炎是指尿道黏膜及其下层的炎症，是犬、猫常见的多发病。临床上以尿频、尿痛、经常性血尿等为主要特征。

诊断方法：根据临床特征，如疼痛性排尿，尿道肿胀、敏感，以及导尿管探诊和外部触诊即可确诊，尿液检查发现细菌和尿道上皮细胞，无膀胱上皮细胞。

【例题 1】动物出现尿频症状，提示（D）。

A. 肾病　　　　B. 尿毒症　　　　C. 膀胱麻痹　　　　D. 尿道炎　　　　E. 慢性肾衰竭

【例题 2】犬患尿道炎时，尿液中出现（D）。

A. 肾上皮细胞　　　　B. 肾盂上皮细胞　　　　C. 膀胱上皮细胞

D. 尿道上皮细胞　　　　E. 肾小管上皮细胞

考点 4：膀胱炎的临床特征 ★★★

膀胱炎是指膀胱黏膜表层或深层的炎症。临床上以疼痛性频尿和尿中出现较多的

膀胱上皮细胞、炎性细胞、血液和磷酸铵镁结晶为特征。各种家畜均可发生，多见于犬、猫。

临床特征：主要表现为尿少而频、血尿、混浊恶臭尿、排尿困难、尿失禁。触诊膀胱有疼痛的收缩反应。尿液检查尿沉渣中有大量的膀胱上皮细胞、白细胞、红细胞，导尿或自然排尿的中段尿沉渣发现细菌，可以判为细菌尿。

【例题】犬，尿频、量少、色红，腹围膨大，触诊膀胱充盈，有压痛感，尿沉渣检查，可见大量多角形扁平细胞，细胞核小呈圆形或椭圆形，以及红细胞，多棱状、棺盖状结晶。本病最可能的诊断是（B）。

　　A. 膀胱破裂　　B. 膀胱炎　　C. 膀胱结石　　D. 膀胱麻痹　　E. 膀胱憩室

考点5：膀胱麻痹的临床特征和治疗方法★★★

膀胱麻痹是指膀胱肌肉的收缩力减弱或丧失，致使尿液不能随意排出而积滞的一种非炎症性的膀胱疾病，主要是由于脑膜炎、中暑、脊髓振荡、肿瘤等损伤神经系统，导致支配膀胱的神经功能障碍所引起。临床上以不随意排尿，膀胱充满且无疼痛反应为特征。

治疗方法：对症治疗一般选用神经兴奋剂和具有提高膀胱肌肉收缩力的药物，有助于膀胱积尿的排出；也可采用电针治疗，一电极插入百会穴，另一电极插入后海穴，调整好频率，每天1~2次，每次20min。临床实践中应用氯化钡治疗牛的膀胱麻痹，效果良好。

【例题1】病犬不排尿，触诊膀胱增大、不敏感，按压有尿排出。提示（A）。

　　A. 膀胱麻痹　　B. 膀胱破裂　　C. 括约肌痉挛　　D. 膀胱炎　　E. 膀胱结石

【例题2】家畜患膀胱麻痹时的主要表现是（C）。

　　A. 随意排尿，膀胱充满且无疼痛反应　　B. 随意排尿，膀胱空虚且有疼痛反应
　　C. 不随意排尿，膀胱充满且无疼痛反应　　D. 不随意排尿，膀胱充满且有疼痛反应
　　E. 不随意排尿，膀胱空虚且有疼痛反应

考点6：尿石症的主要发病原因和形成机理★★★★★

尿石症是指尿路中的无机盐类（或有机类）结晶的凝结物，刺激尿路黏膜而引起出血、炎症和阻塞的一种泌尿器官疾病。按种类分为磷酸盐结石、尿酸铵结石、胱氨酸结石、草酸钙结石、硅酸盐结石等。一般下泌尿道结石的主要成分是磷酸盐结石，可使用稀盐酸来酸化尿液。临床上以腹痛、排尿障碍和血尿为特征，主要有肾结石、输尿管结石、膀胱结石和尿道结石。尿道结石一般为膀胱结石的并发症，主要发生于公畜，结石常停留在阴茎尿道开口后方、乙状弯曲处。本病主要发生于公畜。

发病原因：尿石症发生的原因主要有尿路细菌（如葡萄球菌、变形杆菌等）感染；维生素A缺乏或雌激素过剩；长期饮水不足，尿液浓缩；尿液中尿素酶活性升高及柠檬酸浓度降低引起尿液pH的变化；饲料营养不均衡，如饲喂高蛋白质饲料；其他疾病，如甲状旁腺功能亢进、维生素D过多等。

尿结石的形成一般认为与以下因素有关：形成尿结石的核心物质，一般多为黏液、血凝块、脱落的上皮细胞、坏死组织碎片；尿中大量矿物质盐类结晶发生沉淀，成为尿结石的实体；pH改变形成碳酸钙、磷酸铵和磷酸铵镁等沉淀。

【例题 1】公牛的尿道结石多发生于（ D ）。
  A. 肾盂   B. 输尿管   C. 膀胱   D. 乙状弯曲部   E. 尿道骨盆中部
【例题 2】猫下泌尿道结石最常见的成分是（ A ）。
  A. 磷酸铵镁   B. 尿酸盐   C. 草酸盐   D. 硅酸盐   E. 胱氨酸

考点 7：尿石症的种类、临床特征和诊断方法 ★★★★

临床上尿石症的种类主要有肾结石、输尿管结石、膀胱结石和尿道结石。

肾结石：结石一般在肾盂部分，临床表现为精神沉郁、步态强拘、弓背、腰部触诊敏感，常做排尿姿势，并出现轻度血尿、细菌尿、脓尿等。触摸肾区发现肾脏肿大并有疼痛感。尿检可见红细胞、白细胞、盐类结晶、肾上皮细胞等。

输尿管结石：多数是由于肾结石下移阻塞输尿管。主要表现为行走时弓背，腹部触诊有疼痛感，输尿管不全阻塞时，常见血尿、脓尿和蛋白尿。

膀胱结石：饮欲增加，结石刺激膀胱黏膜，频频排尿、努责、排尿困难，有血尿。腹部超声检查可见膀胱内有绿豆大的强回声光斑及其远场声影。

尿道结石：突然尿闭，频做排尿姿势，强烈努责、呻吟、起卧不安。有时有少量血尿滴出；完全阻塞时，膀胱充满，触诊有剧烈疼痛感。

诊断方法：根据尿频、排尿困难、血尿等症状做出初步诊断，确诊需要进行尿常规检查、尿道金属探针检查、X 线检查和 B 超检查等。尿液检查尿中有红细胞和白细胞；尿道金属探针检查可碰到结石并有碰撞声音；X 线检查能看到不透光的结石阴影；超声检查可以探到结石。

【例题 1】某猪场 2 岁种公猪，精神沉郁，步态强拘，弓背，腰部触诊敏感，常做排尿姿势。尿检可见红细胞、白细胞、盐类结晶、肾上皮细胞，本病可能的诊断是（ A ）。
  A. 肾结石   B. 尿道结石   C. 膀胱结石   D. 输尿管结石   E. 慢性肾衰竭

【例题 2】博美犬，5 岁，雄性，多年来一直饲喂自制犬食，以肉为主，近日虽然食欲正常，但饮欲增加，排尿频繁，每次尿量减少，偶见血尿，腹部超声检查可见膀胱内有绿豆大的强回声光斑及其远场声影。该犬所患的疾病是（ D ）。
  A. 肾炎   B. 尿道炎   C. 尿崩症   D. 膀胱结石   E. 肾功能衰竭

【例题 3】犬膀胱尿道结石早期诊断没有指导意义的方法是（ E ）。
  A. 尿液检查   B. 尿道探查   C. X 线检查
  D. B 超检查   E. 血液尿素氮含量测定

【例题 4】治疗猫磷酸铵镁结石，可以用于酸化尿液的药物是（ A ）。
  A. 稀盐酸   B. 磷酸氢二钠   C. 蛋氨酸   D. 氢氧化铝   E. 水合氯醛

考点 8：急性肾功能衰竭的临床特征 ★★★

急性肾功能衰竭是指各种原因引起少尿或无尿，肾实质急性损害，不能排泄代谢产物，迅速出现氮质血症、水和电解质及酸碱平衡紊乱并发生一系列各系统功能变化的临床综合征。临床上犬、猫常见。

临床特征：急性肾功能衰竭的临床过程分为开始期、少尿或无尿期、多尿期和恢复期 4 期。临床上主要表现为肾区敏感、疼痛，触诊肾区有避让反应，少尿或无尿。尿液检查蛋白质阳性，比重降低；B 超检查显示双肾肿大。血液检查出现高钾血症、低钠血症、氮质血症，甚至心力衰竭。

【例题】德国牧羊犬，雄性，触诊肾区有避让反应，少尿。尿液检查：蛋白质阳性，比重降低。B超检查显示双肾肿大。该犬所患疾病可能是（C）。
A. 急性肾炎
B. 肾性骨病
C. 急性肾功能衰竭
D. 慢性肾功能衰竭
E. 泌尿道感染

考点9：肾性骨病的临床特征和防治方法★★★

肾性骨病又称肾性骨营养不良，是慢性肾衰竭时由于钙、磷及维生素D代谢障碍，继发甲状旁腺功能亢进，酸碱平衡紊乱等因素而引起的骨病。

临床特征：主要是骨骼的严重损害，表现为骨软化、纤维性骨炎、骨性关节炎、骨质疏松、骨硬化、佝偻病等。X线检查发现骨密质吸收、骨密度减低、骨质疏松，也可见骨质硬化及软组织钙化的表现。

诊断方法：根据病史和临床特征做出初步诊断。实验室检测血清甲状旁腺素、血清骨钙蛋白和钙含量等可以确诊。

防治方法：首先降低血磷，进行低磷饮食（食物煮沸后去汤可降低磷含量），合理服用磷结合剂，如碳酸钙；然后补充钙剂，如空腹服用碳酸钙、补充活性维生素D。

第八章　神经系统疾病

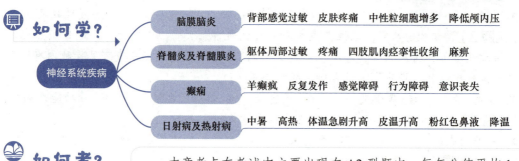

考点1：脑膜脑炎的临床特征和治疗原则★★★

脑膜脑炎是指软脑膜及脑实质发生的炎症，常伴有严重的脑功能障碍。各种动物均有发生，其中马、牛、犬和猫多见。

临床特征：表现为一般脑症状、局部脑症状、脑膜刺激症状和血液、脑脊髓液检查异常等类型。一般脑症状主要表现为兴奋与抑制交替出现；局部脑症状表现为痉挛和麻痹；脑膜刺激症状表现为背部感觉过敏，皮肤刺激出现强烈的疼痛反应；血液和脑脊髓液检查表现为中性粒细胞增多，核左移，嗜酸性粒细胞消失，淋巴细胞减少，脑脊液蛋白质和细胞含量明显增加。

治疗原则：加强护理，抗菌消炎，降低颅内压，同时进行对症治疗。病畜狂躁不安时，可以使用苯巴比妥钠进行治疗。

选择的抗菌药有青霉素类、磺胺类、头孢噻呋等；降低颅内压一般先泻血1000~3000mL，再用等量的10%葡萄糖并加入40%乌洛托品，也可选用25%山梨醇溶液和20%甘露醇溶液静脉注射。

【例题1】动物脑膜脑炎出现狂躁不安时，首选的治疗药物是（B）。
A. 东莨菪碱　　B. 苯巴比妥钠　　C. 6-氨基己酸　　D. 地塞米松　　E. 樟脑磺酸钠

【例题2】治疗脑膜脑炎时，可以降低颅内压的药物是（C）。
A. 磺胺嘧啶钠　　B. 盐酸氯丙嗪　　C. 甘露醇　　D. 肾上腺素　　E. 头孢噻呋钠

考点2：脊髓炎及脊髓膜炎的发病原因和临床特征★★★

脊髓炎及脊髓膜炎是脊髓实质、脊髓软膜及蛛膜网的炎症，脊髓炎及脊髓膜炎同时发生。临床上以感觉机能障碍、运动机能障碍、肌肉萎缩为特征。本病主要继发于某些传染性疾病，如马传染性脑炎、中毒性脑炎、流行性感冒、伪狂犬病、脑脊髓线虫病等；其次继发于有毒植物及霉菌毒素中毒，如萱草根、山黧豆中毒、镰刀霉菌毒素、赤霉菌毒素和某些青霉菌毒素中毒等。

临床特征：病畜主要表现为脊髓膜刺激症状，呈现躯体某一部位感觉过敏，用手触摸被毛，表现躁动不安、呻吟及弓背等疼痛性反应；触摸四肢时，引起肌肉痉挛性收缩；随病情的发展，刺激症状慢慢减弱，表现感觉减弱或消失、麻痹等脊髓症状。

【例题】不属于脊髓炎的临床特征是（A）。
A. 昏迷　　　　　　　　B. 肌肉萎缩　　　　　　　C. 运动机能障碍
D. 浅感觉机能障碍　　　E. 深感觉机能障碍

考点3：癫痫的临床特征★★

癫痫俗称"羊癫疯"，是一种暂时性脑功能异常、反复发作和短暂的中枢神经系统功能失常的慢性疾病。临床上以短暂和反复发作、感觉障碍、肢体抽搐、意识丧失、行为障碍或自主神经机能异常等为特征。本病多见于羊、犬、猫、猪和犊牛。

【例题】德国牧羊犬，6岁，疾病发作时突然出现抽搐，口吐白沫，意识消失，然后很快恢复正常，平时工作时无任何症状，该犬所患疾病可能是（B）。
A. 犬瘟热　　　　　B. 癫痫　　　　　　C. 有机磷农药中毒
D. 脑炎　　　　　　E. 狂犬病

考点4：日射病及热射病的发病原因和临床特征★★★★

日射病及热射病在临床上统称为中暑，是指阳光和高热所致的动物急性中枢神经机能的严重障碍性疾病，会导致心脏、肺等脏器的代谢机能衰竭，出现窒息和心脏停搏而死亡。本病在炎热的夏季多见，病情发展急剧，甚至引起动物死亡。

日射病：动物在炎热的季节中，头部持续受到强烈的阳光照射而引起的中枢神经系统机能严重障碍。

热射病：动物所处的外界环境气温高、湿度大，动物产热多、散热少，体内积热而引起的严重中枢神经系统机能紊乱。发病原因主要是家畜头部持续受到强烈阳光照射，阳光中紫外线穿过颅骨直接作用于脑膜和脑组织，引起头部血管扩张，脑和脑膜充血，头部温度和体温急剧升高，导致神智异常。

日射病临床特征：常突然发生，病初患病动物精神沉郁，四肢无力，步态不稳，共济失调，突然倒地，四肢做游泳样划动；呈现呼吸中枢、血管运动中枢机能紊乱，甚至出现麻痹症状。

热射病临床特征：突然发生，体温急剧上升，高达41℃以上，皮温升高，甚至皮温烫手，动物站立不动或倒地张口喘气，两鼻孔流出粉红色、带小泡沫的鼻液；后期病畜呈昏迷状态，意识丧失，四肢划动，呼吸浅而疾速，节律不齐，脉不感手，常因呼吸中枢麻痹而死亡。

治疗原则：消除病因和加强护理，大动物停止运动或使役，将马移至阴凉通风处；不断用凉水浇洒全身降温，或用酒精（乙醇）擦拭体表；皮下注射20%安钠咖以缓解心肺机能障碍，注射地塞米松以防止肺水肿，使用氯丙嗪以保持镇静。

【例题1】中暑的临床症状除体温急剧升高外，还有（E）。
A. 多尿　　　B. 黄疸　　　C. 碱中毒　　　D. 发病缓慢　　　E. 心肺机能障碍

【例题2】重度热射病病畜最常出现的是（B）。
A. 浆液性鼻液　　　B. 粉红色泡沫状鼻液　　　C. 脓性鼻液
D. 铁锈色鼻液　　　E. 黏液性鼻液

【例题3】马热射病时，不宜采取的治疗措施是（A）。
A. 牵遛运动　　　B. 冷水浇洒全身　　　C. 使用碳酸氢钠
D. 使用氯丙嗪　　　E. 使用地塞米松

第九章　糖、脂肪及蛋白质代谢障碍疾病

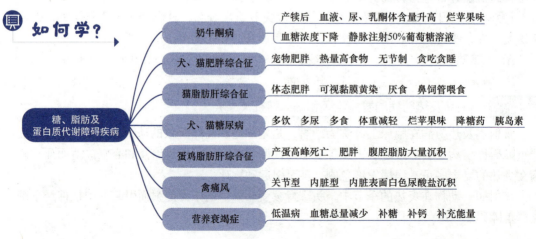

如何考？

本章考点在考试四种题型中均会出现，每年分值平均3分。下列所述考点均需掌握。上述考点均为考查最为频繁的内容，希望考生予以特别关注。

考点冲浪

考点1：奶牛酮病的发病原因、临床特征和治疗方法★★★★★

奶牛酮病是指奶牛产犊后几天至几周内由于体内碳水化合物及挥发性脂肪酸代谢紊乱所引起的一种全身性功能失调的代谢性疾病。临床上以血液、尿、乳中的酮体含量升高，血糖浓度下降，消化功能紊乱，体重减轻，产奶量下降，间断性地出现神经症状为特征。血糖浓度下降是发生酮病的中心环节。

发病原因：主要为奶牛高产、日粮中营养不平衡和供给不足，特别是供给高蛋白质、高脂肪和低碳水化合物饲料，以及母牛产前过度肥胖。

临床特征：临床型酮病的症状常在产犊后几天至几周出现，食量减少，便秘，产奶量降低。病牛呈弓背姿势，表明有轻度腹痛。乳汁呈浅黄色，易形成泡沫，类似初乳状。尿呈浅黄色，水样，易形成泡沫。严重者在排出的乳、呼出的气体和尿液中有酮体烂苹果味气味，加热更明显。酮病病牛血液生化检测表现为低血糖、高血酮、高尿酮症和高酮乳症，血清游离脂肪酸浓度升高。

治疗方法：临床上一般采取补糖疗法、抗酮疗法和对症治疗。静脉注射50% 葡萄糖溶液 500mL，对大多数母牛有明显效果；对于体质较好的病牛，可以用促肾上腺皮质激素注射，效果确实；水合氯醛在奶牛酮病和绵羊的妊娠毒血症中应用普遍。

【例题1】奶牛酮病的引发因素不包括（C）。
A. 日粮营养不平衡　　B. 产前过度肥胖　　C. 低泌乳量
D. 饲料碳水化合物不足　　E. 高泌乳量

【例题2】某奶牛场奶牛产犊1周后，只采食少量粗饲料，病初粪干，后腹泻，迅速消瘦，乳汁呈浅黄色，易起泡沫；乳、尿液和呼出气有烂苹果味。病牛血液生化检测可能出现（B）。
A. 血糖含量升高　　B. 血酮含量升高　　C. 血酮含量降低
D. 血清尿酸含量升高　　E. 血清非蛋白氮含量升高

考点2：犬、猫肥胖综合征的发病原因和防治方法★★★

犬、猫肥胖综合征是成年犬、猫多见的一种脂肪过多性营养疾病，由于机体的总能摄入超过消耗，使脂肪过度蓄积而引起。

发病原因：生活方式是造成宠物肥胖的主要原因，如在食物方面对宠物溺爱，给予热量极高的食物（如奶油蛋糕）和过于精细的食物，且在时间和食量上无节制；每天的活动量很少，未养成良好的遛狗、逗猫习惯，使宠物长期处于贪吃贪睡、嗜睡怕冷状态。

防治方法：定时定量饲喂，多次少量；加强运动，减食。

【例题】犬，8岁，躯体丰满，不易触摸到肋骨，易疲劳，喜卧，血液生化检验，可见肾上腺皮质激素水平升高，本病的病因可能是（C）。
A. 低脂饲料　　B. 高钙饲料　　C. 高能饲料　　D. 低能饲料　　E. 低钙饲料

> **考点3**：猫脂肪肝综合征的临床特征和治疗方法★★★

猫脂肪肝综合征是猫特有的由于脂质蓄积于肝细胞而造成肝脏肿大的一类疾病。主要发生原因与变更日粮食物、运动不足、饥饿，以及抗脂肪肝物质不足等应激有关。各种年龄和品种的猫均可发病，母猫的发病率高于公猫，并多见于老龄猫。

临床特征：多数脂肪肝患病动物体态肥胖，腹围较大。早期可见精神沉郁，嗜睡，全身无力，行动迟缓，食欲下降或突然废绝。后期体温略有升高，尿色变黄，常见间断性呕吐，可视黏膜、皮肤和齿龈黄染。

治疗方法：主要依靠积极的营养支持，必须提供高蛋白质低脂肪食品来扭转身体的代谢性饥饿状态。对于严重厌食的猫，可通过被动的方式提供食物，如通过鼻饲管喂食等。

【例题】治疗猫脂肪肝综合征的处方日粮特点是（D）。
A. 低蛋白质低脂肪　　B. 高脂肪低蛋白质　　C. 高脂肪高蛋白质
D. 高蛋白质低脂肪　　E. 正常蛋白质与脂肪

> **考点4**：犬、猫糖尿病的发病原因、临床特征和治疗方法★★★★★

糖尿病是一种多病因的代谢性疾病，其特点为慢性高血糖症。动物体内由于胰岛素相对缺乏或绝对缺乏，引起碳水化合物、脂肪和蛋白质代谢紊乱。

糖尿病分为Ⅰ型糖尿病和Ⅱ型糖尿病。Ⅰ型糖尿病为胰岛功能损伤，无法分泌胰岛素。在犬、猫糖尿病中，100%的犬和50%的猫都是Ⅰ型（胰岛素依赖性）糖尿病。另50%的病猫是Ⅱ型（非胰岛素依赖性）糖尿病。

发病原因：凡引起胰岛素分泌减少的疾病或病变均可诱发糖尿病，如胰腺创伤、肿瘤、炎症等。

临床特征：中龄犬，特别是8岁犬最易发病，萨摩耶犬和荷兰毛狮犬可遗传发病，凯恩梗犬、贵宾犬、腊肠犬等易肥胖犬的发病率高。母犬的发病率是公犬的2倍，中老龄猫易发病，公猫比母猫多，去势公猫最易发病。

发病动物病初食欲增加，饮水多，排尿多，体重减轻，尿有似烂苹果味，且地面尿湿处有蚂蚁聚集。血液生化检查血糖含量升高（8.4~28mmol/L），病犬眼白内障，角膜混浊，尿相对密度过高。

治疗方法：治疗原则是降低血糖，纠正水、电解质和酸碱平衡紊乱。一般采用皮下注射或肌内注射中效胰岛素治疗。也可口服降糖药，如氯磺苯脲等。

【例题1】糖尿病后期，病犬的尿液常带有（E）。
A. 苦杏仁味　　B. 鱼腥味　　C. 大蒜味　　D. 腐臭味　　E. 烂苹果味

【例题2】腊肠母犬，8岁，4kg，病初食欲增加，饮水、排尿多，且地面尿湿处有蚂蚁聚集。血液生化检查最可能出现（D）。
A. 血酮含量升高　　B. 血酮含量降低　　C. 血糖含量降低
D. 血糖含量升高　　E. 血清尿素含量升高

【例题3】母犬，10岁，多食、多饮、多尿、体重减轻，血糖浓度为10mmol/L。有效的治疗药物是（C）。

A. 肌苷　　　B. 干扰素　　　C. 胰岛素　　　D. 生理盐水　　　E. 25%葡萄糖

考点5：蛋鸡脂肪肝综合征的临床特征和治疗原则★★★★

蛋鸡脂肪肝综合征又称脂肪肝出血综合征，是由高能低蛋白质日粮引起的以肝脏发生脂肪变性为特征的家禽营养代谢疾病。动物机体脂肪含量过高会引起胆固醇升高，肥胖、脂肪肝、摄入过多脂肪，以及一些与脂肪代谢有关的疾病，均会导致血清胆固醇升高。临床上以病鸡个体肥胖，产蛋减少，个别病鸡肝脏功能障碍或肝脏破裂、出血死亡为特征。本病主要发生于蛋鸡，特别是笼养蛋鸡的产蛋高峰期发病死亡较多。

临床特征：蛋鸡群产蛋率下降，病初无特征性症状，表现过度肥胖，喜卧嗜睡，常突然死亡；肝包膜破裂而导致出血，腹腔充满大量血液及血凝块，腹腔内有大量脂肪沉积，肝脏明显肿大、色泽变黄、质地脆并有油腻感。

治疗原则：调整饲料配方，降低饲料中的碳水化合物水平；确保日粮中含有足够的蛋白质营养成分，如蛋氨酸、胆碱、维生素E及微量元素硒等。

【例题1】蛋鸡脂肪肝综合征时，血清生化检查可能升高的指标是（D）。

A. 尿素氮　　　B. 淀粉酶　　　C. 葡萄糖　　　D. 胆固醇　　　E. 总蛋白

【例题2】控制蛋鸡脂肪肝综合征，应优先考虑降低饲料中的营养素为（B）。

A. 常量元素　　　B. 碳水化合物　　　C. 维生素　　　D. 蛋白质　　　E. 微量元素

考点6：禽痛风的发病原因、临床类型和临床特征★★★★★

禽痛风是由于蛋白质代谢障碍和肾脏受到损伤，使尿酸盐在体内蓄积而致的营养代谢障碍性疾病，是家禽的常发病之一。

发病原因：日粮中蛋白质水平过高，饲喂富含核蛋白和嘌呤碱的高蛋白质饲料；其次是传染性支气管炎、法氏囊病等传染病因素，重金属、霉菌毒素、磺胺类药物等中毒因素；以及日粮中长期缺乏维生素A或高钙低磷等引起尿酸排泄受阻。

临床特征：临床上家禽痛风分为关节型和内脏型两种，以病禽行动迟缓，肢、翅关节肿大，跛行，厌食，腹泻，排白色粪便为特征。病理特征是血液中尿酸盐水平升高，尸体剖检时可见关节表面或内脏表面有大量白色尿酸盐沉积。其中内脏型痛风最典型的病理变化是肾脏肿大、色苍白，表面及实质中有雪花状花纹，表面有大量白色尿酸盐沉积。

【例题1】某鸡场饲养25日龄肉鸡，出现关节肿大，跛行，腹泻。经检查日粮中蛋白质水平为32%，剖检见关节、内脏表面有大量白色石灰样物沉积。本病可能发病的原因是（C）。

A. 碘过高　　　　　　B. 能量过高　　　　　　C. 蛋白质过高

D. 维生素C过低　　　E. 维生素B_1过低

【例题2】某蛋鸡场饲喂蛋白质含量为35%的自配饲料，出现产蛋率下降和停产等问题，经检查血液中尿酸水平为30mg/L。该鸡群最可能发生的疾病是（A）。

A. 痛风　　　　　　B. 维生素A缺乏病　　　　　　C. 笼养蛋鸡疲劳症

D. 维生素B_1缺乏症　　E. 蛋鸡脂肪肝综合征

【例题3】家禽关节型痛风临床特征不包括（E）。

A. 关节周围有尿酸盐沉积　　B. 关节周围肿胀　　C. 血液尿酸浓度升高
D. 肾脏肿大　　E. 血液尿酸浓度降低

考点 7：营养衰竭症的发病原因和治疗原则 ★★★

营养衰竭症又称"瘦弱病"，是由于营养物质摄入不足或能量消耗过多所致的一种慢性、进行性消瘦为特征的营养不良综合征。水牛，大多有低体温，所以称"低温病"，猪则称为"母猪消瘦综合征"。

临床特征：病畜精神委顿，食欲废绝，消瘦，站立不稳，体温降低，多器官功能低下，反应迟钝，胃肠蠕动减弱，皮肤冷湿，脉搏少而无力，可视黏膜浅红色等。血液检查可见血糖总量减少，血浆蛋白浓度下降。剖检可见胃内容物少，肝脏小而硬。多种动物均可发病，马、牛多发，尤其是水牛，冬季发病率高。

治疗原则：主要是补糖、补钙、补充能量，改善电解质平衡，提高血浆胶体渗透压，加强饲养管理。

【例题】某猪场，部分4日龄仔猪逐渐出现精神委顿，食欲废绝，站立不稳，吮乳无力，皮肤冷湿，体温36℃，可视黏膜浅红色，脱水。剖检见胃内容物少，肝脏小而硬。同场其他猪舍同龄仔猪无类似症状病例。治疗本病应注射（B）。
A. 青霉素　　B. 葡萄糖　　C. 甘露醇　　D. 维生素E　　E. 硫酸亚铁

第十章　矿物质代谢障碍疾病

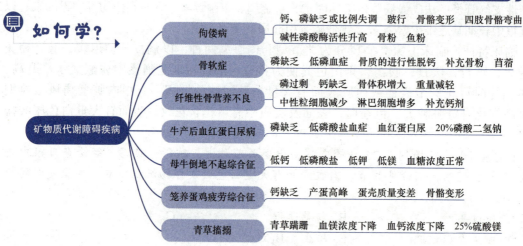

本章考点在考试四种题型中均会出现，每年分值平均2分。下列所述考点均需掌握。上述考点均为考查最为频繁的内容，希望考生予以特别关注。

考点1：佝偻病的临床特征和防治方法 ★★★★

佝偻病是指生长期的幼畜或幼禽由于维生素D及钙、磷缺乏或饲料中钙、磷比例失调所致的一种骨营养不良性代谢病。

临床特征：主要表现为消化紊乱，异嗜癖，喜卧，不愿站立或运动，跛行，骨骼变形，四肢骨骼弯曲，呈内弧（O状）或外弧（八字）姿势，腕关节、跗关节的骨骼呈坚硬无痛的肿胀，胸骨呈鸡胸样。病理变化特征是生长骨的钙化作用不足，并伴有持久性软骨肥大与骨骺增大。血液学检测显示血清中碱性磷酸酶活性明显升高，但血清钙、磷水平则视致病因子而定。X线检查发现，骨质密度降低，长骨末端呈现"羊毛状"外观。

防治方法：调整日粮组成，供应足够的维生素D和矿物质，注意钙、磷比例控制在 (1~2):1。骨粉、鱼粉、甘油磷酸钙、磷酸二氢钙等是最好的补充物。

【例题1】与钙、磷代谢无关的疾病是（B）。
A. 牛生产瘫痪　　　　B. 猪桑葚心　　　　C. 犬佝偻病
D. 马纤维素性骨营养不良　　E. 牛青草搐搦

【解析】本题考查钙、磷代谢障碍疾病种类。佝偻病是生长期的幼畜或幼禽由于维生素D及钙、磷缺乏或饲料中钙、磷比例失调所致的一种骨营养不良性代谢病；纤维性骨营养不良是由于日粮中磷过剩而继发钙缺乏或原发性钙缺乏而发生的一种以马属动物为主的骨骼疾病；牛生产瘫痪是牛分娩前后发生的以低血钙、全身肌肉无力、知觉丧失及四肢瘫痪为特征的一种营养代谢病；青草搐搦是反刍动物采食幼嫩的牧草后而突然发生的一种高度致死性疾病，与血镁浓度下降有直接关系，也伴随血钙下降；而猪桑葚心是由硒和维生素E缺乏所引起的。因此与钙、磷代谢无关的疾病是猪桑葚心。

【例题2】对佝偻病动物进行血液生化检查，活性升高的酶是（C）。
A. 脂肪酶　　B. 肌酸激酶　　C. 碱性磷酸酶　　D. 酸性磷酸酶　　E. 乳酸脱氢酶

考点2：骨软症的临床特征、病变特征和防治方法 ★★★★

骨软症是指发生于软骨内骨化作用已经完成的成年动物的一种骨营养不良疾病，主要原因是磷缺乏、钙过高及二者的比例不当（反刍动物，主要是由于磷缺乏）。

临床特征：消化紊乱，异嗜癖，跛行，骨质软化及骨变形。在我国主要发生于奶牛、黄牛、绵羊、家禽、犬和猫。牛发生骨软症后，进行血液学检查，血清钙多无明显变化，多数病牛血清磷含量明显降低，血清碱性磷酸酶水平升高。

病变特征：主要是骨质的进行性脱钙，呈现骨质软化及形成过量的未钙化的骨基质，主要表现为低磷血症。

防治方法：调整日粮中钙、磷比例，补充维生素D。日粮中的钙、磷含量，黄牛按2.5:1、奶牛按1.5:1的比例饲喂。最好是补充苜蓿干草和骨粉，而不补充石粉。对牛、羊的治疗，当发病的早期呈现异嗜癖时，应在饲料中补充骨粉，可以不药而愈。

【例题1】奶牛继发性骨软症的病因主要是饲料中（B）。
A. 磷过多　　B. 钙过多　　C. 磷过少　　D. 钙过少　　E. 钙磷均缺乏

【例题2】牛发生骨软症，血清生化检测可能降低的指标是（C）。

A. 镁　　　　　B. 铜　　　　　C. 无机磷　　　　D. 钙　　　　　E. 碱性磷酸酶

【例题3】为预防奶牛骨软症，饲料中最适的钙、磷比例为（B）。

A. 1∶1　　　B. 1.5∶1　　　C. 2.5∶1　　　D. 1∶1.5　　　E. 1∶2

考点3：纤维性骨营养不良的临床特征和防治方法★★★

纤维性骨营养不良是由于日粮中磷过剩而继发钙缺乏或原发性钙缺乏而发生的一种以马属动物为主的骨骼疾病。甲状旁腺素可以促进钙的吸收，减少钙的排泄，促进骨溶解而提升血钙。饲料中钙、磷比例不当导致的血钙缺乏，机体为了提升血钙而加速分泌甲状旁腺素，进而导致骨质进行性脱钙、骨基质被吸收，被纤维组织填补，就形成了纤维性骨营养不良。

临床特征：消化紊乱，异嗜癖，跛行，弓背，面骨和四肢关节增大及尿澄清、透明。

病变特征：骨组织呈现进行性脱钙、纤维化，骨基质被吸收，进而骨体积增大而重量减轻，尤以面骨和长骨骨端显著。中性粒细胞减少，淋巴细胞增多。

防治方法：保持日粮钙、磷比例在（1~2）∶1，注意饲料搭配，减喂精饲料。补充钙剂，静脉注射10%葡萄糖酸钙溶液200~500mL。

【例题1】马，3岁，异嗜，喜啃树皮，消化紊乱，跛行，弓背，有吐草团现象，鼻甲骨隆起，下颌间隙狭窄，尿液澄清、透明，同时还出现（C）。

A. 骨组织软骨化　　　　　B. 骨小梁增多　　　　　C. 骨组织纤维化
D. 骨基质钙化过度　　　　E. 骨质密度升高

【例题2】马患纤维性骨营养不良时，血清中可能升高的激素是（B）。

A. 甲状腺素　　　　　B. 甲状旁腺素　　　　　C. 肾上腺素
D. 促肾上腺皮质激素　　　E. 皮质醇

考点4：牛产后血红蛋白尿病的临床特征和治疗方法★★★★

牛产后血红蛋白尿病是指由于磷缺乏而引起的一种营养代谢病，临床上以低磷酸盐血症、急性溶血性贫血和血红蛋白尿为特征。本病常发生于产后4d至4周的3~6胎高产奶牛，病死率高达50%。

临床特征：红尿是本病的典型症状，甚至是初期阶段的唯一症状。病牛尿液在最初1~3d逐渐地由浅红色变为红色、暗红色，直至紫红色和棕褐色，可视黏膜及皮肤变为浅红色或苍白色，黄染。病牛表现低磷酸盐血症。

治疗方法：治疗原则是消除病因和纠正低磷酸盐血症。常用的磷制剂主要是20%磷酸二氢钠，静脉注射300~500mL，也可静脉注射3%次磷酸钙1000mL，但切勿使用磷酸氢二钠、磷酸二氢钾和磷酸氢二钾等。同时应补充含磷丰富的饲料。

【例题1】高产奶牛饲料磷缺乏时，最可能出现的症状是（B）。

A. 血尿　　　B. 血红蛋白尿　　　C. 肌红蛋白尿　　　D. 卟啉尿　　　E. 药物性红尿

【例题2】牛产后血红蛋白尿病的主要临床病理学变化是（B）。

A. 高磷酸盐血症　　　　　B. 低磷酸盐血症　　　　　C. 高钾血症
D. 低钾血症　　　　　　　E. 低钠血症

【例题3】治疗奶牛产后血红蛋白尿病的注射药物是（D）。

A. 磷酸钙　　　B. 磷酸二氢钾　　　C. 磷酸氢二钾　　　D. 磷酸二氢钠　　　E. 磷酸氢二钠

考点5：母牛倒地不起综合征的临床特征和治疗方法 ★★★

母牛倒地不起综合征是泌乳奶牛产前或产后发生的一种以倒地不起为特征的临床综合征，又称爬行母牛综合征。临床特征主要呈现为低钙血症、低磷酸盐血症、低钾血症、低镁血症，而血糖浓度正常，血清肌酸激酶和天冬氨酸氨基转移酶活性明显升高。

发病原因：主要有钙、磷、钾等矿物质代谢紊乱，生产时损伤了产道和周围神经，骨骼、神经、关节周围组织损伤及关节脱臼，以及肾功能衰竭等。

治疗方法：消除病因，对症治疗。静脉注射20%磷酸二氢钠溶液、25%硼葡萄糖酸镁溶液、10%氯化钾溶液等，治疗低磷酸盐血症、低镁血症、低钾血症等。

【例题1】母牛倒地不起综合征的病因不包括（B）。
A. 骨折　　　　　　B. 蛋白质缺乏　　　　C. 神经损伤
D. 关节脱臼　　　　E. 矿物质代谢紊乱

【例题2】母牛倒地不起综合征通常不出现（C）。
A. 低钙血症　B. 低钾血症　C. 低钠血症　D. 低镁血症　E. 低磷酸盐血症

考点6：笼养蛋鸡疲劳综合征的发病原因、临床特征和诊断方法 ★★★★

笼养蛋鸡疲劳综合征又称骨质疏松症，是集约化笼养蛋鸡生产中常见的一种营养代谢性疾病，主要表现为无力站立，移动困难，骨质疏松，骨骼变形、变脆及蛋壳质量变差。本病主要发生于母鸡，尤其是在产蛋高峰期发生，发病率为2%~20%。

发病原因：主要是饲料中钙缺乏、维生素D缺乏、光照不足、过早使用蛋鸡料，以及钙、磷比例不当等。

临床特征：发病初期鸡群出现多卧少立，运动困难，产软壳蛋、薄壳蛋，鸡蛋的破损率增加，产蛋量下降。病鸡出现站立困难、爪弯曲、运动失调、躺卧、侧卧、麻痹，两肢伸直，骨骼变形，胸骨凹陷，肋骨易断裂，瘫痪。正常产蛋鸡的血钙水平为19~22mg/dL，病鸡的血钙水平往往降至9mg/dL以下。

诊断方法：根据血钙水平下降，血清碱性磷酸酶活性升高，即可做出诊断。

【例题1】笼养蛋鸡群，280日龄，产软壳蛋和薄壳蛋数量增加，站立和移动困难，骨骼易折、易弯曲，血清碱性磷酸酶活性升高，本病的发病原因不包括（E）。
A. 维生素D缺乏　　　　B. 钙、磷比例不当　　　　C. 光照不足
D. 过早使用蛋鸡料　　　E. 硒-维生素E缺乏

【例题2】笼养蛋鸡场，产蛋高峰期始终有10%软壳蛋，部分鸡腹泻，喜卧，龙骨轻度变形。为进一步确诊，应首先检测血清中（A）。
A. 钙水平　　B. 磷水平　　C. 钾水平　　D. 钠水平　　E. 镁水平

考点7：青草搐搦的临床特征和防治方法 ★★★

青草搐搦又称青草蹒跚，是指反刍动物采食幼嫩的牧草后突然发生的一种高度致死性疾病。本病的发生与血镁浓度下降有直接联系，而血镁浓度下降与牧草镁含量缺乏或存在干扰镁吸收的成分直接相关。

临床特征：病畜兴奋不安，强直性和阵发性肌肉痉挛、搐搦，呼吸困难和发生急性死亡。临床病理学以血镁浓度下降，常伴有血钙浓度下降为特点。

防治方法：成年牛静脉缓慢注射25%硫酸镁及含4%氯化镁的25%葡萄糖溶液。

第十一章　维生素与微量元素缺乏症

轻装上阵

如何学？

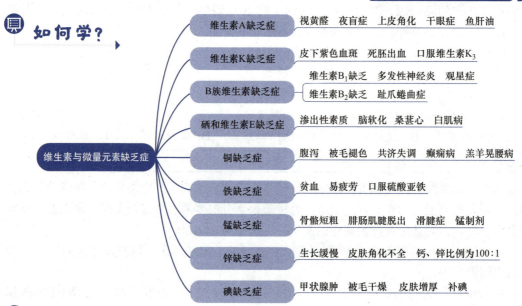

如何考？

本章考点在考试中主要出现在A2型题中，每年分值平均1分。下列所述考点均需掌握。对于重点内容，希望考生予以特别关注。

考点冲浪

考点1：维生素A缺乏症的发病机理、临床特征和防治方法★★★★

维生素A缺乏症是由于维生素A或其前体胡萝卜素缺乏或不足所引起的一种营养代谢性疾病。

发病机理：维生素A是保持动物生长发育、正常视力和骨骼、上皮组织的正常生理功能所必需的一种营养物质。维生素A在维持动物的视觉，特别是暗适应能力方面起着极其重要的作用。正常动物视网膜中的维生素A在酶的作用下氧化，转变为视黄醛，视黄醛是含有调节暗适应的感光物质视色素的生色基团，因此维生素A缺乏可以导致夜盲症。

临床特征：主要表现为生长缓慢，发育不良，上皮角化，干眼症，夜盲症，失明，繁殖功能障碍，以及机体免疫力低下等。本病常见于犊牛、羔羊、幼犬和雏禽。其中干眼症是指犬和犊牛角膜增厚和云雾状形成；而鸡表现为干酪样物质大量积聚。夜盲症是维生素A缺乏症的早期症状之一，但猪除外，当其他症状不明显时，就表现夜盲症。

防治方法：日粮中应有足量的青绿饲料、优质干草、胡萝卜和块根类及黄玉米，必要时应给予鱼肝油或维生素 A 添加剂。

【例题1】在维持动物暗适应能力方面有重要作用的维生素是（A）。
A. 维生素 A　　B. 维生素 B_1　　C. 维生素 B_2　　D. 维生素 E　　E. 维生素 K

【例题2】在维生素 A 缺乏症早期，不易表现夜盲症的动物是（B）。
A. 犊牛　　B. 仔猪　　C. 幼犬　　D. 羔羊　　E. 马驹

【例题3】犊牛，3月龄，夜晚行走时易碰撞障碍物，眼角膜增厚，有云雾状，皮肤有麸皮样痂块，出现阵发性惊厥。最可能的疾病是（A）。
A. 维生素 A 缺乏症　　B. 维生素 B_2 缺乏症　　C. 维生素 C 缺乏症
D. 维生素 D 缺乏症　　E. 泛酸缺乏症

考点2：维生素 K 缺乏症的临床特征和防治方法 ★★★

维生素 K 缺乏症是由维生素 K 缺乏或不足所引起的一种以出血性素质为特征的营养缺乏症。在自然界中有两种维生素 K（维生素 K_1 和维生素 K_2）。维生素 K_1 存在于绿色植物中，特别是苜蓿和青草中含量最丰富。

临床特征：家畜和家禽很少发生维生素 K 缺乏症。患病家畜表现为感觉过敏，贫血，凝血时间延长，皮下出现紫色血斑。家禽种蛋孵化死胚现象严重，死胚出血。

防治方法：保证青绿饲料的供给，应在日粮中适当补充维生素 K。当应用维生素 K_3 治疗时，最好同时给予钙剂。口服维生素 K 制剂时，需同时服用胆盐。

【例题】鸭群发生皮下紫斑，缺乏的维生素是（C）。
A. 维生素 E　　B. 维生素 B_1　　C. 维生素 K_3　　D. 维生素 D_3　　E. 维生素 A

考点3：B 族维生素缺乏症的临床特征 ★★★★

B 族维生素包括维生素 B_1、维生素 B_2、烟酸（维生素 B_3）、泛酸（维生素 B_5）、维生素 B_6、叶酸（维生素 B_{11}）、维生素 B_{12}（钴胺素）、生物素（维生素 H）和胆碱等 10 多种水溶性维生素。

临床特征：维生素 B_1 缺乏症主要表现为食欲下降、生长受阻、多发性神经炎等，多发生于禽类和宠物。雏鸡多在维生素 B_1 缺乏 2 周内发病，呈多发性神经炎症状，发病突然，病鸡双腿挛缩于腹下，躯体压在腿上。由于颈前进行性肌肉麻痹，头颈后仰而呈所谓"观星姿势"，又称"观星症"，主要病变在前庭部分。

维生素 B_2 缺乏症多发于禽和猪。病雏的特征性症状是趾爪向内蜷曲，又称"趾爪蜷曲症"。强制驱赶时以跗关节着地而爬行，翅膀展开以维持体躯平衡，腿部的肌肉萎缩并松弛，皮肤干而粗糙。胆碱缺乏症主要表现为生长发育缓慢，关节肿胀，骨短粗，肝、肾脂肪变性。

【例题1】某鸡群发病，以进行性肌肉麻痹和头颈后仰呈"观星姿势"等临床症状为特征。该群鸡的病因可能是缺乏（B）。
A. 维生素 A　　B. 维生素 B_1　　C. 维生素 C　　D. 维生素 D　　E. 维生素 E

【例题2】鸡维生素 B_1 缺乏时会出现"观星姿势"。这种症状属于（B）。
A. 脊髓性失调　　B. 前庭性失调　　C. 小脑性失调　　D. 大脑性失调　　E. 延脑性失调

【例题 3】鸡出现趾爪向内卷曲的示病症状，最可能缺乏的是（B）。
A. 维生素 B_1　　B. 维生素 B_2　　C. 维生素 A　　D. 维生素 D　　E. 维生素 B_6

考点 4：硒和维生素 E 缺乏症的临床特征和防治方法★★★

硒和维生素 E 缺乏症主要是由于体内微量元素硒和维生素 E 缺乏或不足而引起的一种营养缺乏病。饲料中硒和维生素 E 含量不足是本病发生的直接原因。

临床特征：以猝死、跛行、腹泻和渗出性素质等为特征，病理学变化以骨骼肌、心肌、肝脏和胰腺等组织变性、坏死为特征。禽类病理变化表现为渗出性素质、脑软化、白肌病；猪表现为桑葚心、肝脏营养不良、肌营养不良、渗出性素质；牛表现为营养性肌营养不良、胎衣滞留；羊表现为营养性肌营养不良、硒应答性疾病（繁殖率低）。

防治方法：亚硒酸钠溶液配合生育酚醋酸酯肌内注射，治疗效果确实。

【例题 1】羔羊硒缺乏症的特征性变化是（B）。
A. 脱毛　　B. 肌营养不良　　C. 渗出性素质　　D. 胰腺变性　　E. 小脑软化

【例题 2】2 月龄猪群，生长迅速，部分猪发病，听诊心率加快、心律不齐，有的突然死亡，血硒含量在 $0.04\mu g/mL$ 左右，本病的心脏病变为（D）。
A. 虎斑心　　B. 绒毛心　　C. 盔甲心　　D. 桑葚心　　E. 菜花心

【例题 3】鸡硒缺乏症的病理变化特征是（D）。
A. 脂肪肝　　B. 脾脏肿大　　C. 尿酸盐沉积　　D. 渗出性素质　　E. 法氏囊坏死

考点 5：铜缺乏症的临床特征和防治方法★★★

铜缺乏症是由于动物体内铜不足而引起的一种营养缺乏病。临床上以贫血、腹泻、被毛褪色、共济失调为特征。

临床特征：主要表现为贫血、骨和关节变形、运动障碍、被毛褪色、神经机能紊乱和繁殖功能下降。各种动物均可发生，常常出现牛的癫痫病或摔倒病、羔羊晃腰病。缺铜的绵羊被毛形成直毛或钢丝毛，毛纤维易断，缺铜母羊多产死亡羔羊。

防治方法：治疗原则是补铜，一般选用硫酸铜口服。

【例题 1】羔羊摆（晃）腰病的主要致病原因是日粮中缺乏（B）。
A. 碘　　B. 铜　　C. 钼　　D. 硒　　E. 锌

【例题 2】羊铜缺乏的主要表现是（A）。
A. 运动障碍　　B. 视力模糊　　C. 黄疸　　D. 呕吐　　E. 呼吸缓慢

考点 6：铁缺乏症的临床特征和防治方法★★★

铁缺乏症是由于动物体内铁含量不足引起的一种营养缺乏症。本病以贫血（主要表现为皮肤和可视黏膜苍白）、易疲劳、活力下降和生长发育受阻为特征，主要发生于幼龄动物，多见于仔猪。

防治方法：补铁是治疗本病的关键措施。一般采取口服铁制剂（硫酸亚铁）或注射铁制剂的方法。肌内注射的铁制剂有葡萄糖酸亚铁和右旋糖酐铁注射液等。

【例题】仔猪铁缺乏症可视黏膜的变化是（C）。
A. 鲜红色　　B. 发绀　　C. 苍白色　　D. 出血　　E. 黄染

考点 7：锰缺乏症的临床特征和防治方法 ★★★

锰缺乏症是由于动物体内锰含量不足所致的一种营养缺乏症。临床上以骨骼畸形、繁殖功能障碍及新生畜运动失调为特征。禽表现为骨骼短粗和腓肠肌腱脱出，又称滑腱症。本病以家禽最敏感，其次是仔猪、犊牛、羔羊等。

临床特征：禽类对锰缺乏比较敏感，尤其是鸡和鸭，特征性症状是单侧或双侧跗关节以下肢体扭转，向外屈曲，跗关节肿大、变形，长骨和跖骨变粗短和腓肠肌腱脱出。两肢同时患病者，站立时呈O形或X形，一肢患病者一肢着地，另一肢由于短而悬起，严重者跗关节着地移动或麻痹卧地不起。

防治方法：在日粮或饮水中添加锰制剂。

【例题】家禽锰缺乏症的临床特征是（A）。

A. 腓肠肌腱脱出　　B. 皮肤角化不全　　C. 共济失调
D. 趾爪蜷缩　　　　E. 角弓反张

考点 8：锌缺乏症的临床特征和防治方法 ★★★

锌缺乏症是由于动物体内锌含量不足所引起的一种营养缺乏病。临床上以生长缓慢、皮肤角化不全、繁殖功能紊乱及骨骼发育异常为特征。

防治方法：配制全价日粮，饲料中添加硫酸锌，控制日粮中的钙含量，钙、锌比例一般控制在100∶1以上。

【例题】预防锌缺乏，最佳的钙、锌比例是（D）。

A. 1∶100　　B. 1∶1　　C. 10∶1　　D. 100∶1　　E. 1∶10

考点 9：碘缺乏症的临床特征和防治方法 ★★★

碘缺乏症是由于动物体内碘含量不足所引起的一种营养缺乏病，又称甲状腺肿。临床上以母猪流产，产无毛猪，黏液性水肿，犬、猫被毛干燥，脱毛，皮肤增厚，面部"愁容"和幼畜发育不良为特征。病理特征为甲状腺功能减退。

防治方法：补碘是根本的措施，可以口服碘化钾、碘化钠溶液。

第十二章　中毒性疾病概论与饲料毒物中毒

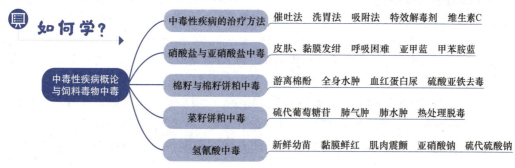

> 本章考点在考试中主要出现在A2型题中，每年分值平均1分。下列所述考点均需掌握。对于重点内容，希望考生予以特别关注。

1 考点冲浪

考点1：中毒性疾病的诊断方法★★

中毒性疾病的诊断程序主要包括病史调查（饲养、管理、中毒基本情况）、临床症状（一般症状、特殊中毒症状）、病理诊断（一般病理变化、特殊中毒变化）、毒物检验（中毒毒物的种类和数量）、动物实验，以及治疗性诊断。

最高无毒剂量是指化学物在一定时间内，按一定方式与机体接触，用一定的检测方法或观察指标，不能对动物造成血液性、化学性、临床或病理性改变等损害作用的最大剂量。

【例题】不能对动物机体造成血液性、化学性、临床或病理性改变等损害作用的最大剂量称为（B）。
A. 半数致死量　　　B. 最高无毒剂量　　　C. 绝对致死量
D. 最小致死量　　　E. 无作用剂量

考点2：中毒性疾病的治疗方法★★

中毒性疾病的防治原则主要是阻止毒物的吸收、解毒疗法、促进毒物的排出、支持和对症疗法。阻止毒物的吸收，常用的方法有催吐法、洗胃法、缓泻法、或吸附法、沉淀法等；促进毒物的排出，常用的方法有放血法、透析法和使用利尿剂治疗。

对于中毒性疾病的治疗，最主要的是解毒疗法。迅速准确地应用解毒剂是治疗毒物中毒的理想方法。临床上应根据毒物的结构、理化特性、毒性机制和病理变化，尽早施用特效解毒剂，从根本上解除毒物的毒性作用。没有特效解毒剂的中毒，应及早使用一般解毒剂，如维生素C等。

【例题1】抢救中毒动物的最佳疗法是（A）。
A. 特效解毒　　B. 强心利尿　　C. 对症施治　　D. 保肝利胆　　E. 加速排泄

【例题2】临床上可作为一般解毒剂的维生素是（C）。
A. 维生素A　　B. 维生素B_1　　C. 维生素C　　D. 维生素D　　E. 维生素E

考点3：硝酸盐与亚硝酸盐中毒的临床特征和治疗方法★★★★

硝酸盐和亚硝酸盐中毒是指动物摄入过量含有硝酸盐或亚硝酸盐的食物和饮水，引起的以皮肤、黏膜发绀和呼吸困难为特征一种中毒病。富含硝酸盐的青饲料，经日晒雨淋、堆垛存放而发热或腐败变质，以及用温水浸泡、文火焖煮或长久加盖保温时，饲料中的硝酸盐均易转化为亚硝酸盐。本病可发生于各种家畜，以猪多见。

临床特征：主要表现为呼吸困难、肌肉震颤、步态摇晃、全身痉挛，常伴有流涎、腹痛、腹泻、呕吐等症状。

治疗方法：应用特效解毒剂亚甲蓝进行解毒治疗，同时配以高渗葡萄糖可提高血液渗透压，能增加解毒功能并有短暂利尿作用。亚甲蓝是亚硝酸盐中毒的特效解毒剂，能还原高铁血红蛋白，恢复血红蛋白正常输氧功能。临床上甲苯胺蓝治疗高铁血红蛋白症较亚甲蓝更好。

【例题 1】青饲料文火焖煮产生的有毒物质是（B）。
A. 硝酸盐　　B. 亚硝酸盐　　C. 氢氰酸　　D. 乳酸　　E. 碳酸

【例题 2】亚硝酸盐中毒时，皮肤和黏膜的颜色是（B）。
A. 鲜红色　　B. 蓝紫色　　C. 黄染　　D. 粉红色　　E. 苍白色

【例题 3】猪亚硝酸盐中毒的特效解毒药是（D）。
A. 硫代硫酸钠　　B. 碳酸氢钠　　C. 葡萄糖　　D. 甲苯胺蓝　　E. 阿托品

考点 4：棉籽与棉籽饼粕中毒的发病原因和防治方法 ★★★

棉籽与棉籽饼粕中毒是指动物长期或大量摄入含游离棉酚的棉籽或棉籽饼粕引起的以出血性胃肠炎、全身水肿、血红蛋白尿和实质器官变性为特征的一种中毒病，主要见于犊牛、单胃动物和家禽。游离棉酚能损害心脏、肺、肝脏、肾脏等器官，损伤上皮细胞，导致心力衰竭、肺水肿、视力障碍、尿结石和繁殖力下降等。

防治方法：目前尚无特效疗法。中毒后应停止饲喂含毒棉籽饼粕，加速毒物排出；采取对症治疗方法；去除饼粕中毒物后合理利用。

棉籽饼的去毒处理一般使用硫酸亚铁，与游离棉酚螯合，形成难以消化吸收的棉酚-铁复合物；也可在棉籽饼粕中加入氢氧化钠溶液、石灰水，或经过蒸、煮、炒等加热处理，使棉籽饼中的游离棉酚破坏；还可利用微生物发酵作用，破坏棉酚，达到去毒的目的。

【例题 1】棉籽饼去毒的无效方法是（E）。
A. 热炒　　　　　　B. 加入石灰水　　　　C. 添加硫酸亚铁
D. 微生物发酵　　　E. 加入食醋

【例题 2】棉籽饼中毒的常见临床症状不包括（D）。
A. 心功能障碍　　B. 视力障碍　　C. 呼吸困难　　D. 被毛褪色　　E. 尿结石

考点 5：菜籽饼粕中毒的中毒机理和防治方法 ★★★

菜籽饼粕中毒是指动物长期或大量摄入含有硫代葡萄糖苷的分解产物的油菜籽饼粕引起的以急性胃肠炎、肺气肿、肺水肿、肾炎和甲状腺肿大为特征的中毒病。常见于猪和牛，其次为禽类和羊。

中毒机理：硫代葡萄糖苷本身无毒，在胃内经芥子酶水解，产生多种有毒降解物质，如异硫氰酸酯、腈和芥子碱等，引起中毒症状。

防治方法：对于含毒量高的菜籽饼粕，经脱毒处理后再利用。可以采用坑埋法、水浸法、热处理法、化学处理法、微生物降解法和溶剂提取法等进行菜籽饼粕脱毒。

考点 6：氢氰酸中毒的发病原因、临床特征和防治方法 ★★★★

氢氰酸中毒是指动物采食富含氰苷的饲料引起的一种中毒病。发病原因主要是木薯、高粱及玉米的新鲜幼苗、亚麻籽、豆类、蔷薇科植物中含有氰糖苷，饲喂过量后，均可引起动物中毒。

临床特征：主要表现为呼吸困难，黏膜鲜红，肌肉震颤，全身惊厥等组织缺氧症状。

防治方法：发病后立即用亚硝酸钠静脉注射解毒，随后注射 5%~10% 硫代硫酸钠溶液，解毒效果良好。含有氰糖苷的饲料最好放于流水中浸渍 24h，或漂洗后加工利用。

【例题】反刍动物氢氰酸中毒的病因是（E）。
A. 偷食了大量谷物　　B. 偷食了大量面粉　　C. 偷食了大量干草
D. 突然饲喂过量精饲料　　E. 采食了大量高粱幼苗

第十三章　有毒植物和霉菌毒素中毒

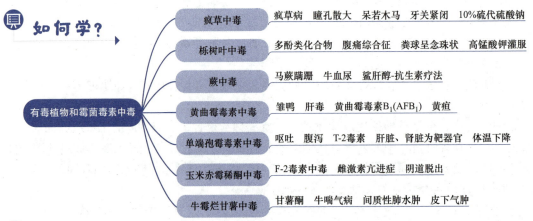

本章考点在考试中主要出现在 A2 型题中，每年分值平均 1 分。下列所述考点均需掌握。对于重点内容，希望考生予以特别关注。

考点1：疯草中毒（马、牛、羊）的发病原因、临床特征和治疗方法★★★

疯草中毒是指豆科植物中棘豆属和紫云英属的某些种类植物被动物采食后，引起的以神经症状为主的慢性中毒病，又称疯草病。棘豆属和紫云英属植物是我国西北、华北地区放牧动物中毒的主要疯草，各种家畜都可发生疯草中毒，其中马属动物最为敏感。

临床上中毒动物主要表现为行动迟缓，不愿走动，不听使唤，牵之则后退，甩头不安，瞳孔散大，步态蹒跚如醉酒状，或呆若木马，牙关紧闭，吞咽困难，摔倒后不能自行起立，最后衰竭而死。同时，部分母畜不发情，公畜丧失性行为，妊娠母畜容易发生流产或胎儿畸形。

对于轻度中毒的病畜，应立即停止饲喂疯草或脱离疯草草地放牧。中毒严重者，可以使用 10% 硫代硫酸钠溶液静脉注射，同时肌内注射维生素 B_1。

考点2：栎树叶中毒（牛、羊）的中毒机理、临床特征和防治方法★★★

栎树叶中毒是指动物大量采食栎树叶后，引起的中毒病，常发生于牛、羊。

中毒机理：栎树叶中的主要有毒成分是高分子栎单宁，在胃肠内经生物降解产生毒性更大的低分子多酚类化合物（包括没食子酸、邻苯三酚、间苯二酚等），导致动物中毒。

临床特征：主要表现为前胃弛缓、便秘或下痢、胃肠炎、皮下水肿、腹腔积液及血尿、蛋白尿、管型尿等肾病综合征。中毒牛、羊出现腹痛综合征，排粪干燥，色深，粪球常串联成念珠状或算盘珠状，表面附有黏液或纤维性黏稠物，有时混有褐色血丝，严重者排出焦黄色或黑红色糊状粪便，黏附于肛门周围及尾部。

防治方法：预防的根本措施是恢复栎林区的自然生态平衡。高锰酸钾能使栎单宁及其降解产物氧化分解，大量采食栎树叶后应灌服高锰酸钾溶液。

【例题】黄牛栎树叶中毒时，其粪便常呈现（D）。
A. 水样　　　B. 泡沫样　　　C. 胶冻样　　　D. 念珠样　　　E. 粥样

考点3：蕨中毒（牛、马）的临床特征和防治方法★★★

蕨中毒又称蕨蹒跚，是指动物采食大量蕨类植物后所引起的以高热、贫血、无粒细胞血症、血小板减少、血凝不良、全身泛发性出血、共济失调等为特征的一种中毒病。蕨类植物的主要有毒成分是硫胺素酶、原蕨苷等，能使马属动物中毒，出现共济失调，称为蕨蹒跚；牛慢性中毒的典型症状是血尿，主要由于膀胱肿瘤，表现长期间歇性血尿。

防治方法：采用鲨肝醇-抗生素疗法进行解毒。减少动物接触蕨类植物的机会是预防蕨中毒的重要措施。

【例题1】牛慢性蕨中毒的典型症状是（B）。
A. 腹泻　　　B. 血尿　　　C. 皮下水肿　　　D. 共济失调　　　E. 黏膜发绀

【例题2】牛、马蕨中毒最可能出现的共同症状是（B）。
A. 犬坐样姿势　　B. 共济失调　　C. 强直痉挛　　D. 血红蛋白尿　　E. 血尿

考点4：黄曲霉毒素中毒的发病原因、临床特征和防治方法★★★

黄曲霉毒素中毒是指动物采食了被黄曲霉毒素（AF）污染的饲草、饲料，引起的以全身出血、消化功能紊乱、腹腔积液、神经症状等为特征的一种中毒病。主要病理特征是肝细胞变性、坏死、出血，胆管和肝细胞增生。各种动物对等量黄曲霉毒素最敏感的是鳟鱼，其他依次为雏鸭、雏鸡、兔、猫、仔猪、豚鼠、成年鸡、猪等。发病主要原因是饲料加工、贮藏不当，被黄曲霉污染，尤其是在南方多雨季节。

发病原因：黄曲霉毒素是目前已发现的各种霉菌毒素中最稳定、毒性最强的一类毒素，主要是由黄曲霉和寄生曲霉等产生的有毒代谢产物。黄曲霉毒素在紫外线照射下产生荧光，根据产生荧光颜色的不同，分为B族毒素和G族毒素。B族毒素发出蓝紫色荧光，G族毒素发出黄绿色荧光。一般以黄曲霉毒素B_1（AFB_1）作为主要监测指标。

临床特征：黄曲霉毒素是一类肝毒物质，胃肠吸收后，主要分布在肝脏，在肝脏中的含量比其他组织器官高5~10倍。主要表现为全身出血，消化功能紊乱，黄疸，腹腔积液，水肿和神经症状。

防治方法：防止黄曲霉毒素中毒的关键是搞好防霉去毒工作，可以采用适当的贮藏方法和化学防霉剂，如可以使用丙酸钠、醋酸钠、亚硫酸钠等防止黄曲霉滋生。对本病尚无特效疗法。发现畜禽中毒时，应立即停喂霉败饲料，改喂富含碳水化合物的青绿饲料和高蛋白质饲料，减少或不喂含脂肪过多的饲料。同时采用保肝和止血疗法，静脉注射

20%~50%葡萄糖溶液、维生素C、10%葡萄糖酸钙或10%氯化钙溶液。心力衰竭时，皮下或肌内注射强心剂。

【例题1】在畜牧生产中危害最大的霉菌毒素是（D）。
A. 青霉毒素　　B. 伏马菌素　　C. 呕吐霉素　　D. 黄曲霉毒素　　E. 玉米赤霉烯酮

【例题2】对黄曲霉毒素最敏感的动物是（A）。
A. 雏鸭　　B. 仔猪　　C. 马驹　　D. 犊牛　　E. 羔羊

【例题3】黄曲霉毒素经动物胃肠吸收后，主要毒害的器官是（A）。
A. 肝脏　　B. 肾脏　　C. 肺　　D. 胰腺　　E. 心脏

【例题4】防止饲料中黄曲霉生长的有效方法是（B）。
A. 酸处理　　B. 使用丙酸钠　　C. 使用氯化钾
D. 使用硫酸亚铁　　E. 使用硫酸锌

考点5：单端孢霉毒素中毒（猪、禽）的发病原因、临床特征和防治方法★★★

单端孢霉毒素中毒是指动物采食被单端孢霉毒素污染的饲草、饲料，引起以呕吐、腹泻等消化功能障碍和体温下降、血便、血尿等为特征的一种中毒病。动物和人接触会引起皮肤过敏、厌食和流产。

发病原因：单端孢霉毒素属于镰刀菌毒素族，能引起动物中毒的毒素主要是T-2毒素，T-2毒素的主要靶器官是肝脏和肾脏。其产毒霉菌主要是镰刀菌属的各产毒菌种（株）。

临床特征：T-2毒素对皮肤和黏膜具有直接刺激作用，常导致中毒动物表现厌食、体温下降、胃肠机能障碍、腹泻、血便和血尿等。

防治方法：无特效解毒疗法。当怀疑T-2毒素中毒时，应停止喂食霉败饲料，尽快投服泻剂，以清除胃肠内的毒素。

【例题】猪T-2毒素中毒最可能出现的症状是（D）。
A. 便秘　　B. 饮欲增强　　C. 体温升高　　D. 体温降低　　E. 食欲增强

考点6：玉米赤霉稀酮中毒（猪）的中毒机理、临床特征和防治方法★★★★

玉米赤霉稀酮中毒又称F-2毒素中毒，是指动物采食了被玉米赤霉稀酮污染的饲料引起的一种中毒病。临床上以阴户肿胀、乳房隆起和慕雄狂等为特征。本病主要发生于猪，尤其是3~5月龄的仔猪。

中毒机理：玉米赤霉稀酮具有雌激素样作用，是一种子宫毒，毒性作用与甾醇激素的作用相似，导致动物繁殖功能紊乱。

临床特征：主要表现为雌激素综合征或雌激素亢进症。猪中毒时拒食和呕吐，阴道黏膜瘙痒，阴道与外阴黏膜瘀血性水肿，分泌混血黏液，外阴肿大，阴门外翻，甚至继发阴道脱出、直肠脱垂和子宫脱出。

防治方法：当怀疑玉米赤霉稀酮中毒时，应立即停喂霉变饲料，改喂青绿多汁饲料。

考点7：牛霉烂甘薯中毒的发病原因和治疗方法★★★

牛霉烂甘薯中毒又称黑斑病甘薯毒素中毒，俗称"牛喘气病"或"牛喷气病"，是由于家畜采食霉烂黑斑病甘薯后，引起的以急性肺水肿、间质性肺水肿、严重呼吸困难及皮下气肿为特征的一种中毒病，以牛多发，羊、猪也可发病。

发病原因：黑斑病甘薯的病原是甘薯长喙壳菌和茄病镰刀菌。引发中毒的毒素是甘薯酮及其衍生物。

治疗方法：治疗原则是排除体内毒物，缓解呼吸困难，提高肝脏解毒和肾脏排毒机能。一般采用高锰酸钾溶液、0.5%~1% 过氧化氢溶液洗胃；静脉注射 5%~10% 硫代硫酸钠或维生素 C 进行辅助治疗。

【例题】引起牛黑斑病甘薯中毒的甘薯酮是（B）。
A. 肝毒　　　　B. 肺毒　　　　C. 肾毒　　　　D. 心毒　　　　E. 脾毒

第十四章　矿物类及微量元素中毒

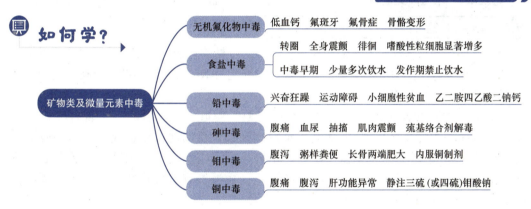

如何考？　　本章考点在考试中主要出现在 A2、A3/A4 型题中，每年分值平均 1 分。下列所述考点均需掌握。对于重点内容，希望考生予以特别关注。

考点 1：无机氟化物中毒的发病原因、临床特征和防治方法 ★★★★

无机氟化物中毒是指无机氟通过消化道或/和呼吸道连续摄入，在体内长期蓄积所引起的全身器官和组织毒性损害的急性、慢性中毒的总称。急性氟中毒以胃肠炎、呕吐、腹泻，以及肌肉震颤、瞳孔扩大、虚脱死亡为特点；慢性氟中毒又称氟病，最为常见，以骨骼、牙齿病变为特征，常呈地方性群发。

发病原因：慢性无机氟化物中毒主要是由于动物长期连续摄入超过安全限量的无机氟化物引起的。

临床特征：主要表现为急性或慢性中毒，以慢性无机氟化物中毒常见。过量氟进入体内产生明显的毒害作用，主要损害骨骼和牙齿，呈现低血钙、氟斑牙和氟骨症等一系列症状，且随年龄的增长而病情加重。

1）氟斑牙：牙齿的损害是本病的早期特征之一，表现为牙面、牙冠有许多白垩状，黄色、褐色以至黑棕色、不透明的斑块沉着。表面粗糙不平，齿釉质碎裂，甚至形成凹坑，色素沉着在孔内，牙齿变脆并出现缺损，病变大多呈对称性发生，尤其是门齿，具有诊断意义。

2）氟骨症：颌骨、掌骨、肋骨等呈现对称性的肥厚，骨骼变形，常有骨赘。临床表现为背腰僵硬，跛行，关节活动受限制，骨强度下降，骨骼变硬、变脆，容易出现骨折。

防治方法：急性氟中毒应及时抢救，用0.5%氯化钙或石灰水洗胃，也可静脉注射葡萄糖酸钙或氯化钙。慢性氟中毒治疗困难，一般转移动物放牧区域。

【例题】在一炼钢厂附近放牧的羊群，半年后出现骨骼变形性病变，如骨赘、局部硬肿、蹄匣变形、易骨折，牙面出现斑块状色素沉着、凸凹不平现象。发生本病的最主要原因是牧草中污染了过量的（B）。
A. 无机硒 B. 无机氟 C. 无机磷 D. 无机砷 E. 无机锡

考点2：食盐中毒的临床特征和治疗方法★★★★★

食盐中毒是指动物在饮水不足的情况下，因摄入过量的食盐或含盐饲料所引起的以消化紊乱和神经症状为特征的中毒性疾病，主要病理学变化为嗜酸性粒细胞性脑膜炎。食盐中毒发生于各种动物，常见于猪和家禽。

临床特征：中毒初期表现极度口渴，黏膜潮红，呕吐，口唇肿胀，呈现神经机能紊乱症状，如兴奋不安、转圈、肌肉痉挛、全身震颤，无目的地徘徊，或倒地后四肢呈游泳状划动。剖检可见胃肠黏膜充血、出血、水肿，全身组织及器官水肿，腹腔及心包积液，脑水肿显著，颅内压升高，并可能有脑软化。血液检查发现嗜酸性粒细胞显著增多（6%~10%）。

治疗方法：尚无特效解毒药，治疗原则为排钠利尿。首先应停喂、停饮含盐饲料及饮水。中毒早期，尚未出现神经症状者，可以少量多次给予清水或灌服适量温水，较好的方法是催吐、洗胃，然后用植物油或液体石蜡导泻，以减少氯化钠的吸收，促使其排出。中毒疾病发作期禁止饮水，防止加重脑水肿。注射20%甘露醇以缓解脑水肿，降低颅内压。

【例题1】猪食盐中毒时，临床上常表现（C）。
A. 颅内压降低 B. 腹内压降低 C. 颅内压升高 D. 腹内压升高 E. 颅内压不变

【例题2】猪食盐中毒出现神经症状时，治疗应（A）。
A. 禁止饮水   B. 大量灌水   C. 少量多次饮水
D. 少量服用生理盐水 E. 自由饮水

【例题3】畜禽食盐中毒尚未出现神经症状者，给予清洁饮水的方法是（B）。
A. 大量多次 B. 少量多次 C. 不限次数 D. 不限饮量 E. 自由饮水

考点3：铅中毒的临床特征和治疗方法★★★

铅中毒是指动物摄入过量的铅化合物或金属铅所引起的以神经机能紊乱和胃肠炎症状为

特征的一种中毒病。各种动物均可发生，反刍动物最为敏感。

临床特征：动物铅中毒的主要表现是兴奋狂躁、感觉过敏、肌肉震颤等脑病症状；失明、运动障碍、轻瘫以至麻痹等神经性症状；腹痛、腹泻等胃肠炎症状。此外，铅能抑制血红素的合成，增加红细胞膜的脆性，导致红细胞形成障碍和破坏过多，出现低色素型小细胞性贫血或正色素型正细胞性贫血。

治疗方法：应用巯基络合剂特效解毒药进行解毒。慢性铅中毒的特效解毒药为乙二胺四乙酸二钠钙。

【例题】动物慢性铅中毒时，血常规检查可见（C）。
A. 红细胞数增多　　　B. 红细胞数正常　　　C. 红细胞数减少
D. 白细胞数增多　　　E. 白细胞数减少

考点4：砷中毒的临床特征和治疗方法 ★★★

砷中毒是指有机砷和无机砷化合物进入机体后释放砷离子，引起的以消化功能紊乱、实质性器官和神经系统损害为特征的一种中毒病。常见的无机砷化物有三氧化二砷（俗称砒霜）、砷酸钠；有机砷化物有甲基砷酸锌、甲基砷酸钙、甲基砷酸铁铵。

临床特征：主要表现为消化功能紊乱和神经功能障碍等症状。临床上主要表现为腹痛、腹泻，血尿或血红蛋白尿，肌肉震颤、抽搐等，最后因昏迷而死亡。

治疗方法：应用巯基络合剂进行解毒治疗；同时实施补液、强心、保肝、利尿、缓解腹痛等对症疗法。

【例题】牛亚急性砷中毒最可能出现的症状是（A）。
A. 血尿　　　B. 肌红蛋白尿　　　C. 卟啉尿　　　D. 糖尿　　　E. 酮尿

考点5：钼中毒的临床特征和治疗方法 ★★

钼中毒是指动物摄入含钼量过高的饮水或饲料，引起以持续性腹泻和被毛褪色为特征的中毒病。钼过量常与铜缺乏同时发生。反刍动物钼中毒主要是由于钼干扰机体内铜的吸收和代谢。

临床特征：最早出现的特征性症状是严重而持续性的腹泻，排出粥样或水样的粪便，并混有气泡。被毛粗糙而竖立，黑毛褪色变为灰色，深黄色毛变为浅黄色毛。慢性钼中毒时常见骨质疏松、易骨折、长骨两端肥大、异嗜等。

治疗方法：注射或内服铜制剂是治疗缺铜性钼中毒的有效方法。

【例题】牛钼中毒引起代谢紊乱的元素是（A）。
A. 铜　　　B. 铁　　　C. 锰　　　D. 锌　　　E. 钴

考点6：铜中毒的临床特征和治疗方法 ★★★

铜中毒是指动物摄入过量的铜而发生的以腹痛、腹泻、肝功能异常和贫血为特征的一种中毒病。反刍动物较易发生，其中以羔羊对过量铜最敏感。

临床特征：羊急性铜中毒时，主要表现剧烈腹痛、腹泻、惨叫，频频排出稀水样粪便，排出浅红色尿液。血液呈酱油色，血红蛋白浓度降低，可视黏膜黄染，红细胞形态异常。铜中毒会导致肝功能明显异常，各种转氨酶活性迅速升高。因此肝功能检查可见天冬氨酸氨基转移酶活性升高，碱性磷酸酶活性升高。

治疗方法：急性铜中毒的羊可用三硫（或四硫）钼酸钠溶液静脉注射解毒。

【例题】羔羊，3月龄，采食高铜饲料后，尿液呈浅红色，肝功能检查可见（A）。
A．AST活性升高，ALP活性升高　　B．AST活性降低，ALP活性升高
C．AST活性升高，ALP活性降低　　D．AST活性降低，ALP活性降低
E．AST活性不变，ALP活性不变

第十五章　其他中毒病

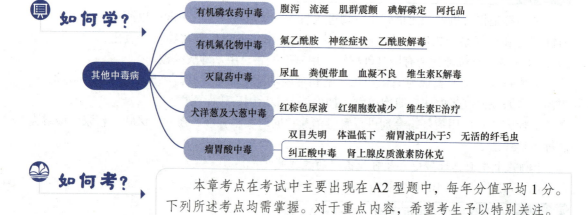

本章考点在考试中主要出现在A2型题中，每年分值平均1分。下列所述考点均需掌握。对于重点内容，希望考生予以特别关注。

考点1：有机磷农药中毒的中毒机理、临床特征和治疗方法★★★★

有机磷农药中毒是指畜禽接触、吸入或误食了某种有机磷农药后发生的以腹泻、流涎、肌群震颤为特征的一种中毒病，各种动物均可发生。

中毒机理：有机磷农药是一种神经毒物，对动物的毒性机理主要是抑制胆碱酯酶的活性，失去分解乙酰胆碱的能力，从而造成乙酰胆碱在体内大量蓄积，导致胆碱能神经功能障碍，出现中毒症状。

临床特征：中毒动物突然出现大量流涎，鼻孔和口角有白色泡沫，呼吸困难，食欲废绝，流泪，腹泻，腹痛，粪尿失禁，瞳孔缩小呈线状，肌肉痉挛，四肢肌肉发生震颤，严重者波及全身肌肉，但体温不高。

治疗方法：对于有机磷农药中毒，一般采用特效解毒法。常用的解毒药有两种，一种是抗M受体拮抗剂；另一种为胆碱酯酶复活剂。

目前使用较多的胆碱酯酶复活剂有碘解磷定、氯解磷定和双复磷。碘解磷定注射液是有机磷农药中毒的特效解毒剂，起效作用快，作用时间较长，能使已经磷酸化的胆碱酯酶活性恢复，使体内积聚的乙酰胆碱迅速水解，从而缓解中毒症状。

阿托品为抗 M 受体拮抗剂，能阻断毒蕈碱型（即 M 型）受体，对抗有机磷农药中毒的毒蕈碱样毒性作用，还具有减轻中枢神经系统症状、改善呼吸中枢抑制的作用。用药原则为早期、适量、反复给药，快速达到"阿托品化"。

【例题 1】水牛，在田间放牧后不久发病，腹泻，大量流涎，肌肉震颤，瞳孔缩小，体温不高。本病最可能诊断为（D）。

A. 砷中毒　　B. 铅中毒　　C. 食盐中毒　　D. 有机磷中毒　　E. 有机氟化物中毒

【例题 2】放牧牛在误食喷洒农药的牧草后突然发病，主要表现为流涎，腹泻，腹痛，尿频，瞳孔缩小，胃肠蠕动音增强，治疗本病应使用的药物是（C）。

A. 亚甲蓝和维生素 C　　B. 亚硝酸钠和硫代硫酸钠　　C. 碘解磷定和阿托品
D. 乙酰胺和维生素 K_3　　E. 苯妥英钠和葡萄糖酸钙

考点 2：有机氟化物中毒的临床特征和治疗方法 ★★★★

有机氟化物中毒是指动物误食了被含有有机氟农药（氟乙酰胺）或灭鼠药（氟乙酸钠、氟乙酰胺、甘氟等）污染的饲料或饮水而引起的以中枢神经系统机能障碍（神和心血管系统机能障碍）为特征的一种中毒病。各种动物均有发生，以犬、猫、猪多见。

临床特征：有机氟急性中毒时，会出现中枢神经系统障碍（神经型）和心血管系统障碍（心脏型）为主的两大症状类型。临床上以呼吸困难、口吐白沫、兴奋不安为特征。

治疗方法：发现中毒后，立即停喂可疑饲料，可以通过催吐、洗胃、缓泻以减少毒物吸收，尽快排出胃肠内毒物，及时使用乙酰胺进行治疗。若乙酰胺和纳洛酮肌内注射合用，疗效更好。

【例题 1】急性有机氟化物中毒的主要症状类型包括（D）。

A. 神经型和胃肠型　　B. 肝脏型和肾脏型　　C. 肝脏型和心脏型
D. 神经型和心脏型　　E. 神经型和肝脏型

【例题 2】犬有机氟化物中毒的特效解毒药是（D）。

A. 苯巴比妥　　B. 抗坏血酸　　C. 碘解磷定　　D. 乙酰胺　　E. 硫代硫酸钠

考点 3：灭鼠药（茚满二酮类和香豆素类）中毒的中毒机理、临床特征和治疗方法 ★★★★

灭鼠药是用来控制鼠害的一类药剂。常见品种依其化学结构分为茚满二酮类、香豆素类、有机磷类、有机氟类、硫脲类、无机盐类和其他类。

中毒机理：茚满二酮类和香豆素类灭鼠药的毒理机制相似，都是通过抗凝血作用发挥毒性。茚满二酮类灭鼠药主要有杀鼠酮、敌鼠钠盐、氯鼠酮等；香豆素类的常见品种有杀鼠灵、克灭鼠、杀鼠醚、鼠得克、溴敌隆、大隆等，主要作用机理是破坏凝血机制和损伤毛细血管而发挥毒性。其抗凝血作用是因为其化学结构与维生素 K 类似，进入机体后对维生素 K 产生竞争性抑制，使凝血酶原和凝血因子合成受阻，使凝血时间延长，又可直接损伤毛细血管壁，管壁通透性和脆性增加，因此易造成破裂出血。

临床特征：呕吐，食欲减退或废绝，皮肤发紫，尤其在腹部明显。引起全身自发性出血，尿血、粪便带血、血凝不良、腹痛。

治疗方法：早期中毒应及时洗胃，导泻或催吐，使用维生素 K 进行特效解毒治疗。

【例题 1】犬双香豆素中毒时，可以继发（E）。

A. 维生素A缺乏症　　B. 维生素B_{12}缺乏症　　C. 维生素C缺乏症
D. 维生素D缺乏症　　E. 维生素K缺乏症

【例题2】敌鼠钠盐中毒的有效解毒药是（D）。

A. 维生素D　　B. 维生素A　　C. 维生素E　　D. 维生素K　　E. 维生素C

考点4：犬洋葱及大葱中毒的临床特征和治疗方法★★★

犬洋葱及大葱中毒是指犬采食葱类植物后引起的以排红色或红棕色尿液、贫血为特征的一种中毒病，犬发病较多，猫少见。

临床特征：犬、猫采食洋葱或大葱中毒1~2d后，特征性表现为排红色或红棕色尿液。犬洋葱中毒后表现为贫血和血红蛋白尿，导致红细胞数减少、血红蛋白变性、白细胞数增多和海因茨小体生成。

治疗方法：立即停止饲喂洋葱或大葱性食物；应用抗氧化剂维生素E，支持疗法进行输液，补充营养；给予利尿剂，促进体内血红蛋白的排出。

【例题1】犬洋葱中毒不会导致血液中（D）。

A. 红细胞数减少　　B. 血红蛋白变性　　C. 白细胞数增多
D. 白细胞数减少　　E. 海因茨小体生成

【例题2】犬，2岁，近期未外出，突然发病，精神沉郁，不愿活动，眼结膜黄染，心跳加快，气喘，尿液呈红棕色，体温38.1℃。血细胞镜检，可见红细胞表面有海因茨小体。抗菌药治疗无效。最可能的致病原因是（E）。

A. 附红细胞体感染　　B. 巴贝斯虫感染　　C. 钩端螺旋体感染
D. 农药中毒　　E. 洋葱中毒

考点5：瘤胃酸中毒的临床特征和防治方法★★★★

瘤胃酸中毒是指牛、羊采食大量富含碳水化合物的饲料后，在瘤胃内产生大量乳酸而引起的以消化障碍、瘤胃运动停滞、脱水、酸血症、运动失调等为特征的一种急性代谢性酸中毒。临床上主要见于牛、羊。

临床特征：临床上瘤胃酸中毒分为4种类型：轻微型呈原发性前胃弛缓体征；亚急性型触诊内容物呈生面团样或稀软，pH为5.5~6.5，纤毛虫数量减少，常继发或伴发蹄叶炎；急性型瘤胃运动停滞，瘤胃液pH为5~6，无活的纤毛虫，尿少色深或无尿，后期出现神经症状，多在24h内死亡；最急性型双目失明，瞳孔散大，体温低下，重度脱水，腹部显著膨胀，内容物呈水样，瘤胃液pH小于5，无活的纤毛虫，多在3~5h内因内毒素休克死亡。

防治方法：预防应严格控制精饲料喂量，做到日粮供应合理，构成相对稳定。治疗原则为清除瘤胃有毒内容物，纠正脱水、酸中毒和恢复胃肠功能。其中清除瘤胃内有毒的内容物多采用洗胃和/或缓泻法。应用5%碳酸氢钠溶液纠正脱水和酸中毒，使用肾上腺皮质激素制剂防止休克。

【例题】最急性型瘤胃酸中毒不表现（E）。

A. 双目失明　　B. 体温降低　　C. 重度脱水
D. 瘤胃液pH小于5　　E. 瘤胃内纤毛虫数量增多

第十六章　其他内科疾病

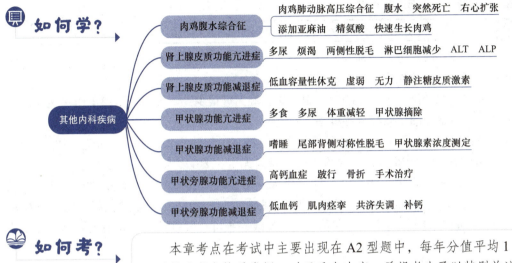

本章考点在考试中主要出现在 A2 型题中，每年分值平均 1 分。下列所述考点均需掌握。对于重点内容，希望考生予以特别关注。

考点冲浪

考点 1： 肉鸡腹水综合征的发病原因、临床特征和防治方法 ★★★★★

肉鸡腹水综合征（BAS）又称肉鸡肺动脉高压综合征（PHS）、心衰综合征、高海拔病，是指由于生长过快的禽类在多种因素作用下出现相对性缺氧，导致以血液黏稠、血容量增加、组织细胞损伤及肺动脉高压，以及腹腔积液（腹水）和右心衰竭为特征的疾病。本病以生长快速的品系多发，主要危害肉种鸡、肉鸭、火鸡等。

发病原因：发病原因涉及遗传、营养、环境、管理等多种因素，但肉鸡腹水综合征是长期选育快速生长的现代肉鸡品种所致的。

临床特征：主要发生于 20~40 日龄快大型肉鸡，病鸡腹部膨大，腹部皮肤变薄发亮，站立时腹部着地，行动缓慢，严重病例鸡冠和肉髯呈红色，抓捕时突然死亡。腹腔内潴留大量积液，右心扩张，肺充血水肿，肝脏出现病变。实验室检查未分离到致病菌。寒冷季节发病率和死亡率均高。

防治方法：在日粮中添加亚麻油、呋塞米（速尿）、精氨酸、阿司匹林、L-精氨酸等均可降低肉鸡腹水综合征的发病率。降低肉鸡腹水综合征的发生关键在于预防，应从管理、饲料、遗传等多方面入手，采取综合性预防措施。

【例题 1】5000 只 30 日龄的肉鸡，2d 前突然降温后发病，主要表现为腹部膨大、着地，严重病例鸡冠和肉髯呈红色。剖检发现腹腔中有大量积液。实验室检查未分离到致病菌。本病最可能的诊断是（E）。

A. 食物中毒　　　　　　B. 食盐中毒　　　　　　C. 维生素 E 缺乏

D. 脂肪肝综合征　　　　E. 肉鸡腹水综合征

【例题2】肉鸡腹水综合征的特征是（ D ）。
A. 肺动脉低压　B. 主动脉高压　C. 主动脉低压　D. 右心衰竭　E. 左心衰竭

【例题3】防止肉鸡腹水综合征，日粮中可添加的氨基酸是（ C ）。
A. 丝氨酸　　B. 蛋氨酸　　C. 精氨酸　　D. 赖氨酸　　E. 丙氨酸

考点2：肾上腺皮质功能亢进症（库兴氏综合征）的临床特征和治疗方法★★★★

肾上腺皮质功能亢进症又称为库兴氏综合征或库兴氏样病，是指一种或数种肾上腺皮质激素分泌过多而导致的疾病，是犬最常见的内分泌疾病之一，母犬发病多于公犬。由于以盐皮质激素或性激素分泌过多为主的肾上腺皮质功能亢进很少见，所以肾上腺皮质功能亢进通常是指糖皮质激素中的皮质醇分泌过多。

临床特征：临床上以肾上腺糖皮质激素分泌过多引起的症状为主，表现为多尿、烦渴、垂腹、两侧性脱毛、肝脏肿大、食欲亢进、肌肉无力、萎缩、嗜睡、睾丸萎缩、皮肤色素过度沉着、皮肤钙质沉着、不耐热、阴蒂肥大、神经缺陷或抽搐等。血液学检查可以发现淋巴细胞减少、中性粒细胞增多、嗜酸性粒细胞减少、单核细胞增多。丙氨酸氨基转移酶（ALT）和碱性磷酸酶（ALP）活性均升高。X线检查可见肝脏肿大、软组织钙化、骨质疏松及肾上腺肿大。

治疗方法：采用药物疗法和手术疗法，可单独实施，也可配合应用。首选药物为米托坦。猫对该药的毒性尤为敏感，不宜使用。还可选用甲吡酮（美替拉酮）、氨基苯乙哌啶酮等药物进行治疗。

【例题1】犬库兴氏综合征血液检查可见（ B ）。
A. 中性粒细胞减少　　　　B. 淋巴细胞减少　　　　C. 单核细胞减少
D. 淋巴细胞增多　　　　E. 红细胞减少

【例题2】犬肾上腺皮质功能亢进时，实验室检验可见（ B ）。
A. ALT下降，ALP正常　　　　B. ALT和ALP均升高
C. ALT和ALP均下降　　　　D. ALT升高，ALP下降
E. ALT正常，ALP升高

考点3：肾上腺皮质功能减退症（阿狄森氏病）的发病原因、临床特征和治疗方法★★★★

肾上腺皮质功能减退症又称阿狄森氏病，是一种、多种或全部肾上腺皮质激素不足或缺乏引起的内分泌疾病，以全部肾上腺皮质激素的缺乏最为常见。本病多见于2~5岁的母犬，猫也时有发生。

发病原因：各种原因的双侧性肾上腺皮质严重破坏，均可引发本病。犬肾上腺皮质功能减退常见于钩端螺旋体病、子宫蓄脓、犬瘟热、传染性肝炎等，自体免疫可能是本病的最主要原因。

临床特征：主要特征为低血容量性休克综合征，表现为肌肉无力，精神沉郁，食欲减退，胃肠紊乱，常见瘦型体质，即瘦削、细长、虚弱、无力。X线检查可见心脏缩小、肺血管系统缩小，后腔静脉缩小及食管扩张。

治疗方法：首先静脉注射生理盐水，补充糖皮质激素，如琥珀酸钠皮质醇、琥珀酸钠泼尼松和地塞米松磷酸钠。首次剂量的1/3静脉注射，1/3肌内注射，1/3稀释在5%葡萄糖氯

化钠溶液中静脉滴注。

【例题 1】犬肾上腺皮质功能减退的主要原因是（C）。
A. 营养不良　　B. 中毒　　C. 自体免疫　　D. 辐射　　E. 寒冷

【例题 2】与阿狄森氏病有关的激素是（B）。
A. 生长激素　　　　B. 促肾上腺皮质激素　　　C. 促黄体素
D. 促甲状腺素　　　E. 抗利尿激素

考点 4：甲状腺功能亢进症的临床特征和治疗方法 ★★★

甲状腺功能亢进症是指动物甲状腺素分泌过多的一种疾病，主要发生于老龄犬、猫。一般认为甲状腺肿瘤是导致甲状腺功能亢进的主要原因。

临床特征：病犬主要表现为食欲亢进、烦渴、多尿、体重减轻、消瘦、肌肉无力、容易疲劳、体温上升、心动过速、心律不齐，有杂音，容易受到惊吓等。病猫表现为食欲旺盛，消瘦，讨厌整理被毛，经常嘶叫。

治疗方法：甲状腺瘤和尚未转移的甲状腺癌，可以采取外科摘除手术。严重甲状腺功能亢进的动物，手术之前，最好先用抗甲状腺药物治疗。已经转移的病畜，采取放射碘疗法。

考点 5：甲状腺功能减退症的临床特征和诊断方法 ★★★

甲状腺功能减退症是指动物甲状腺素分泌减少的一种疾病，由于甲状腺素缺乏，患病动物全身活动呈现进行性减慢。本病是犬最常见的内分泌疾病，主要发生于青年中型犬和大型犬。发病原因主要是甲状腺萎缩、淋巴细胞性甲状腺炎等甲状腺退行性病变，甲状腺切除、碘缺乏和抗甲状腺药物也可引起本病。

临床特征：病犬主要表现为易疲劳、嗜睡、体重增加、皮肤干燥、尾部背侧对称性脱毛、毛色变白、毛短而细，脱毛常从尾部开始，向前扩散，脱毛处皮肤可见色素过度沉着、增厚而苔藓化。出现皮脂溢出和瘙痒。

诊断方法：对于甲状腺机能减退，测定血浆中的甲状腺素浓度有一定的诊断价值。

【例题】犬，6 岁，去年开始肩背部脱毛，绒毛较多而长毛很少；今年起荐背部脱毛，患部皮干、色深。此犬可能患有（C）。
A. 雄激素过剩　　　　B. 甲状腺功能亢进症　　　C. 甲状腺功能减退症
D. 肾上腺皮质功能亢进症　　E. 肾上腺皮质功能减退症

考点 6：甲状旁腺功能亢进症的临床特征和防治方法 ★★★★

甲状旁腺功能亢进症分为原发性和继发性两种。原发性甲状旁腺功能亢进症主要由甲状旁腺肿瘤和增生引起，而继发性甲状旁腺功能亢进症主要由营养因素所致。

临床特征：高钙血症，表现为便秘、多尿、肌肉无力、骨变软、变脆、跛行、易骨折等。营养性甲状旁腺功能亢进症主要表现为喜卧、跛行、骨质疏松、易骨折。甲状旁腺激素能够抑制肾小管对磷的吸收，使尿磷增加、血磷减少。

防治方法：原发性甲状旁腺功能亢进症可以进行手术治疗，同时静脉补充 10% 葡萄糖酸钙；防治营养性甲状旁腺功能亢进症主要是调节食物中的钙、磷比例，直接补充钙或维生素 D。

【例题】犬营养性继发性甲状旁腺功能亢进，尿液检查可见（B）。
A. 尿钙含量增加　　　B. 尿磷含量增加　　　C. 尿磷含量减少
D. 尿钠含量减少　　　E. 尿钠含量增加

考点7：甲状旁腺功能减退症的临床特征和治疗方法★★★★

甲状旁腺功能减退症是指甲状旁腺病理性分泌甲状旁腺激素减少，或分泌的甲状旁腺激素不能正常作用于靶细胞，致使血钙水平下降而血磷水平升高的一种内分泌疾病。本病多发生于2~5岁小型犬，最常见于弥散性淋巴细胞甲状旁腺炎，而猫甲状旁腺机能减退症的主要致病因素是甲状旁腺损伤。

临床特征：表现为低血钙，局部或全身肌肉痉挛，体温升高，腹痛，便秘，心动过速，共济失调等。

治疗方法：补充钙剂是治疗本病的主要措施，一般缓慢静脉注射10%葡萄糖酸钙进行治疗。

【例题】甲状旁腺机能减退时，病畜可能出现（C）。
A. 低钠血症　　B. 低钾血症　　C. 低钙血症　　D. 低镁血症　　E. 低磷血症

第三篇
兽医外科与手术学

第一章 外科感染

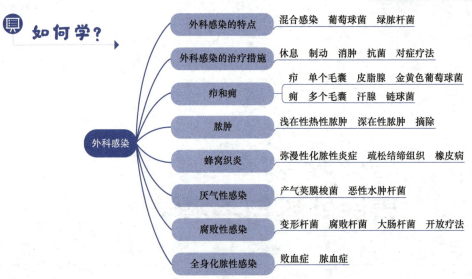

本章考点在考试中主要出现在 A1、A2 型题中，每年分值平均 1 分。下列所述考点均需掌握。对于重点内容，希望考生予以特别关注。

考点 1：外科感染的特点和结局 ★★★

外科感染是指动物有机体与入侵体内的致病微生物相互作用所产生的局部和全身反应，是有机体对致病微生物的入侵、生长和繁殖造成损害的一种反应性病理过程，也是有机体与致病微生物感染、抗感染斗争的结果。

外科感染的特点：绝大部分外科感染由外伤引起，均有明显的局部症状，常为混合感染，常发生化脓和坏死过程。一般伴发明显的全身症状，治疗后局部常形成瘢痕组织。

外科感染常见的致病菌有需氧菌、厌氧菌和兼性厌氧菌，但常见的化脓性致病菌多为需氧菌。外科感染时常见的化脓性致病菌主要有葡萄球菌、链球菌、大肠杆菌、绿脓杆菌、肺炎杆菌等。

外科感染的结局：外科感染的演变是动态的过程。主要表现为 3 种结局：局限化、吸收或形成脓肿；转为慢性感染；感染扩散。

【例题】关于外科感染的论述，不正确的是（ A ）。
A. 很少为混合感染　　　　　　　　B. 大部分由外伤引起
C. 常发生化脓性坏死过程　　　　　D. 常伴发明显的全身症状
E. 愈合后局部常形成瘢痕组织

考点2：外科感染的治疗措施★★

治疗方法：外科感染的治疗措施包括局部治疗和全身治疗两个方面。

局部治疗的目的是使化脓感染局限化，减少组织坏死，减少毒素吸收。主要措施有休息和患部制动；外部使用消肿、促进肉芽组织生长的药物；热敷、冷敷、封闭、电疗、光疗等物理疗法；手术治疗。

全身治疗措施包括抗菌药物治疗，纠正水、电解质、酸碱平衡紊乱等支持疗法，以及强心、利尿、解毒等对症疗法。

考点3：疖和痈的发病原因和临床特征★★

（1）疖　疖是指细菌经毛囊和汗腺侵入引起的单个毛囊及其所属皮脂腺、汗腺的急性化脓性炎症。

发病原因：皮肤受到摩擦、刺激、汗液的浸渍和污染，感染金黄色葡萄球菌或白色葡萄球菌。

临床特征：发生于皮薄部位的疖，局部出现温热而剧烈疼痛的圆形肿胀结节，界限明显，呈坚实硬度，继而病灶顶端出现明显小脓疱，中心部有被毛竖立。皮肤较厚的疖肿胀不明显，触诊剧痛，慢慢增大，不突出于皮肤表面，在毛囊周围形成炎性浸润，很快形成小脓肿。病程发展数天后，脓肿自行破溃，流出黄白色脓汁，随后形成小溃疡，最后慢慢自愈。

（2）痈　痈是由致病菌同时侵入多个相邻的毛囊、皮脂腺或汗腺所引起的急性化脓性炎症，多由疖发展而来。致病菌主要是葡萄球菌和链球菌。

临床特征：疾病初期在患部形成一个迅速增大有剧烈疼痛的化脓性病灶，局部皮肤紧张、坚硬、界线不清。继而在病灶中心区出现多个突出的脓点，破溃后呈蜂窝状，皮下组织坏死脱离。自行破溃或手术后形成大的蜂窝状脓腔。血液检查见白细胞明显升高。

一般采取全身使用抗菌药物和局部清除、冲洗、封闭和抗菌药膏贴敷的方法进行治疗。

考点4：脓肿的种类、临床特征和治疗方法★★★

脓肿是指组织或器官内形成外有脓肿包膜、内有脓汁潴留的局限性脓腔。体腔内（胸膜腔、喉囊、关节腔、鼻旁窦、子宫）有脓汁潴留时称蓄脓。

按脓肿发生部位，脓肿分为浅在性脓肿和深在性脓肿两类。

浅在性热性脓肿：主要发生在皮肤、皮下结缔组织、筋膜下及表层肌肉组织中。浅在性脓肿一般容易诊断，有困难时可以穿刺诊断。

深在性脓肿：主要发生在深层肌肉、肌间、骨膜下、腹膜下及内脏器官中。局部肿胀，升温不明显，但常见皮下组织炎性水肿，触诊有疼痛反应，常留有指压痕。确诊困难者可进行穿刺诊断。

治疗方法：对于脓肿的治疗，一般脓肿摘除适用于浅表性的小良性脓肿；脓汁抽出适用于有完整脓肿膜形成的小脓肿，特别是关节部的小脓肿；而臀部、肩部大脓肿及上颌窦蓄脓宜采用脓肿切开的方法。

【例题1】臀部深部脓肿的确诊方法是（E）。

A. 视诊　　　　B. 触诊　　　　C. 叩诊　　　　D. 听诊　　　　E. 穿刺

【例题2】脓肿摘除法适用于治疗（D）。
A. 臀部大脓肿　　　　B. 肩部大脓肿　　　　C. 关节蓄脓
D. 体表浅在小脓肿　　E. 上颌窦蓄脓

考点5：蜂窝织炎的主要致病菌、临床特征和种类★★★★

蜂窝织炎是疏松结缔组织内发生的急性弥漫性化脓性炎症的统称，常发生在皮下、黏膜下、肌肉、气管及食道周围的疏松结缔组织内，以其中形成浆液性、化脓性和腐败性渗出液并伴有明显的全身症状为特征。

主要致病菌：蜂窝织炎的常见化脓性致病菌主要有溶血性链球菌、金黄色葡萄球菌、绿脓杆菌、棒状杆菌、大肠杆菌等。

临床特征：蜂窝织炎的病程发展迅速，主要表现为大面积肿胀，局部升温，疼痛剧烈和机能障碍。全身症状主要表现为病畜精神沉郁，体温升高，食欲减退，并出现各系统的机能紊乱。蜂窝织炎治疗不及时会转为慢性过程，出现皮肤或皮下组织肥厚，弹力消失，形成慢性畸形性弥漫性肥厚，称为橡皮病。

蜂窝织炎的分类：蜂窝织炎的分类方法很多。按蜂窝织炎发生的部位，分为皮下蜂窝织炎、筋膜下蜂窝织炎、肌间蜂窝织炎等。

1）皮下蜂窝织炎。常见于四肢，后肢多于前肢。主要表现为局部出现弥漫性渐进性肿胀，热痛反应明显，初期呈捏粉状，后变为坚实感，局部皮肤紧张。

2）筋膜下蜂窝织炎。常发于前肢、鬐甲部深筋膜下、后肢小腿或股部阔筋膜下的疏松结缔组织。患部热痛反应剧烈，体温升高，机能障碍明显。

3）肌间蜂窝织炎。常继发于开放性骨折、化脓性骨髓炎、关节炎及腱鞘炎之后，有些是皮下或筋膜下蜂窝织炎蔓延的结果。感染可以沿肌间和肌群间大动脉及大神经干蔓延。首先是肌外膜，然后是肌间组织，最后是肌纤维。先发生炎性水肿，继而形成脓性浸润并逐渐发展成为化脓性溶解。患部肌肉肿胀、肥厚、坚实、界线不清，功能障碍明显，触诊和他动运动时疼痛剧烈。表层筋膜因组织内压升高而高度紧张，皮肤可动性受到很大的限制。肌间蜂窝织炎时，全身症状明显，体温升高，精神沉郁，食欲减退。局部已形成脓肿时，切开后可以流出灰色、常带血样的脓汁。有时由化脓性溶解可以引起关节周围炎、血栓性血管炎和神经炎。

颈静脉周围漏注强刺激剂时，可发生颈部皮下或颈深筋膜下蜂窝织炎，局部出现弥漫性肿胀，有明显的热痛反应，皮肤紧张。

【例题1】蜂窝织炎属于（A）。
A. 急性弥漫性化脓性炎症　　　　B. 慢性化脓性炎症
C. 慢性增生性炎症　　　　　　　D. 慢性局限性化脓性炎症
E. 急性局限性非化脓性炎症

【例题2】易发生蜂窝织炎的组织器官是（E）。
A. 骨骼　　　　　　B. 皮肤　　　　　　C. 内脏器官
D. 肌肉组织　　　　E. 皮下疏松结缔组织

【例题3】发生蜂窝织炎时，最常见的化脓性病原菌是（D）。

A. 肺炎球菌　　　　　　B. 棒状杆菌　　　　　　C. 李斯特菌
D. 溶血性链球菌　　　　E. 破伤风杆菌

【例题4】可引起动物明显全身症状的疾病是（C）。
A. 血肿　　　B. 脂肪瘤　　　C. 蜂窝织炎　　　D. 局部气肿　　　E. 淋巴外渗

【例题5】肌间蜂窝织炎首先感染的组织是（B）。
A. 肌纤维　　　B. 肌外膜　　　C. 肌间组织　　　D. 肌间动脉　　　E. 肌间神经干

考点6：厌气性感染和腐败性感染的主要致病菌和治疗方法★★★★

厌气性感染（厌氧感染）的主要致病菌：产气荚膜梭菌、恶性水肿杆菌、溶组织杆菌、水肿杆菌及腐败弧菌。临床上常见的厌气性感染有厌气性（气性）坏疽、厌气性（气性）蜂窝织炎、恶性水肿及厌气性败血症。

腐败性感染的主要致病菌：变形杆菌、产芽孢杆菌、腐败杆菌、大肠杆菌及某些球菌。临床特征是局部组织坏死，溃烂呈黏泥样，褐绿色或巧克力色，恶臭。腐败性感染局部反应比较剧烈，初期创伤周围出现水肿和剧痛，内源性腐败性感染可见于肠管损伤时，局部坏死，发生腐败性分解。

治疗方法：对于厌氧菌感染的处理，治疗原则是建立不利于厌氧菌生长繁殖的环境（包括外科治疗）和抗菌药物治疗，包括局部病灶的切开引流、坏死组织或无效腔的清除、明显肿胀伴气体形成病变组织的减压等。应彻底切除患部坏死组织至健康组织，手术创口行开放疗法，禁止包扎和缝合；同时大量使用抗生素、磺胺药、抗菌增效剂。

【例题1】治疗动物皮下厌氧菌感染的方法是（D）。
A. 冷敷　　　B. 热敷　　　C. 切开后缝合　　　D. 切开排液　　　E. 红外线照射

【例题2】关于腐败性感染表述错误的是（D）。
A. 局部坏死，发生腐败性分解　　　　B. 内源性腐败性感染可见于肠管损伤时
C. 初期创伤周围出现水肿和剧痛　　　D. 病灶不用广泛切开
E. 尽可能切除坏死组织

考点7：全身化脓性感染的种类★★

全身化脓性感染包括败血症和脓血症。

败血症是指致病菌（金黄色葡萄球菌、溶血性链球菌、大肠杆菌、厌气性链球菌和坏疽杆菌）侵入血液循环，迅速繁殖，产生大量毒素及组织分解产物而引起的全身性感染。

脓血症是指局部化脓灶的细菌栓子或脱落的感染血栓，间歇性进入血液循环，并在机体其他组织和器官形成转移性脓肿。

第二章 损伤

轻装上阵

如何学？

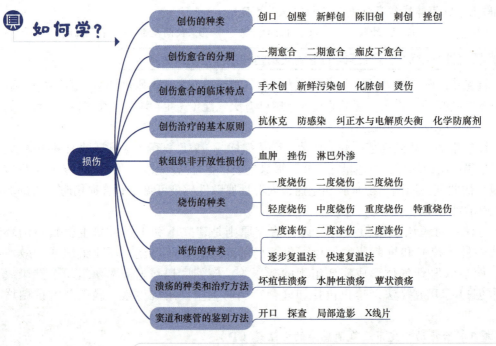

如何考？

本章考点在考试中主要出现在A1、A2型题中，每年分值平均1分。下列所述考点均需掌握。对于重点内容，希望考生予以特别关注。

考点冲浪

考点1：创伤的种类★★★★

创伤是指组织或器官的机械性开放性损伤。一般的创伤由创口、创缘、创壁、创腔、创底和创面组成。

创伤的种类多种多样。按伤后经过的时间分为新鲜创和陈旧创。按创伤有无感染分为无菌创、污染创和感染创。新鲜创的特点是损伤时间较短，创内尚有血液流出或存有血凝块，且创内各部组织的轮廓仍能识别，有的虽被污染，但未出现创伤感染症状。污染创是指创伤被细菌和异物所污染，但进入创内的细菌仅与损伤组织发生机械性接触，并未侵入组织深部发育繁殖，也未呈现致病作用。污染较轻的创伤，经适当的外科处理后，可能取一期愈合。污染严重的创伤，又未及时而彻底地进行外科处理时，常转为感染创。

按致伤物的性状，创伤分为刺创、切创、砍创、挫创、裂创、压创、搔创、缚创、咬创、毒创、复合创和火气创。其中切创是因锐利的刀类、铁片、玻璃片等切割组织发生的损伤，创缘及创壁较平整，出血量多，疼痛较轻。咬创是由动物的牙咬所致的组织损伤，主要特点是被咬部呈管状创或呈组织缺损创。

【例题 1】新鲜创的特点是损伤时间短，创内存在（B）。
A. 脓汁　　　B. 血凝块　　　C. 肉芽组织　　　D. 血凝痂皮组织　　E. 坏死组织

【例题 2】创壁较整齐的创伤是（D）。
A. 缚创　　　B. 压创　　　C. 挫创　　　D. 切创　　　E. 复合创

【例题 3】犬咬创的临床特点通常是（E）。
A. 不易感染　　B. 创口较大　　C. 出血较多　　D. 组织挫灭少　　E. 呈管状创

考点 2：创伤愈合的分期 ★★★★

创伤愈合分为一期愈合、二期愈合和痂皮下愈合。

一期愈合是一种较为理想的愈合方式。其特点是创缘、创壁整齐，创口吻合良好，无肉眼可见的组织缝隙，临床上炎症反应较轻微，创内无异物、坏死灶及血肿，组织有生活能力，失活组织较少，没有感染，具备这些条件的创伤可完成一期愈合，无菌手术创绝大多数可达一期愈合。新鲜污染创如能及时做清创术处理，也可达到此期愈合。

二期愈合的特征是伤口增生大量的肉芽组织，充填创腔，然后形成瘢痕组织，被覆上皮组织而治愈。临床上，多数创伤病例取此期愈合。

痂皮下愈合：特征是表皮损伤，创面浅在并有少量出血，以后血液或渗出的浆液逐渐干燥而结成痂皮，覆盖在创伤表面，具有保护作用，痂皮下损伤的边缘再生表皮而治愈。若感染细菌时，于痂皮下化脓取第二期愈合。

【例题 1】创伤一期愈合的临床特点是（D）。
A. 创缘不整　　B. 感染严重　　C. 瘢痕组织多　　D. 炎症反应轻微　　E. 愈合时间长

【例题 2】可能取一期愈合的是（B）。
A. 褥疮　　　B. 污染创　　　C. 化脓创　　　D. 陈旧创　　　E. 肉芽创

考点 3：创伤愈合的临床特点 ★★★★

一期愈合的临床特点是瘢痕小，呈线状或无瘢痕，组织不变形。临床上一般指手术创和及时处理的新鲜污染创。

二期愈合的临床特点是瘢痕组织多，愈合时间长；有时影响关节功能，甚至出现畸形，一般为化脓创。

痂皮下愈合的特点是创伤浅，如烫伤、皮肤表层烧伤、擦伤；创伤表面有血液、淋巴、浆液，干燥结痂；痂皮下长出肉芽组织、新生上皮；上皮成熟后，角化脱落（露出新肉芽组织）。未感染则取一期愈合，感染则取二期愈合。

【例题】适合一期愈合的创伤特征是（C）。
A. 创伤严重污染　　　B. 创伤已经感染　　　C. 创伤尚未感染
D. 创伤内异物尚未取出　　E. 创伤内出血尚未制止

考点 4：创伤治疗的基本原则 ★★★

创伤治疗的基本原则包括正确处理局部与全身的关系，一般先治疗全身性疾病，再或同时做局部处理。主要治疗手段是抗休克；防止感染；纠正水与电解质失衡；消除影响创伤愈合的因素；保证营养供应。创伤用化学防腐剂处理，用药方法主要有以下几种。

创伤冲洗剂：主要有 0.9% 氯化钠（生理盐水）、8% 过氧化氢（大家畜用）；小动物可使用氧氟沙星注射液、甲硝唑注射液等冲洗创伤。

创伤撒布剂：吹入或用喷粉器将粉剂均匀撒布在创面上；腹腔脏器创伤使用抗生素溶液治疗。

创伤敷贴剂：用膏剂、乳剂或粉剂厚层放置在纱布块上，再贴敷于创面，然后用绷带固定即可。

创伤湿敷剂：用浸有药液的数层纱布块贴敷于创面，并经常向纱布块上浇洒药液。

创伤涂布剂：涂布剂是将液体药液涂布于创面上。可用5%碘酊（大动物用）、2%碘酊、聚维酮碘膏等。

创伤灌注剂：常用于细而长的创道内的灌注。常使用挥发性或油性药剂，如魏氏流膏、磺胺乳剂等。

考点5：软组织非开放性损伤的种类和临床特征★★★★

软组织非开放性损伤是指在外力作用下，机体软组织受到破坏，但皮肤或黏膜并未破损的一种损伤，包括血肿、挫伤和淋巴外渗。

血肿：指由于外力的作用引起局部血管破裂，溢出的血液分离周围组织，形成充满血液的腔洞。血肿常发生于皮下、筋膜下、肌间、骨膜下及浆膜下，临床特征是肿胀迅速增大，呈明显的波动感或饱满有弹性。触诊时周围呈坚实感，并有捻发音，中央有波动，局部或周围温度升高。局部出现热痛。穿刺时可排出稀薄血液。

挫伤：指机体在诸如马踢、棒击、车撞、跌倒或坠落等钝性外力直接作用下，引起的组织非开放性损伤。临床特征是患部皮肤出现轻微的致伤痕迹，患部溢血、肿胀、疼痛和机能障碍。严重的挫伤可能造成骨骼和关节的损伤。

淋巴外渗：指在钝性外力作用下，皮肤或筋膜与下部组织分离，淋巴管破裂，淋巴聚积在组织内的一种非开放性损伤，常见于淋巴管丰富的皮下结缔组织。肿胀明显，有界线，触诊有波动感，皮肤不紧张，穿刺液为橙黄色透明液体。淋巴外渗的治疗原则是保持动物安静，减少淋巴外渗。对于较小的淋巴外渗，可以注入95%乙醇，停留片刻抽出；或注入95%乙醇福尔马林溶液，停留片刻抽出。对于较大的淋巴外渗，可以行切开疗法。

【例题1】血肿早期的临床特点是（B）。

A. 肿胀缓慢　　B. 波动感明显　　C. 局部无热痛　　D. 界线不明显　　E. 穿刺液呈浅黄色

【例题2】不适用于淋巴外渗的治疗方法是（A）。

A. 温热疗法　　　　　　　　　　B. 切开疗法
C. 保持动物安静　　　　　　　　D. 注入95%乙醇，停留片刻抽出
E. 注入95%乙醇福尔马林溶液，停留片刻抽出

考点6：烧伤的种类和临床特征★★★★

烧伤（烫伤或热伤）是指一切超生理耐受范围的固体、液体、气体高温及腐蚀性化学物质等作用于动物体表组织所引起的损伤。皮肤烧伤感染极易引发败血症，导致败血症的主要细菌有绿脓杆菌、金黄色葡萄球菌、大肠杆菌、溶血性链球菌等。烧伤有下面两种分类方法。

根据烧伤的深度，烧伤分为一度烧伤、二度烧伤、三度烧伤3类。

一度烧伤：特征是皮肤表层被损伤，伤部被毛烧焦，局部呈现红、肿、热、痛等浆液性炎症变化。这类烧伤生发层健在，有再生能力，一般7d左右可治愈，不留瘢痕。

二度烧伤：特征是皮肤表层及真皮层部分或大部损伤，伤部被毛烧光或烧焦，伤部血管通透性显著增加，血浆大量外渗，积聚在表层与真皮之间，呈明显的弥漫性水肿。这类烧伤一般20~30d创面愈合，常遗留轻微的瘢痕。

三度烧伤：特征是皮肤全层或深层组织（筋膜、肌肉、骨骼）被损伤，组织蛋白凝固、血管栓塞，形成焦痂，呈深褐色干性坏死状态。三度烧伤因神经末梢和血液循环遭到破坏，创面疼痛反应不明显，创面温度下降。失活组织溃烂、脱落、露出红色创面，最易感染化脓。创面较大时，应进行植皮促使愈合。

根据烧伤的面积，烧伤分为轻度烧伤、中度烧伤、重度烧伤、特重烧伤4类。

轻度烧伤：即烧伤总面积不超过体表的10%，其中三度烧伤不超过2%。

中度烧伤：即烧伤总面积占体表面积的11%~20%，其中三度烧伤不超过4%。

重度烧伤：即烧伤总面积占体表面积的20%~50%，其中三度烧伤不超过6%。

特重烧伤：即烧伤总面积占体表面积50%以上。

【例题1】关于一度烧伤的错误表述是（D）。
A. 皮肤表皮层损伤　　B. 生发层健在　　C. 有再生能力
D. 真皮层大部损伤　　E. 伤部被毛烧焦

【例题2】最易导致烧伤感染并易发败血症的化脓菌是（B）。
A. 大肠杆菌　　B. 绿脓杆菌　　C. 溶血性链球菌
D. 金黄色葡萄球菌　　E. 化脓性棒状杆菌

考点7：烧伤的治疗原则★★★

烧伤的治疗原则包括镇痛、抗感染、防休克和治疗并发症。

现场急救：灭火，将动物牵离火场，防止窒息，抢救窒息的患病动物离开现场时，用湿棉被等盖上，止痛；在输血、抗休克的同时，应当在早期预防心衰；"抢切"和"换血"相结合，一次性切净坏死组织；治疗创面脓毒症。

一度烧伤的治疗方法：经清洗后，不必用药，保持干燥，即可自行痊愈。

二度烧伤的治疗方法：用5%~10%高锰酸钾溶液连续涂布3~4次，使创面形成痂皮；或使用紫草膏等油类药剂覆盖伤面。如无感染，可持续应用，直至治愈。

三度烧伤的治疗方法：对其肉芽创面应早期施行皮肤移植术，以加速创面愈合，减少感染机会。对三度烧伤的焦痂，可采用自然脱痂、油剂软化脱痂和手术切痂的方法，焦痂除去后，用0.1%苯扎溴铵溶液等清洗，干燥后涂布药膏。

【例题】火场急救，首先应防止动物发生（B）。
A. 尿毒症　　B. 窒息　　C. 中毒　　D. 感染　　E. 损伤

考点8：冻伤的种类、临床特征和治疗原则★★★★

根据冷损伤的范围和程度，冻伤可以分为三度。

一度冻伤：皮肤浅层冻伤，以发生皮肤及皮下组织的疼痛性水肿为特征。局部皮肤初为苍白色，渐转为蓝紫色，继之出现红肿、发痒、刺痛和感觉异常，无水疱形成。数天后局部反应消失，症状表现轻微，在家畜不易被发现。

二度冻伤：皮肤和皮下组织呈弥漫性水肿，并扩延到周围组织，有时在患部出现水疱，其中充满乳光带血样液体。水疱自溃后，形成愈合迟缓的溃疡。

三度冻伤：以血液循环障碍引起的不同深度与距离的组织干性坏死为特征。皮肤先发生坏死，有的皮肤和皮下组织均发生坏死，或达骨头引起全部组织坏死。愈合缓慢，易发生化脓性感染，特别易招致破伤风和气性坏疽等厌氧性感染。

治疗原则：消除寒冷作用，使冻伤组织复温，恢复组织内的血液和淋巴循环，并进行预防感染措施。复温治疗可采取逐步复温法，一般开始用18~20℃水进行温水浴，在25min内慢慢添加温水至38℃。也可以采用快速复温法，一般将伤部浸泡于40~42℃温水中，随时加入热水，保持水温恒定，皮肤温度能在5~10min内迅速越过15~20℃达到正常。

一度冻伤治疗：樟脑乙醇涂擦患部，促进水肿的消退，然后涂布碘甘油，或按摩疗法和紫外线照射进行治疗。

二度冻伤治疗：采用普鲁卡因封闭疗法，静脉注射低分子右旋糖酐和肝素；局部可使用5%碘酊涂擦，并装以乙醇绷带。

三度冻伤治疗：预防发生湿性坏疽，促进肉芽组织的生长和上皮的形成，预防全身性感染。

【例题1】一度冻伤的主要特征是受伤组织发生（E）。
A. 湿性坏疽　　B. 干性坏疽　　C. 水式溃疡　　D. 弥漫性水肿　　E. 疼痛性水肿

【例题2】治疗冻伤快速复温要求的水温是（E）。
A. 10~20℃　　B. 23~25℃　　C. 30~32℃　　D. 35~37℃　　E. 40~42℃

考点9：溃疡的种类和治疗方法★★★★

溃疡是指皮肤或黏膜上久不愈合的病理性肉芽组织。溃疡与一般创口的不同之处是愈合迟缓，上皮和瘢痕组织形成不良。临床上常见的溃疡主要有单纯性溃疡、炎症性溃疡、坏疽性溃疡、水肿性溃疡和蕈状溃疡等。

单纯性溃疡的治疗方法：使用加2%~4%水杨酸的锌软膏、鱼肝油软膏等进行治疗。

炎症性溃疡的治疗方法：禁止使用有刺激性的防腐剂。可使用浸有20%硫酸镁或硫酸钠溶液的纱布覆于创面治疗。

坏疽性溃疡的治疗方法：采取全身和局部并重的综合性治疗措施。防止中毒和败血症的发生，早期剪除坏死组织，促进肉芽生长。

水肿性溃疡的治疗方法：应消除病因，局部可涂抗生素软膏、鱼肝油、植物油或包扎血液绷带、鱼肝油绷带等，禁止使用刺激性较强的防腐剂（如樟脑乙醇）。应用强心剂调节心脏机能活动，改善患病动物的饲养管理。

蕈状溃疡的治疗方法：常发生于四肢末端有活动肌腱通过部位的创伤，主要特征是局部出现高出皮肤表面、大小不同、凹凸不平的蕈状突起，其外形恰如散布的真菌，所以称蕈状溃疡。肉芽常呈紫红色，被覆少量脓性分泌物且容易出血。上皮生长缓慢，周围组织呈炎性浸润。

治疗时，如果赘生的蕈状肉芽组织超出皮肤表面很高，可以剪除或切除，也可充分搔刮后进行烧烙止血，还可以用硝酸银棒、氢氧化钾、氢氧化钠、20%硝酸银溶液烧灼腐蚀。有人使用盐酸普鲁卡因溶液在溃疡周围封闭，配合紫外线局部照射取得了较好的治疗效果。

【例题1】治疗水肿性溃疡不得使用的药物是（D）。
A. 鱼肝油　　B. 植物油　　C. 碘甘油　　D. 樟脑乙醇　　E. 红霉素软膏

【例题2】治疗蕈状溃疡的首选药物是（D）。
A. 0.1%高锰酸钾溶液　　　B. 3%甲紫溶液　　　C. 5%鱼石脂软膏

D. 20%硝酸银溶液　　　　E. 鱼肝油软膏

考点10：窦道和瘘管的临床特点和鉴别方法★★★

窦道和瘘管都是狭窄不易愈合的病理管道，其表面被覆上皮或肉芽组织。

窦道和瘘管不同之处在于窦道可发生于机体的任何部位，借助于管道使深在组织（结缔组织、骨或肌肉组织等）的脓窦与体表相通，其管道一般呈盲管状；而瘘管可借助于管道使体腔与体表相通或使空腔器官相互交通，其管道是两边开口。排泄性瘘的特征是经过瘘管向外排泄空腔器官的内容物（如尿、粪等）。

临床上进行窦道和瘘管的鉴别诊断时，主要是采用探查、局部造影及拍摄X线片等手段。

【例题】猪脐疝手术后10d，术部皮肤破溃并有少量粪便自此流出。该猪最可能发生的疾病是（E）。
A. 脐疝　　B. 脐部脓肿　　C. 肠窦道　　D. 肠梗阻　　E. 肠瘘

考点11：外科休克的种类★★★

休克不是一种独立的疾病，而是神经、内分泌、循环、代谢等发生严重障碍在临床上表现出的综合征。其中，以循环血液量锐减、微循环障碍为特征的急性循环不全，是一种组织灌注不良，导致组织缺氧和器官损害的综合征。

临床上，按照发病原因，将休克分为低血容量性休克、创伤性休克、中毒性休克、心源性休克及过敏性休克等。其中低血容量性休克是指动物机体快速丢失血液或体液，以致血容量显著减少，机体来不及代偿引起的休克，又称失血失液性休克。

【例题】属于低血容量性休克的是（E）。
A. 中毒性休克　　B. 心源性休克　　C. 过敏性休克　　D. 感染性休克　　E. 失血性休克

第三章　肿瘤

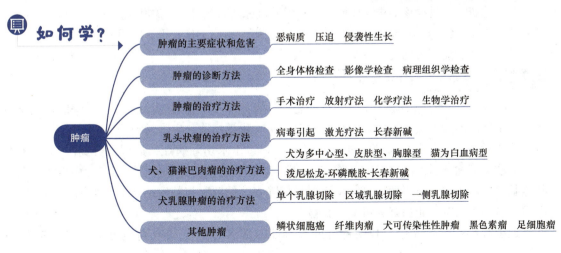

> 本章考点在考试中主要出现在 A1、A2 型题中，每年分值平均 1 分。下列所述考点均需掌握。对于重点内容，希望考生予以特别关注。

考点冲浪

考点1：肿瘤的主要症状和危害★★★

肿瘤症状取决于肿瘤的性质、发生组织和部位及发展程度。肿瘤早期多无明显临床症状，如发生在特定器官上，会出现明显症状。

肿瘤局部症状主要表现为疼痛、组织溃疡、组织出血及功能障碍。良性肿瘤一般无全身症状，但恶性肿瘤常导致机体恶病质。

良性肿瘤对机体的危害主要表现为压迫邻近器官和阻塞中空器官；而恶性肿瘤对机体的危害主要表现为侵袭性生长，由于恶性肿瘤呈现侵袭性生长，与周围组织交错，破坏周围组织，夺取营养，导致机体恶病质，甚至死亡。

【例题】恶性肿瘤对机体的危害主要体现在（ B ）。
A. 膨胀性生长　　B. 侵袭性生长　　C. 产生过量激素
D. 压迫邻近器官　　E. 阻塞中空器官

考点2：肿瘤的诊断方法★★★★

临床上肿瘤诊断的目的在于确定肿瘤的性质，以便制定治疗方案和判断预后。肿瘤的诊断方法包括病史调查、全身体格检查、影像学检查、内镜检查、病理学检查、免疫学检查、酶学检查和基因诊断等。

病理学检查是诊断肿瘤最可靠的方法，主要包括病理组织学检查、临床细胞学检查和分析、定量细胞学检查。病理组织学检查对于鉴别真性肿瘤和瘤样变、肿瘤的良性和恶性、肿瘤的组织学类型与分化程度，以及恶性肿瘤的扩散和转移，起着决定性作用。

病理组织学检查中的活组织检查简称活检，方法有钳取活检、针吸活检、切取或切除活检等，病理组织学检查是临床肿瘤的肯定性诊断。

酶学检查：在肿瘤诊断中采用同工酶和癌胚抗原同时测定，如癌胚抗原（CEA）与 γ-谷氨酰转移酶（γGT）、甲胎蛋白（AFP）与乳酸脱氢酶（LDH）等，既可以提高诊断的准确性，又能反映肿瘤损害的部位及恶性程度。

考点3：肿瘤的治疗方法★★★★★

良性肿瘤的治疗原则是手术切除。而恶性肿瘤如能及早发现与诊断，可以期望获得临床治愈，主要的治疗方法包括手术治疗、放射疗法、化学疗法和生物学治疗等。

手术治疗：前提是肿瘤尚未扩散或转移，通过手术切除病灶，连同部分周围的健康组织，应注意切除邻近的淋巴结。手术应在健康组织范围内进行，尽可能一次整块切除。禁止随意翻动肿瘤组织，可以使用高频电刀尽量切除多余的健康与肿瘤结界部分组织。采用高频电刀、激光刀切割，止血好，可减少扩散。

放射疗法：简称放疗。利用各种射线，如深部 X 线、γ 线或高速电子、中子或质子照射肿瘤，使其生长受到抑制而死亡。分化程度越低、新陈代谢越旺盛的细胞，对放射线越敏感。临床上最敏感的是造血淋巴系统和某些胚胎组织的肿瘤，临床上主要用于造血淋巴系统和某些胚胎组织的肿瘤，如恶性淋巴瘤、骨髓瘤、淋巴上皮癌的治疗。

化学疗法：简称化疗。最早是使用腐蚀药，如硝酸银、氢氧化钾等，对皮肤肿瘤进行灼烧、腐蚀。目前主要使用化疗药物，如烷化剂和氮芥类（白消安、甘露醇氮芥类、环磷酰胺、噻替哌）等药物。植物类抗癌药物有长春新碱和长春花碱等，抗代谢药物有甲氨蝶呤、6-巯基嘌呤等，均有一定疗效。

生物学治疗：应用生物学方法，改善宿主个体对肿瘤的应答反应。生物学治疗包括免疫治疗和基因治疗两大类。这些治疗方法大部分仍处于临床及实验研究阶段。

【例题1】手术切除恶性肿瘤的正确做法是（C）。
A. 可以随意翻动肿瘤　　B. 禁止损伤健康组织　　C. 手术在健康组织内进行
D. 禁止使用高频电刀　　E. 仅摘取肿瘤组织

【例题2】对放疗最敏感的小动物肿瘤是（E）。
A. 平滑肌瘤　　B. 脂肪瘤　　C. 纤维瘤　　D. 骨肉瘤　　E. 恶性淋巴瘤

【例题3】对放射线敏感度高的肿瘤细胞是（D）。
A. 分化程度高、新陈代谢快的细胞　　B. 分化程度低、新陈代谢慢的细胞
C. 分化程度高、新陈代谢慢的细胞　　D. 分化程度低、新陈代谢快的细胞
E. 分化程度与新陈代谢均正常的细胞

考点4：乳头状瘤的治疗方法 ★★★

乳头状瘤是由皮肤或黏膜的上皮转化而成的，是动物最常见的表皮良性肿瘤之一，分为传染性和非传染性两种。

传染性乳头状瘤是由乳头状瘤病毒感染所引起的良性肿瘤。非传染性乳头状瘤多发于犬的口、咽、舌、食管、胃肠黏膜，发生于黏膜的乳头状瘤可呈团块状，但一般无角化现象。一般采用烧烙、冷冻及激光疗法，辅助以抗癌药物是治疗本病的主要措施，长春新碱是辅助治疗犬口腔乳头状瘤的首选药物。

【例题1】牛乳头状瘤的病原是（C）。
A. 寄生虫　　B. 霉菌　　C. 病毒　　D. 需氧菌　　E. 厌氧菌

【例题2】辅助治疗犬口腔乳头状瘤的首选药物是（C）。
A. 酮康唑　　B. 甘露醇　　C. 长春新碱　　D. 氟苯尼考　　E. 环丙沙星

考点5：犬、猫淋巴肉瘤的临床类型与治疗方法 ★★★★

犬淋巴肉瘤有5种解剖类型，即多中心型、消化道型、皮肤型、胸腺型及其他型。化学疗法是治疗犬多中心型淋巴肉瘤最有效的疗法。推荐一种序贯治疗方案，即泼尼松龙-环磷酰胺-长春新碱。

猫淋巴肉瘤又称猫白血病，是猫最为常见的肿瘤。其病原为猫白血病病毒，约有16%的病猫发展为淋巴肉瘤。根据发病部位，猫淋巴肉瘤分为5种类型，即纵隔型、消化道型、多中心型、白血病型与未分类型。治疗方法参照犬淋巴肉瘤的化学疗法。

【例题】犬食欲减退，结膜苍白，体重逐渐下降，全身淋巴结肿胀，扁桃体、肝脏、脾脏均肿大，血液学和病理组织学检查为淋巴瘤，本病最佳的治疗方法是（A）。

A. 化学疗法　　B. 抗生素疗法　　C. 营养疗法　　D. 手术切除肿块　　E. 去势术

考点6：犬乳腺肿瘤的临床特点和治疗方法 ★★★★

犬乳腺肿瘤是母犬临床常见的疾病，多发生于 6 岁以上未绝育的母犬。50% 的犬乳腺肿瘤和 90% 的猫乳腺肿瘤是恶性的。犬乳腺肿瘤类型主要见于良性混合瘤、实体癌、管状腺癌、乳头腺癌、髓样上皮癌等。乳腺癌多通过淋巴管和血管转移到局部淋巴结和肺，有时也转移到肾上腺、肾脏、心脏、肝脏、骨、大脑和皮肤。临床主要表现为乳房部出现大小不等的肿块，最常发部位是尾部的乳腺，多数肿块是可移动的。

治疗方法一般采取手术切除。如果肿瘤小于 3cm，单独通过手术切除治愈率可达 100%。如果肿瘤很大且伴有恶性表现或放射线诊断已有转移，一般需要进行手术加放射疗法和/或化学疗法一起进行。临床上可以选取下列单种乳腺切除方法。

单个乳腺切除：仅切除一个乳腺，又分两种方法，一种方法是单个乳腺摘除术；另一种方法是单个乳腺切除术，即将乳腺及覆盖乳腺区域的皮肤一起切除。

区域乳腺切除：切除几个患病乳腺或切除同一淋巴流向的乳腺。

一侧乳腺切除：切除整个一侧乳腺链，是治疗乳腺肿瘤非常有效可行的方法。

两侧乳腺切除：切除所有乳腺，但限于宽胸、恶性病犬，常需要进行皮肤再建。

【例题1】犬的乳腺肿瘤多发生于（E）。

A. 6 月龄以下幼犬　　B. 1 岁左右母犬　　C. 2~3 岁母犬
D. 初情期前的绝育母犬　　E. 6 岁以上的母犬

【例题2】吉娃娃犬，雌性，6 岁，多个乳头出现肿块，病理组织学检查有低分化移行上皮细胞，最佳治疗方法为切除肿块，同时还要切除（D）。

A. 卵巢　　B. 子宫　　C. 卵巢与子宫
D. 腋下与腹股沟淋巴结　　E. 肾上腺

考点7：鳞状细胞癌与纤维肉瘤的发生部位 ★★★

鳞状细胞癌是指由鳞状上皮细胞转化而来的恶性肿瘤，又称鳞状上皮癌，主要发生于动物皮肤的鳞状上皮和有此种上皮的黏膜（如口腔、食道、阴道和子宫颈等）。

纤维肉瘤是来源于纤维结缔组织的一种恶性肿瘤，主要发生在皮下、黏膜下、筋膜、肌间隔等结缔组织及实质器官。

考点8：犬可传染性性肿瘤的临床特点和治疗方法 ★★

犬可传染性性肿瘤是指通过接触而传播的肿瘤，又被命名为接触传染性淋巴瘤，又称为接触传染性淋巴肉瘤，常见的有犬湿疣、性病肉芽肿瘤、传染性肉瘤等。这种肿瘤主要生长在公犬的阴茎和包皮、母犬的外阴和阴道处。病初以小丘疹出现，慢慢增大为大的肿块，由于血管形成，肿块颜色变红。检查公犬阴茎时，先行麻醉或镇静，以避免疼痛而抗拒检查。

对于犬阴茎肿瘤，可以使用激光刀手术切除结合化学疗法进行治疗，以获得早期治愈。化学疗法多选用植物类抗癌药，目前植物类抗癌药物主要有长春新碱和长春花碱等。外科手术切除最好用激光刀或电刀，以防肿瘤细胞在伤口内的移植，手术后 5 个月内很少复发。因这种肿瘤对放射疗法敏感，可用 X 线放射治疗，治愈率很高。

【例题】犬阴茎肿瘤手术治疗后，常配合注射的植物类抗癌药物是（D）。

A. 白消安　　　B. 环磷酰胺　　　C. 甲氨蝶呤　　　D. 长春新碱　　　E. 6-巯基嘌呤

考点9：黑色素瘤的临床特点和治疗方法★★★

黑色素瘤是指由能制造黑色素的细胞所形成的良性或恶性肿瘤。动物中以马最多发，也可发生于犬、猪、牛。

马的黑色素瘤多见于6岁以上、灰色和白色的马。阿拉伯马具有黑色素瘤高发的基因。这种肿瘤起源于皮肤，多发生在会阴至肛门部位和尾根下面，阴囊、包皮、乳房也可发生。犬黑色素瘤多发于皮肤有色素的老龄犬，主要发生于面部、躯体和四肢皮肤、口腔黏膜等。皮肤黑色素瘤大多数是良性的，而犬口腔黑色素瘤多是恶性的。

黑色素瘤的外观形态差异很大，从黑色斑块至灰色或黑色肿块，皮肤的黑色素瘤为圆形、椭圆形或具有肉茎的瘤体。区域淋巴结、脾脏、肝脏常常成为转移点。采用手术切除或冷冻与化学疗法及免疫疗法配合治疗，效果较好。其中免疫疗法可用卡介苗注射在黑色素瘤切除后的伤口处。

考点10：足细胞瘤的临床特点和治疗方法★★★

足细胞瘤多发生于犬，是犬睾丸肿瘤的一种，主要发生在输精小管。肿瘤若发生在一侧睾丸内，另一侧睾丸出现萎缩，病犬表现雌性化，可见未患病侧睾丸萎缩，两侧对称性脱毛，乳头膨胀，前列腺肿大，愿意接触其他公犬。肿瘤为分叶状，在睾丸内呈灰黄色脂样块，可增大至整个睾丸。治疗方法主要是手术摘除睾丸。

第四章　风湿病

轻装上阵

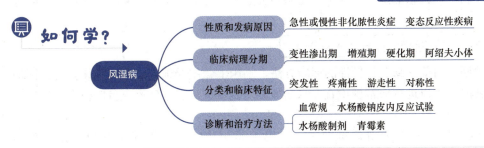

如何考？　本章考点在考试中主要出现在A1、A2型题中，每年分值平均1分。下列所述考点均需掌握。对于重点内容，希望考生予以特别关注。

考点冲浪

考点1：风湿病的性质和发病原因★★★

风湿病是指反复发作的急性或慢性非化脓性炎症。特点是胶原结缔组织发生纤维蛋白变性及骨骼肌、心肌和关节囊中的结缔组织出现非化脓性局限性炎症。本病常侵害对称的肌肉或肌群和关节，有时也侵害心脏，常见于马、牛、羊、猪、家兔和鸡。

发病原因：风湿病是一种变态反应性疾病，并与溶血性链球菌感染有关。另外，风、寒、潮湿、过劳等因素在风湿病的发生上起着重要作用。

【例题】机体多肌群或多关节发生疼痛的疾病是（C）。
A. 骨关节炎　　B. 腱鞘炎　　C. 风湿病　　D. 骨膜炎　　E. 黏液囊炎

考点2：风湿病的临床病理分期★★★★★

风湿病是全身结缔组织的炎症。按照发病过程分为变性渗出期、增殖期和硬化期3期。其中增殖期的特点是在上述病变的基础上出现风湿性肉芽肿或阿孝夫小体，也称为风湿小体、阿绍夫小体，小体中心为纤维素样坏死，周围为淋巴细胞和浆细胞浸润，并有风湿细胞，这是风湿病的特征性病变，是病理上确诊风湿病的依据，且是风湿活动的指标。硬化期是在肉芽肿部位形成瘢痕组织。

【例题1】活动性风湿病的确诊指标是在组织内出现（E）。
A. 巨噬细胞　　B. B淋巴细胞　　C. T淋巴细胞　　D. 红细胞　　E. 阿孝夫小体

【例题2】风湿性肉芽肿中央的特征性病变是（D）。
A. 浆细胞浸润　　　　　B. 淋巴细胞浸润　　　　　C. 风湿细胞浸润
D. 纤维素性坏死　　　　E. 中性粒细胞浸润

考点3：风湿病的分类和临床特征★★★

风湿病的分类方法有两种。根据发病的组织器官，分为肌肉风湿病、关节风湿病、心脏风湿病；根据发病部位，分为颈风湿、肩臂风湿、背腰风湿等。

临床特征：主要是发病的肌群、关节及蹄的疼痛和机能障碍。疼痛表现时轻时重，部位可固定或不固定。具有突发性、疼痛性、游走性、对称性、复发性和活动后疼痛减轻等特点。急性期发病迅速，患部温热、肿胀、疼痛和机能障碍等症状明显，同时出现体温升高等全身症状。

考点4：风湿病的诊断和治疗方法★★★★

风湿病诊断：目前尚缺乏特异性的诊断方法。临床上，主要根据病史和临床表现特征加以判断。必要时，可以进行血常规检查、水杨酸钠皮内反应试验、C反应蛋白检查、抗核抗体检查等辅助诊断。

血常规检查显示血红蛋白含量增多，淋巴细胞减少，嗜酸性粒细胞减少，血沉加快。水杨酸钠皮内反应试验是使用0.1%水杨酸钠分数点注入颈部皮内，注射前和注射后30min、60min分别检查白细胞总数，白细胞总数有一次比注射前减少1/5，即判断为风湿病阳性。

风湿病治疗：治疗原则是消除病因、加强护理、祛风除湿、解热镇痛、消除炎症。应用大剂量的水杨酸制剂治疗风湿病，特别是治疗急性肌肉风湿病疗效较好，而对慢性风湿病疗效较差。另外，应用皮质激素类药物能明显改善风湿性关节炎的症状，但容易复发；应用抗生素可以控制链球菌感染，预防风湿病的发生。抗生素药物首选青霉素，不主张使用磺胺类抗菌药物治疗。应用针灸治疗风湿病有一定的治疗效果。

【例题】治疗急性风湿病时，除应用解热镇痛药外，首选的抗菌药是（B）。
A. 链霉素　　　B. 青霉素　　　C. 甲硝唑　　　D. 利福平　　　E. 卡那霉素

第五章　眼病

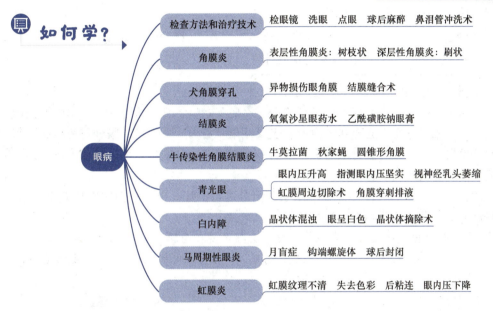

如何考？ 本章考点在考试中主要出现在 A1、A2 型题中，每年分值平均 1 分。下列所述考点均需掌握。对于角膜炎、青光眼、白内障等重点内容，希望考生予以特别关注。

考点 1：眼科的检查方法和治疗技术 ★★★

眼科的检查一般采用视诊和触诊的方法，检查眼的各个部位。

视诊时，主要观察眼睑有无外伤、肿胀、结膜颜色、分泌物、角膜混浊程度、有无新生血管、虹膜色彩和纹理、瞳孔大小和光反应、晶状体有无混浊和色素斑点等。触诊主要检查眼睑的肿胀、温热程度、眼的敏感度和眼内压的高低。必要时，利用检眼镜。

检眼镜的种类很多，分为直接检眼镜和间接检眼镜。使用直接检眼镜所看到的眼底像是放大约 16 倍的正像；用间接检眼镜所看到的眼底像是放大 4~5 倍的倒像。常用的 May 氏检眼镜为直接检眼镜。

眼病的治疗技术包括洗眼、点眼和球后麻醉技术、鼻泪管冲洗术等。洗眼是指在对动物的患眼进行治疗前，必须先将 2% 硼酸溶液或生理盐水装入医用洗眼壶内冲洗患眼，也可利用不带针头的注射器冲洗患眼，大动物经鼻泪管冲洗更为充分。点眼一般使用眼药水或眼药膏。

球后麻醉又称为眼神经传导麻醉，多用于眼球手术（如眼球摘除手术）。一般使用2%~3%盐酸普鲁卡因溶液15~20mL进行注射。

鼻泪管冲洗术的主要目的是排除鼻泪管内可能存在的异物和炎性分泌物，可以治疗鼻泪管阻塞。主要方法是在犬下泪点探入稍弯的钝头冲洗针头，深度为1cm左右，接注射器，用普鲁卡因青霉素溶液反复冲洗至鼻泪管畅通。如犬骚动剧烈，应进行全身麻醉，防止意外损伤。马可在鼻前庭找到鼻泪管开口，插入针头，做逆向冲洗，更为方便。先天性鼻泪管闭锁，可以施行手术造口。

【例题】兽医临床上常用的洗眼液是（D）。
A. 2%煤酚皂　　B. 2%过氧乙酸　　C. 2%苯扎溴铵
D. 2%硼酸　　E. 2%高锰酸钾

考点2：角膜炎的临床特征和治疗方法 ★★★★

角膜炎的临床特征：主要表现为畏光、流泪、疼痛、眼睑闭合、角膜混浊、角膜缺损或溃疡，角膜周围形成新生血管或睫状体充血。表层性角膜炎的血管来自结膜，呈树枝状分布于角膜面上；深层性角膜炎的血管来自角膜缘的毛细血管网，呈刷状。细菌性或真菌性角膜溃疡，做微生物培养及药物敏感试验，有助于治疗。

治疗方法：犬、猫角膜炎使用氧氟沙星眼药水等进行治疗。也可以使用中药如拨云散、决明散、明目散治疗间质性角膜炎或慢性角膜炎。

【例题1】角膜上出现树枝状新生血管，提示炎症主要在角膜（A）。
A. 浅层　　B. 深层　　C. 后弹力层　　D. 上皮细胞层　　E. 内皮细胞层

【例题2】拨云散适用治疗的眼病是（C）。
A. 卡他性结膜炎　　B. 化脓性结膜炎　　C. 间质性角膜炎
D. 溃疡性角膜炎　　E. 虹膜睫状体炎

考点3：犬角膜穿孔的修复方法 ★★★

引起角膜穿孔最常见的原因是异物或外力直接损伤眼角膜。此外，化学物质的灼伤、眼睑结构异常、睫毛异常或眼睛周围被毛过长、角膜或眼睛本身的疾病等均可引起本病。

对角膜愈合差或不愈合的顽固性病例及深层角膜溃疡或角膜穿孔的病例，则必须在进行手术疗法，可在角膜清创后，采用附近的球结膜做成结膜瓣来修复或重建眼角膜，犬角膜穿孔修复可采用结膜缝合术。

【例题1】犬角膜穿孔修复的方法是（B）。
A. 皮瓣遮盖术　　B. 结膜缝合术　　C. 结膜瓣遮盖术
D. 瞬膜瓣遮盖术　　E. 眼睑皮片遮盖术

【例题2】治疗直径2~3mm的角膜穿孔宜采用的方法是（C）。
A. 用10%氯化钠溶液每天3~5次点眼
B. 用40%葡萄糖溶液或自家血点眼
C. 用眼科无损伤缝合针和可吸收缝线进行缝合
D. 用青霉素、普鲁卡因、氢化可的松做膜下注射
E. 用中成药拨云散治疗

考点 4：结膜炎的发病原因和治疗方法 ★★★

结膜炎的临床特征：主要表现为畏光、流泪、结膜充血、结膜浮肿、眼睑痉挛、渗出物和白细胞浸润。

发病原因：细菌、支原体和衣原体性结膜炎通常为一只眼发病，间隔一段时间可波及另一只眼，且一般广谱抗生素治疗有效。

治疗方法：基本治疗方法是去除病因，治疗原发病，将动物放在光线暗的房间内，或装眼绷带，用硼酸清洗患眼，对于不同类型的结膜炎，进行对症疗法。犬、猫结膜炎使用氧氟沙星眼药水、红霉素眼膏、金霉素眼膏等。病毒性结膜炎用 5% 乙酰磺胺钠眼膏。

【例题】治疗结膜炎的原则不包括（A）。
A. 手术疗法　　B. 遮挡光线　　C. 除去病因　　D. 对症治疗　　E. 清洗患眼

考点 5：牛传染性角膜结膜炎的发病原因和临床特征 ★★★★

牛传染性角膜结膜炎是世界范围分布的一种高度接触性、传染性眼病，广泛流行于青年牛和犊牛中。通常多侵害一只眼，然后侵及另一只眼，两只眼同时发病的较少。

临床特征：主要表现为畏光、流泪、眼睑痉挛和闭锁、局部升温，眼分泌物增多，出现角膜炎和结膜炎的特征。角膜中央出现轻度混浊，用荧光素点眼，稍能着染；角膜（尤其中央）呈微黄色，角膜周边可见新生的血管。严重者出现角膜溃疡，角膜破溃并穿孔，形成葡萄肿。

牛传染性角膜结膜炎分为急性、亚急性、慢性和带菌型。特点是后期角膜混浊从角膜的边缘开始消散，慢慢扩散到中央。特别是犊牛，由于角膜实质突出，形成圆锥形角膜，是本病的特征性病变。

发病原因：已证实牛传染性角膜结膜炎是由牛莫拉菌所引起的，牛莫拉菌的菌毛有助于该菌黏附于角膜上皮，使角膜感染，阳光中的紫外线可以损伤牛角膜上皮细胞从而诱发本病。任何季节都可发生牛传染性角膜结膜炎，但以夏、秋季多发，秋家蝇是传播牛莫拉菌的主要昆虫媒介，这些秋家蝇将莫拉菌强毒株从感染牛眼鼻分泌物携带至未感染牛眼中，导致发病。

【例题 1】牛传染性角膜结膜炎的诱发因素是（B）。
A. 红外线　　B. 紫外线　　C. X 线　　D. 蠕形螨　　E. 衣原体

【例题 2】夏季，某牛场 1/4 的牛单眼或双眼畏光、流泪、眼睑痉挛，眼分泌物增多；角膜周边可见新生血管，角膜混浊，严重者出现角膜溃疡。体温 40.5~41.5℃，精神沉郁，食欲减退。确诊本病最好采用（C）。
A. 检眼镜检查　　　　B. 角膜成像检查　　　　C. 微生物学检查
D. 阿托品散瞳检查　　E. 荧光素点眼试验

考点 6：青光眼的临床特征和治疗方法 ★★★

青光眼是指由于眼房角阻塞，房水排出受阻，眼内压升高所致的疾病，发生于一只眼或双眼，多见于小动物（家兔、犬、猫）。

临床特征：病初视诊病眼如好眼一样，但无视觉，眼内压升高，眼球增大，视力大为减弱，虹膜及晶状体向前突出，瞳孔散大，失去对光反射能力。在暗厩或阳光下，可见患眼呈绿色或浅青绿色。最初角膜是透明的，后则变为毛玻璃状。用检眼镜检查时，可见视神经乳头萎缩和凹陷，晚期视神经乳头呈苍白色，指测眼内压呈坚实感。

治疗方法：目前还没有特效的治疗方法。一般使用β受体阻断药噻吗洛尔（Timolol）点眼，对青光眼治疗有一定效果。角膜穿刺排液可以作为治疗急性青光眼病例的一种临时性措施。可以采取巩膜打孔结膜覆盖滤过术、虹膜周边切除术小梁切除术、睫状体冷凝术等手术方法进行治疗。

【例题1】因房水排泄受阻，导致视力减退或丧失的眼病是（D）。
A. 结膜炎　　　B. 角膜炎　　　C. 虹膜炎　　　D. 青光眼　　　E. 白内障

【例题2】青光眼的主要症状是（A）。
A. 眼内压升高　B. 房水混浊　　C. 晶状体混浊　D. 角膜混浊　　E. 泪液增多

【例题3】治疗青光眼的手术不包括（C）。
A. 巩膜打孔结膜覆盖滤过术　　B. 小梁切除术　　　　　C. 晶状体摘除术
D. 睫状体冷凝术　　　　　　　E. 虹膜周边切除术

考点7：白内障的临床特征和治疗方法★★★

临床特征：主要表现为晶状体或晶状体及其囊混浊，瞳孔变色、视力消失或减退，混浊明显时，肉眼检查即可确诊，眼呈白色或蓝白色。

检眼镜检查：眼底反射强度是判断晶状体混浊度的良好指标，眼底反射下降得越多，晶状体的混浊越完全，混浊部位呈黑色斑点。白内障不影响瞳孔的正常反应。

治疗方法：一般施行晶状体摘除术或晶状体乳化白内障摘除术。另外，也可实施人工晶状体置换术，目前国外已经有用于马、犬、猫的人工晶状体。

【例题】犬，8岁，双侧视力障碍，检查发现双侧瞳孔发白。对该病犬应采取的治疗手术是（B）。
A. 瞬膜切除术　　　　　　　B. 晶状体置换术　　　　　C. 角膜移植术
D. 虹膜周边切除术　　　　　E. 虹膜打孔术

考点8：马周期性眼炎的临床特征和治疗方法★★★★

马周期性眼炎，又称马再发性色素层炎，常发生于马、骡，是马、骡失明的主要原因。本病呈周期性发作，曾被误认为与月亮的盈亏有关，所以有月盲症之称。现确认本病初发时是色素层的周期性再发性炎症，其后侵害整个眼球，引起眼球萎缩，终致失明。业界普遍认为本病的发病原因主要是钩端螺旋体感染。

临床上人为将本病分为3个时期，即急性期（疾病初发期）、间歇期（慢性变化期）和再发期。

急性期：主要表现为突然发病、畏光、流泪、眼睑肿胀闭锁。指压眼球，局部升温，出现疼痛反应，由眼角流出大量黏液性泪液，结膜充血，角膜无光泽，有红褐色纤维蛋白小块覆盖。随后角膜混浊，出现新生血管，角膜周围血管呈刷状充血，以后会完全混浊。虹膜失去固有色彩，瞳孔缩小，对散瞳药的反应不明显。晶状体呈泛发性混浊，视神经乳头呈黄色，周围变暗。玻璃体可见絮状或线状的混浊。

间歇期：表现为急性炎症现象消失，眼球出现萎缩，眼内角出现炎性脓性眼屎，早晨更为明显。角膜混浊，虹膜萎缩变色并呈枯叶状，玻璃体可见漂浮的色素斑点，视神经乳头萎缩，视网膜萎缩或脱离，眼球容积缩小，出现第三眼角。

再发期：表现为间隔4~6周后，再次出现急性期临床特征，但比第一次轻得多。如此反复发作，致使晶状体完全混浊或脱位，玻璃体混浊，与视网膜脱离，使患眼失明。

对于急性期病马的治疗，一般采用0.5%盐酸普鲁卡因、青霉素和泼尼松进行球后封闭，效果显著，隔1d注射1次，经过2~3次即可康复。链霉素具有延长间歇期的作用。

考点9：虹膜炎的临床特征★★★

虹膜炎分为原发性虹膜炎和继发性虹膜炎两种。原发性虹膜炎多是由于虹膜损伤和眼房内寄生虫的刺激；继发性虹膜炎继发于各种传染病（如流行性感冒、全身性霉菌病、幼虫迷走性移行、口蹄疫、鼻疽和牛恶性卡他热），也可能是邻近组织炎症蔓延的结果，如晶状体破裂和白内障。

临床特征：主要表现为患眼畏光、流泪、升温、疼痛剧烈。虹膜由于血管扩张和炎性渗出致使肿胀变形，纹理不清，并失去其固有的色彩和光泽。眼前房由于渗出物的蓄积而混浊。由于房水混浊变性和睫状前动脉扩张，角膜呈轻度弥漫性混浊。由于瞳孔缩小和调节不良，易形成后粘连。虹膜炎时眼内压常下降。

治疗：一般是应将病畜系于暗厩内，装眼绷带。局部以用散瞳药点眼为主，常用1%硫酸阿托品溶液滴眼，也可应用抗生素溶液点眼。疼痛显著时可温敷。严重病例可以结膜下注射皮质类固醇，全身应用抗生素。

【例题】黄牛，4岁，体温40.5℃，厌食、流涎、跛行；两眼畏光、流泪、轻度肿胀，角膜及眼前房水混浊，瞳孔缩小，虹膜纹理不清，失去其固有的色彩。该病牛的诊断是（C）。

A. 角膜炎　　　B. 结膜炎　　　C. 虹膜炎　　　D. 视网膜炎　　　E. 青光眼

第六章　头、颈部疾病

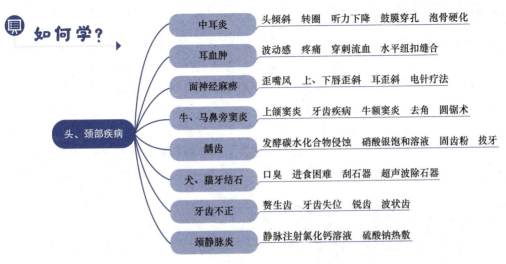

如何考？ 本章考点在考试中主要出现在 A1、A2 型题中，每年分值平均 1 分。下列所述考点均需掌握。对于重点内容，希望考生予以特别关注。

考点冲浪

考点1：中耳炎的临床特征、诊断方法与治疗方法 ★★★

中耳炎是指鼓室及咽鼓管（耳咽管）的炎症。各种动物均可发生，但以猪、犬和兔多发。中耳炎多继发于上呼吸道感染，其炎症蔓延至咽鼓管，再蔓延至中耳而引起；外耳炎、鼓膜穿孔也可引起中耳炎。链球菌和葡萄球菌是中耳炎常见的病原菌。

临床特征：无特异性临床症状。单侧性中耳炎和内耳炎时，动物将头倾向患侧，患耳下垂，头向一侧倾斜，有时出现转圈运动；两侧性中耳炎和内耳炎时，动物头颈伸长，以鼻触地；化脓性中耳炎时，动物体温升高，有时横卧或出现阵发性痉挛等症状，炎症蔓延至内耳时，动物表现听力下降、耳聋和平衡失调、转圈、头颈倾斜而倒地。

诊断方法：耳镜检查可见鼓膜穿孔；X 线检查发现急性中耳炎，可见鼓室积液；慢性中耳炎，可见鼓室泡骨发生硬化性变化（增生）。

治疗方法：中耳炎的治疗一般采用中耳腔冲洗、中耳腔刮除、抗生素滴耳和全身应用抗生素的方法。常用的抗生素有阿莫西林和克拉维酸、头孢菌素、诺氟沙星等。慢性中耳炎伴有鼓泡骨硬化和骨髓炎性中耳炎，需施行鼓泡骨切除术。

【例题1】中耳炎的发病部位是（D）。
A. 垂直外耳道　　B. 水平外耳道　　C. 骨迷路和膜迷路
D. 鼓室和咽鼓室　　E. 耳郭

【例题2】犬，5 岁，头向一侧倾斜，有时出现转圈运动。体温 39.7℃，听力下降。耳镜检查见鼓膜穿孔，X 线检查鼓室泡骨增生。本病不宜采用的治疗方法是（A）。
A. 电烧灼　　B. 耳腔冲洗　　C. 抗生素滴耳　　D. 中耳腔刮除　　E. 全身应用抗生素

考点2：耳血肿的临床特点和治疗方法 ★★

耳血肿是指耳部组织受到钝性或锐性暴力打击，较大血管断裂，血液流至耳软骨与皮肤之间的疾病。本病多发生于耳郭内面，各种动物均可发生，多见于猪、犬、猫。

若耳郭内面的耳前动脉损伤时，耳郭内面迅速形成血肿，触之有波动感和疼痛反应，因出血凝固，析出纤维蛋白，触诊有捻发音。在耳郭外面形成的血肿，耳增厚数倍，下垂，耳部皮肤变成暗紫色，穿刺可见血液流出。血肿感染后可形成脓肿。

小血肿不经治疗也可自愈。大血肿不宜过早手术，一般在血肿形成数天后，于肿胀最明显处切开，排除积血和血凝块后，将切口做水平纽扣缝合。装置压迫绷带，耳郭保持干净，防蚊虫叮咬。

考点3：面神经麻痹的临床特征与治疗方法 ★★★

中兽医称面神经麻痹为"歪嘴风"，主要见于马属动物。犬多发于 6~7 岁的西班牙长耳犬和拳师犬。面部神经控制面部肌肉的活动、感觉和唾液分泌等，临床上面神经麻痹以单侧性多见。主要表现为患侧耳歪斜或下垂、上眼睑下垂，眼睑反应消失，鼻孔下塌，通气不畅，上、下唇歪斜，出现采食、饮水困难。

治疗方法：应积极治疗原发病，消除致病因素，然后采取对症治疗。一般采用红外线疗法、感应电疗法或硝酸士的宁离子透入疗法，或采用电针疗法。

考点4：牛、马鼻旁窦炎的发病原因、临床特征与治疗方法★★★

鼻旁窦炎是指鼻腔周围头骨内的含气空腔，包括额窦、上颌窦、蝶腭窦、筛窦等的炎症。临床上常见的是额窦炎和上颌窦蓄脓，前者多发于牛，后者多发于马。

发病原因：由于上颌窦与牙齿是相连的，马的上颌窦炎和蓄脓主要是由牙齿疾病所引起；牛额窦炎和蓄脓主要是由低位角折或去角不良所引起，尤其是水牛。

临床特征：病初由一侧鼻孔流出少量浆液性鼻液，一般不被畜主注意，尤其是牛，常被舌舐去而不被发现，直至额骨发生隆起，或是眶后憩室部的额骨增厚时才被发现。随病程的发展，分泌物转为黏性脓性，排出量增多，大多数呈现一侧鼻漏。额骨蓄脓形成足够压力时，出现脑障碍症状。

治疗方法：一般在患病动物的额窦和上颌窦处选择适当位置，施行圆锯术治疗。术后，皮肤可不缝合或做假缝合，外施以绷带。

【例题1】马发生上颌窦炎和蓄脓的主要原因是（C）。
A. 马腺疫　　B. 马鼻疽　　C. 牙齿疾病　　D. 鼻腔炎症　　E. 放线菌病

【例题2】治疗牛额窦蓄脓常采用（B）。
A. 穿刺术　　B. 圆锯术　　C. 外敷术　　D. 内服药　　E. 放疗

考点5：龋齿的发病病因、临床特征与治疗方法★★★

发病原因：主要是由于口腔内发酵碳水化合物的细菌产生酸性物质，侵蚀牙齿的表面、齿冠、釉质表面或齿根齿骨质表面，使其脱钙、分离及破坏。

临床特征：发病齿常有呈褐色的齿斑或齿石，其釉质和齿骨形成凹陷、空洞，用尖的探针探查，病变部柔软，并可出现反射性颌部打战。犬常发部位为第一上臼齿齿冠，猫则多见于露出的臼齿或犬齿。

治疗方法：定期检查牙齿。一度龋齿可用硝酸银饱和溶液涂擦龋齿面；二度龋齿应彻底除去病变组织，消毒并填充固齿粉；三度龋齿施行拔牙。

【例题】犬龋齿常发部位是（E）。
A. 上门齿　　B. 下门齿　　C. 上犬齿　　D. 下犬齿　　E. 第一上臼齿

考点6：犬、猫牙结石的治疗方法★★★

犬、猫牙结石根据部位，分为齿龈上牙结石和齿龈下牙结石。牙结石牢固附着于牙面，质地坚硬致密，通常为黄白色。临床表现为口臭、进食困难、消化功能障碍。

除去牙结石主要采取刮治法，可以使用刮石器或超声波除石器除去牙结石。但清除齿龈下牙结石不宜使用超声波除石器，以防损伤牙周组织。

【例题】治疗犬、猫牙结石的最有效方法是（E）。
A. 刷牙　　B. 冲洗　　C. 消炎　　D. 拔牙　　E. 刮除

考点7：牙齿不正的种类和治疗方法 ★★★

牙齿不正分为牙齿发育异常和牙齿磨灭不正。牙齿发育异常的种类主要有赘生齿、牙齿更换不正常、牙齿失位、齿间隙过大；牙齿磨灭不正的种类主要有斜齿（锐齿）、过长齿、波状齿、阶状齿和滑齿。

治疗方法：一般采取修整的方法；或用塑料镶补堵塞漏洞进行治疗。

【例题】属于牙齿发育异常的是（E）。

A. 斜齿　　　B. 过长齿　　　C. 波状齿　　　D. 滑状齿　　　E. 赘生齿

考点8：颈静脉炎的种类、临床特征和治疗方法 ★★★

颈静脉炎是颈静脉血管内膜增生，管腔变窄，血流缓慢的一种炎症。常见的病因是颈静脉采血、放血、注射等不按照无菌操作规程，反复地刺激或损伤颈静脉及其周围组织，更严重的是不按照药理的规定将刺激性强的药物误注入颈部肌肉中，或在颈静脉注射氯化钙、水合氯醛等，漏至颈静脉外，导致无菌性颈静脉周围炎，从而继发颈静脉炎。

根据炎症发生的范围和性质，颈静脉炎分为单纯颈静脉炎、颈静脉周围炎、血栓性颈静脉炎、化脓性颈静脉炎、出血性颈静脉炎等。

临床特征：周边皮肤呈现血性红斑，有时伴有水肿，以后逐渐消退，充血被色素沉着代替，红斑转变成棕褐色。本病主要发生于马、牛、羊等各种家畜，以大中家畜多见。

治疗方法：静脉注射氯化钙溶液等刺激性药物漏至皮下导致的颈静脉炎，应立即停止注射，并向局部隆起处注入生理盐水，用20%硫酸钠热敷。如果氯化钙漏出，一般可在局部注射10%~20%硫酸钠溶液，以使氯化钙形成无刺激性的硫酸钙。

【例题1】颈静脉注射时，漏注可引起较严重颈静脉周围炎的注射液是（A）。

A. 5% 水合氯醛　　　B. 0.5% 普鲁卡因　　　C. 5% 葡萄糖溶液

D. 生理盐水　　　　E. 复方氯化钠注射液

【例题2】静脉注射氯化钙溶液漏至皮下导致的颈静脉炎，最佳的治疗方法是（E）。

A. 局部冷敷　　　B. 局部热敷　　　C. 局部生理盐水冲洗

D. 局部涂红霉素软膏　　　E. 局部注射 10%~20% 硫酸钠

第七章　胸、腹壁创伤

本章考点在考试中主要出现在 A1 型题中，每年分值平均 1 分。下列所述考点均需掌握。对于重点内容，希望考生予以特别关注。

考点冲浪

考点1：胸壁透创并发症的种类和治疗原则 ★★★★

胸壁透创是指穿透胸膜的胸壁创伤，一般是由尖锐物体刺穿胸壁，甚至造成内脏器官损伤的一种穿透创，临床上常突然发生。发生胸壁透创时，胸腔内的脏器往往同时造成损伤，继发气胸、血胸、脓胸、胸膜炎、肺炎及心脏损伤等。

气胸：由于胸壁及胸膜破裂，空气经创口进入胸腔所引起。胸腔为负压状态，一旦胸壁完整性遭破坏，空气快速进入胸腔，破坏负压状态，立即导致气胸。根据发生的情况不同，气胸分为闭合性气胸、开放性气胸（造成纵隔摆动）、张力性气胸（活瓣性气胸）3种。

血胸：胸部大血管受损，血液积于胸腔内的病症。若与气胸同时发生，称为血气胸。肺部和心脏的大血管、胸内动脉等受损后破裂，出血十分严重。

脓胸：胸壁透创后胸膜腔发生的严重化脓性感染，常在胸壁透创后 3~5d 出现。临床表现为体温升高，心跳加快，可视黏膜发绀或黄染，白细胞总数升高，核左移。

胸膜炎：是壁层和脏层胸膜的炎症，是胸壁透创早期常见的最严重并发症，预后不良，常导致死亡。

治疗原则：对胸壁透创的治疗，主要是及时闭合创口，制止内出血，排出胸腔内的积气与积血，恢复胸腔内负压，维持心脏功能，防止休克和感染。

【例题1】胸壁透创的主要并发症是（E）。
A. 肺充血　　B. 肺水肿　　C. 肺炎　　D. 肺泡气肿　　E. 气胸

【例题2】胸壁透创后的纵隔摆动主要出现在（D）。
A. 血胸　　　　　　B. 脓胸　　　　　　C. 闭合性气胸
D. 开放性气胸　　　E. 混合性气胸

【例题3】胸壁透创，早期最严重的并发症是（A）。
A. 胸膜炎　　　　　B. 胸腔蓄脓　　　　C. 闭合性气胸
D. 开放性气胸　　　E. 张力性气胸

考点2：腹壁透创的发病原因和并发症 ★★★

腹壁透创是指穿透腹膜的腹壁创伤。本病多伤及腹腔脏器，严重者可致内脏脱出，继发内脏坏死、腹膜炎或败血症，甚至死亡。本病主要是由于锐性物体的刺穿、切割等引起。此外，还可见于剖腹术后并发症及动物相互撕咬。

腹壁透创的主要并发症是腹膜炎和败血症，若伴随实质器官出血，会引起休克、心力衰竭和死亡。

【例题】动物发生腹壁透创，常继发（D）。
A. 贫血　　B. 水肿　　C. 肾衰竭　　D. 腹膜炎　　E. 心力衰竭

第八章　疝

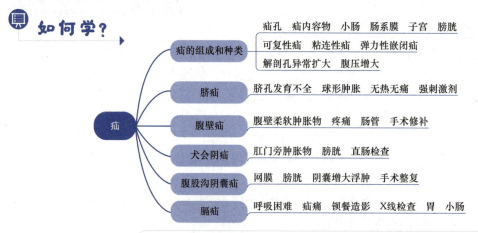

本章考点在考试四种题型中均会出现，每年分值平均2分。下列所述考点均需掌握。各类疝是考查最为频繁的内容，每年必考。希望考生予以特别关注。

考点1：疝的组成、种类和发病原因★★★★★

疝是指腹部的内脏器官从自然孔道或病理性破裂孔脱至皮下或其他解剖腔的一种常见病。各种家畜均可发生，但以猪、马、牛、羊更为常见。

疝的组成主要包括疝孔（疝轮）、疝囊和疝内容物。疝孔是指自然孔的异常扩大（如脐孔、腹股沟环）或是腹壁上任何部位病理性的破裂孔（如钝性暴力造成的腹肌撕裂），内脏可由此而脱出；疝囊由腹膜及腹壁的筋膜、皮肤等构成，腹壁疝的最外层常为皮肤，典型的疝囊包括囊口（囊孔）、囊颈、囊体及囊底；疝内容物是指通过疝孔脱出到疝囊内的一些可移动的内脏器官，常见的有小肠、肠系膜、网膜，其次为瘤胃、皱胃、肝脏，偶尔有子宫、膀胱等。

疝的种类：根据动物发病的解剖部位，疝分为脐疝、腹股沟阴囊疝、腹壁疝、会阴疝、膈疝等类型。

根据疝内容物可否还纳，分为可复性疝和不可复性疝。不可复性疝根据病理情况分为粘连性疝和嵌闭性疝。嵌闭性疝又分为粪性、弹力性和逆行性嵌闭疝。以上3种嵌闭性疝都可导致肠壁血管压迫、瘀血和肠管坏死。其中弹力性嵌闭疝是指由于腹内压升高，使腹膜和肠系膜被高度牵张而引起疝孔周围肌肉反射性痉挛，疝孔显著缩小的疝。逆行性嵌闭疝是由于游离于疝囊内的肠管的一部分通过疝孔回入腹腔，两者均受到疝孔的弹力压迫从而造成血液循环障碍的疝。

发病原因：引起疝的常见病因主要是某些解剖孔（脐孔、腹股沟环等）的异常扩大、膈肌发育不全、机械性外伤、腹压增大、仔猪（母猪）去势不当等。

【例题1】腹腔内的组织器官从异常扩大的自然孔道或病理性破裂孔脱至皮下或其他解剖腔所得的疾病称（A）。

　　A. 疝　　　　B. 肠套叠　　　　C. 瘘　　　　D. 挫伤　　　　E. 坏疽

【例题2】游离于疝囊内的肠管，其中一部分通过疝孔回入腹腔，两者均受到疝孔的弹力压迫，造成血液循环障碍的疝称为（E）。

　　A. 可复性疝　　　　　　B. 粘连性疝　　　　　　C. 粪性嵌闭疝
　　D. 弹力性嵌闭疝　　　　E. 逆行性嵌闭疝

【例题3】由于腹内压升高，使腹膜和肠系膜被高度牵张而引起疝孔周围肌肉反射性痉挛，疝孔显著缩小的疝称为（D）。

　　A. 粘连性疝　　B. 可复性疝　　C. 粪性嵌闭疝　　D. 弹力性嵌闭疝　　E. 逆行性嵌闭疝

【例题4】与动物腹压无关的疝为（B）。

　　A. 脐疝　　　　B. 脑疝　　　　C. 会阴疝　　　　D. 腹壁疝　　　　E. 腹股沟阴囊疝

考点2：脐疝的发病原因、临床特征和治疗方法★★★

　　发生原因：原因主要是脐孔发育不全、没有闭锁、脐部化脓或腹壁发育缺陷等。各种家畜均可发生，但以仔猪、犊牛为多见。

　　临床特征：脐部呈现局限性球形肿胀，质地柔软。病初多数能在挤压疝囊或改变体位时，疝内容物还纳到腹腔，并可摸到疝轮，仔猪和幼犬在饱腹或挣扎时脐疝增大，压迫肿胀可缩小，皮肤无红、热、痛等炎性反应。听诊时可听到肠蠕动音。

　　治疗方法。一般采取保守疗法和手术疗法两种方法。

　　1）保守疗法。适用于治疗疝轮较小、年龄小的动物。可以用疝带（皮带或复绷带）、强刺激剂（重铬酸钾软膏）等促进局部炎性增生，闭合疝口。

　　2）手术疗法。术前禁食，全身麻醉或局部浸润麻醉，仰卧保定或半仰卧保定，切口在疝囊底部，呈梭形，按常规无菌技术施行手术，还纳疝囊内的脏器。若疝轮较小，可做荷包缝合或纽扣缝合，但缝合前需将疝轮光滑面做轻微切割，形成新鲜创面，在闭合疝轮后，需要分离囊壁形成左、右两个纤维组织瓣，将一侧纤维组织瓣缝在对侧疝轮外缘上，然后将另一侧的组织瓣缝在对侧组织瓣的表面上，修整皮肤创缘，皮肤做结节缝合。

【例题1】藏獒犬，6月龄，近来腹底部出现拳头大小的肿胀，精神、食欲无异常。麻醉后检查肿胀较柔软，有弹性，无波动，按压可缩小。该肿胀可以初步诊断为（A）。

　　A. 脐疝　　　　B. 脐带炎　　　　C. 脐部肿瘤　　　　D. 脐部脓肿　　　　E. 脐部血肿

【例题2】马驹脐疝修补术的适宜保定方法是（B）。

　　A. 侧卧保定　　B. 仰卧保定　　C. 俯卧保定　　D. 站立保定　　E. 侧立保定

【例题3】手术治疗仔猪脐疝，常采用的麻醉方法是（D）。

　　A. 表面麻醉　　　　　　　B. 传导麻醉　　　　　　　C. 硬膜外麻醉
　　D. 局部浸润麻醉　　　　　E. 蛛网膜下腔麻醉

考点3：腹壁疝的发病原因、临床特征和治疗方法★★★

　　发病原因：腹壁疝发生于各种家畜，由于腹肌或腱膜受到钝性外力的作用而形成腹壁疝的较为多见。

临床特征：腹壁受伤后局部突然出现一个局限性扁平、柔软的肿胀，触诊时有疼痛，常为可复性，用力推压内容物可还纳腹腔，多数可摸到疝轮。腹膜破裂的腹壁疝其疝囊总是相对较大。腹壁疝患病动物肿胀部位，听诊时可听到皮下的肠蠕动音。腹壁疝内容物多为肠管（小肠），但也有网膜、皱胃、瘤胃、膀胱、妊娠子宫等各种脏器，并经常与相近的腹壁或皮肤粘连。

治疗方法：对于腹壁疝的治疗，可以采用两种方法。保守疗法，如封闭疗法、涂擦刺激剂、安置压迫绷带等，适用于初发的疝轮较小的病例；对于疝轮较大的病例，一般采用手术疗法进行修补。

【例题】奶牛，5岁，右侧腹壁有一直径约30cm的肿胀物，触诊局部柔软，用力推压内容物可还纳腹腔，并可摸到腹壁有一直径约10cm的破裂孔，最佳治疗方案是（B）。

A．热敷　　　B．手术修补　　　C．封闭疗法　　　D．涂擦刺激剂　　　E．安置压迫绷带

考点4：犬会阴疝的发病原因和临床特征★★★★

会阴疝是指由于盆腔组织缺陷，腹膜及腹腔脏器向骨盆腔后结缔组织凹陷内突出，以致向会阴部皮下脱出的现象。疝内容物多为膀胱、肠管或子宫等。

临床特征：大小便不畅，在肛门、阴门近旁或其下方出现无热、无痛、柔软的肿胀，常为一侧性，肿胀对侧肌肉松弛。如疝内容物为膀胱时，挤压肿胀有时可见到喷尿，患病动物频频排尿，但量不多或无尿。用手由上向下挤压肿胀时会逐渐缩小，并伴随被动性排尿，松手时又可增大。直肠检查有助于会阴疝的确诊。

【例题】犬，7岁，雄性，近日在肛门旁出现无热、无痛、界线明显、柔软的肿胀物，大小便不畅。本病最可能的诊断是（B）。

A．会阴部肿瘤　　B．会阴疝　　　C．淋巴外渗　　　D．肛门腺炎　　　E．肛周蜂窝织炎

考点5：腹股沟阴囊疝的临床特征和治疗方法★★★★

临床特征：腹股沟阴囊疝多见于公马和公猪。腹股沟疝常在内容物被嵌闭，出现腹痛时才发现，或只有当疝内容物下坠至阴囊，发生腹股沟阴囊疝时才引起畜主的注意。疝内容物可能是网膜、膀胱、小肠、子宫或大肠等。

发生腹股沟疝时，疝内容物由单侧或双侧腹股沟裂口直接脱至腹股沟外侧的皮下，位于耻骨前缘腹白线两侧，局部膨胀突起，肿胀物大小随腹内压及疝内容物的性质和多少而定。触之柔软，无热、无痛，常可还纳于腹腔内。一侧性阴囊增大，皮肤紧张发亮，出现浮肿，不愿走动，运步时两后肢开张，步态紧张，触诊时柔软有弹性。直肠检查可见腹股沟内环内有肠管脱入，可以听到肠蠕动音。

治疗方法：以早期进行手术治疗为宜。马属动物整复手术常与公畜去势术同时进行，切口选在靠近腹股沟外环处，一般在阴囊颈部正外侧方纵切皮肤。

【例题1】犬阴囊疝内容物常见的是（C）。

A．前列腺　　　B．十二指肠　　　C．膀胱　　　D．盲肠　　　E．空肠

【例题2】马，呼吸25次/min，脉搏95次/min，排粪减少，阴囊肿大，触诊有热痛，不愿走动。直肠检查可见腹股沟内有肠管脱入。本病的最佳治疗方法是（C）。

A．热敷　　　B．激素疗法　　　C．手术疗法　　　D．输液疗法　　　E．抗生素治疗

【例题3】手术治疗马腹股沟阴囊疝的最佳切口部位是（C）。

A．腹股沟内环处　　　　B．腹股沟外环处　　　　C．阴囊颈部正外侧

D. 阴囊底部正外侧　　　　E. 阴囊体部正外侧

考点6：膈疝的临床特征和诊断方法★★★

膈疝是指腹腔内一种或几种内脏器官通过膈的破裂孔进入胸腔，多发生于牛、马、羊。

膈的腱质部或肌质部遭到意外损伤的裂孔或膈先天性缺损时，可导致本病。由于有些病例不表现症状，临床上不易发现。

临床特征：主要有呼吸困难和疝痛，但呼吸困难并非主要特征。犬膈肌破裂后涌入胸腔的腹内脏器以胃、小肠、脾脏和肝脏较多见。胃肠脱入可听到肠音；嵌闭后可引起急性腹痛，肝脏嵌闭后可引起急性胸腔积液和黄疸。患病动物喜站立或站在斜坡上，呈前高后低姿势；猪、犬呈坐式呼吸。

诊断方法：先天性膈疝在出生后有明显的呼吸困难；钡餐造影、X线检查有助于确诊膈疝。病犬胸腔有较多积液，站立叩诊胸部可见水平浊音区。手术修补膈疝时，注意预防心脏纤颤的主要并发症。

【例题1】犬膈疝内容物中不可能出现的脏器是（C）。
A. 胃　　　　B. 肝脏　　　　C. 盲肠　　　　D. 脾脏　　　　E. 十二指肠

【例题2】犬钡餐造影在胸腔内显示胃肠影像的疾病是（A）。
A. 膈疝　　　　B. 腹壁疝　　　　C. 肠套叠　　　　D. 肠扭转　　　　E. 胃扩张

第九章　直肠与肛门疾病

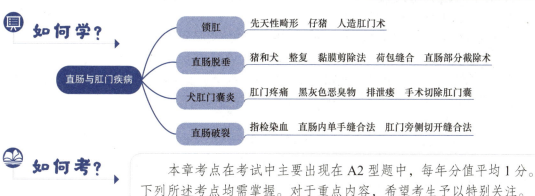

本章考点在考试中主要出现在 A2 型题中，每年分值平均 1 分。下列所述考点均需掌握。对于重点内容，希望考生予以特别关注。

考点1：锁肛的临床特征和治疗方法★★

锁肛是指肛门被皮肤所封闭而无肛门孔的先天性畸形，家畜中以仔猪最常见。

临床特征：主要发生于初生仔畜，不易发现，数天后患病动物腹围逐渐增大，频频做排粪动作，发出刺耳的叫声，拒绝吸吮母乳，可见肛门处皮肤向外突出，触诊时摸到胎粪。

治疗方法：施行锁肛造孔术（人造肛门术）。在皮肤上相当于正常肛门的部位切割成一圆形皮瓣，暴露并切开直肠盲端，将直肠断端黏膜结节缝合于皮肤切口边缘上。

【例题1】锁肛多发于（C）。
A. 羔羊　　B. 犊牛　　C. 仔猪　　D. 马驹　　E. 幼猫

【例题2】手术治疗仔猪锁肛的方法是（E）。
A. 直肠端端吻合手术　　　　　B. 直肠盲端吻合术
C. 直肠阴道造瘘术　　　　　　D. 直肠肌层与皮肤创缘间断缝合
E. 直肠黏膜与皮肤创缘间断缝合

考点2：直肠脱垂的发病原因和治疗方法★★★★

直肠脱垂是指直肠的一部分，甚至是大部分向外翻转脱出肛门的现象。脱出的肠管被肛门括约肌挤压，导致血液循环障碍，同时受外界微生物污染，从而发生水肿、出血、糜烂、坏死。严重的病例在发生直肠脱的同时并发肠套叠或直肠疝，多见于猪和犬。

发病原因：主要诱因是长期腹泻或便秘、病后瘦弱、病理性分娩，或用刺激性药物灌肠后引起强烈努责等。

治疗方法：根据发病的具体情况，及早按照下列方法进行治疗。

整复：适用于发病初期或黏膜性脱垂的病例，一般用高锰酸钾溶液清洗患处，除去污物和坏死黏膜，小心将脱出的肠管还纳原位，并进行温敷。

黏膜剪除法：适用于脱出时间较长、水肿严重、黏膜干裂或坏死的病例。一般先用温水洗净患部，用剪刀剪除或用手指剥离坏死的黏膜，生理盐水冲洗后，涂碘石蜡油润滑，将肠管还纳原位。

固定法：对整复后仍继续脱出的病例，则需考虑将肛门周围予以缝合，缩小肛门孔，防止再脱出。方法是距肛门孔1~3cm处，做肛门周围的荷包缝合，收紧缝线，保留1~2指大小的排粪口，根据具体情况调整肛门口的松紧度。

直肠周围注射乙醇或明矾溶液：目的是利用药物使直肠周围结缔组织增生，借以固定直肠。临床上常用70%乙醇或10%明矾溶液注入直肠周围结缔组织中。

直肠部分截除术：手术切除脱出过多、整复有困难、发生坏死的直肠。肠管做结节缝合，肛门做荷包缝合。

【例题1】直肠脱垂的常见诱因是（D）。
A. 肝炎、胰腺炎　　　B. 胃扩张、胃穿孔　　　C. 胃炎、胃溃疡
D. 便秘、腹泻　　　　E. 腹膜炎、胸膜炎

【例题2】直肠脱垂病程较久者，易引起（E）。
A. 重剧腹泻　B. 重剧腹痛　C. 前列腺炎　D. 膀胱炎　E. 局部坏死

【例题3】直肠脱垂整复后的外固定方法是在肛门周围行（A）。
A. 荷包缝合　B. 结节缝合　C. 伦勃特缝合　D. 库兴氏缝合　E. 连续锁边缝合

考点3：犬肛门囊炎的临床特征和治疗方法★★★

肛门囊炎是指肛门囊内的腺体分泌物蓄积于囊内，刺激黏膜而引起的炎症。肛门囊分泌物是黏液状、黑灰色、有难闻气味、带小颗粒的皮脂样物。

临床特征：轻症者出现排便困难，里急后重，甩尾，擦蹭或咬肛门，挤压其肛门疼痛

并流出黑灰色恶臭物。重症者肛门明显肿胀、痉挛，有时肛周脓肿，出血，从肛门囊流出脓汁，肛门下方两侧破溃，流脓性分泌物，甚至形成瘘管。这种排泄瘘多在肛门两侧稍下方，相当于时钟表面4时和8时的位置。

治疗方法：对于肛门囊炎的治疗，一般采取挤肛门囊、封闭疗法，还可以采用冲洗疗法，缝合破溃口，同时用抗生素全身治疗；对于严重的肛门囊炎，肛门溃烂，已形成瘘管或经保守治疗复发者，宜手术切除肛门囊。

【例题1】先天性直肠肛门疾病不包括（C）。
A．锁肛　　　B．直肠闭锁　　C．肛门囊炎　　D．直肠生殖裂　　E．肛门直肠狭窄

【例题2】肛门囊炎形成排泄瘘的时钟表面位置通常是（B）。
A．3时和9时　B．4时和8时　C．5时和7时　D．2时和10时　E．1时和11时

【例题3】犬，排粪困难，里急后重，甩尾，擦舔肛门，挤压其肛门疼痛并流出黑灰色恶臭物。本病是（D）。
A．锁肛　　　B．直肠脱　　C．直肠破裂　　D．肛门囊炎　　E．巨结肠症

【例题4】犬，甩尾，擦舔或咬肛门，肛门囊部位肿胀，分泌物恶臭，治疗本病，不宜采用的方法是（D）。
A．挤肛门囊　B．清洗消毒　C．封闭疗法　D．刺激剂疗法　E．抗生素疗法

考点4： 直肠破裂的种类和治疗方法 ★★

直肠破裂的种类：一类是直肠黏膜和肌层的损伤，但浆膜完整无损，称直肠不完全破裂；另一类为直肠壁各层完全破损，称直肠全破裂或直肠穿孔。直肠检查时，手指染血是直肠损伤的明显指征。病初排粪时，发现粪中混有新鲜血液是诊断的依据。若为因病理性分娩所致的直肠破裂，则粪便可以从阴道内漏出。

治疗方法：直肠全破裂的病例，应及早施行手术治疗，提高疗效。手术治疗方法有直肠内单手缝合法、长柄全弯针缝合法、直肠缝合器缝合法、肛门旁侧切开缝合法。

【例题】临床检查可见少量粪便从阴道流出，即可诊断为（D）。
A．锁肛　　　B．阴道破裂　　C．膀胱破裂　　D．直肠破裂　　E．直肠阴道瘘

第十章　泌尿与生殖系统疾病

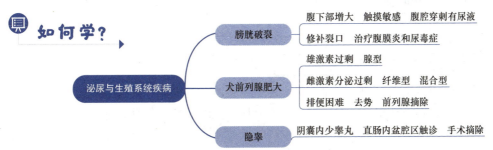

> 本章考点在考试中主要出现在 A2 型题中，每年分值平均 1 分。下列所述考点均需掌握。对于重点内容，希望考生予以特别关注。

考点冲浪

考点 1：膀胱破裂的临床特征和治疗方法★★★

膀胱破裂是指膀胱壁发生裂伤，尿液和血液流入腹腔所引起的以排尿障碍、腹膜炎、尿毒症和休克为特征的一种膀胱疾患。表现为频做排尿姿势但无尿排出、腹下部腹围迅速增大等。膀胱破裂发生于各种家畜，最常见于幼驹、公马、公牛。发病后病情急，变化快，若确诊和治疗稍有拖延，往往造成病畜死亡。临床上根据破裂口的大小及破裂时间不同，症状表现不一，主要出现排尿障碍、腹膜炎、尿毒症和休克。

发生完全破裂的病畜，虽仍有尿意，如翘尾、体前倾、后肢伸直或稍下蹲、轻度努责、阴茎频频抽动等，但无尿排出或仅排出少量尿液。大量尿液进入腹腔，腹下部腹围迅速增大，腹部触摸紧张、敏感，有明显的振水声，有时出现起卧不安等明显的腹痛症状，并迅速死亡。腹腔穿刺，有大量已被稀释的尿液从针孔冲出。继发腹膜炎时，穿刺液呈浅红色，较混浊，常有纤维蛋白凝块将针孔堵住。

治疗方法：膀胱破裂的治疗应抓住 3 个环节，即对膀胱破裂口及早修补、控制感染、治疗腹膜炎、尿毒症。

【例题】母犬，5 岁，未妊娠，就诊时精神沉郁，厌食，频做排尿姿势但无尿排出。3d 后努责突然消失，下腹部增大，该犬可能患的疾病是（A）。

A. 膀胱破裂　　B. 子宫蓄脓　　C. 膀胱麻痹　　D. 输尿管结石　　E. 肾结石

考点 2：犬前列腺肥大与前列腺炎的临床特征和治疗方法★★★

公犬前列腺肥大是由性激素失调引起的老龄犬前列腺功能障碍的常见病。前列腺肥大分为腺型、纤维型和纤维腺型（混合型）3 种。雄激素分泌过剩引起腺型肥大，雌激素分泌过剩引起纤维型肥大。临床特征主要表现为排便困难。

治疗方法：去势是最有效的治疗方法，也可进行前列腺全摘除或部分摘除。

公犬前列腺炎是由细菌感染所引起的前列腺的炎症疾病，分为急性前列腺炎和慢性前列腺炎。

治疗方法：一般为口服莫酮哌酯或口服前列康。选择抗生素治疗，同时配合解热镇痛、缓泻、导尿等对症治疗，必要时去势。

【例题 1】可因分泌过剩而引起犬前列腺腺型肥大的激素是（A）。

A. 雄激素　　B. 雌激素　　C. 肾上腺素　　D. 甲状腺素　　E. 前列腺素

【例题 2】犬前列腺肥大的首选治疗方法是（E）。

A. 前列腺摘除　　B. 给予雌激素　　C. 化疗放疗　　D. 抗菌消炎　　E. 去势

考点 3：隐睾的诊断方法和治疗方法★★★

隐睾是指一侧或两侧睾丸的不完全下降，滞留于腹腔或腹股沟管的一种疾病，主要发生于马、牛、猪、羊、犬等动物。猪的隐睾多为一侧性，多位于腰区肾脏后方。

睾丸下降异常主要是由于下丘脑-垂体轴缺陷或黄体激素不足，机械性缺陷，如引带异常，以及导致睾丸的雄激素缺乏等遗传性因素。

诊断方法：一侧性隐睾时，无睾丸侧的阴囊皮肤松软而不充实，触摸时阴囊内只有一个睾丸；两侧性隐睾时，阴囊缩小，触摸阴囊内无睾丸。确诊隐睾的方法可施行直肠内盆腔区触诊，直肠内触诊只限于大动物，可以触摸睾丸或输精管是否进入鞘膜环。

发生隐睾时，猪可以表现为性欲强、生长慢、肉质不良等特点。

治疗方法：隐睾可以实施手术摘除。

【例题1】猪隐睾常发生的部位位于（ A ）。
A. 腰区的肾脏后方　　　B. 腰区的肾脏前方　　　C. 盆腔内的膀胱下
D. 腹股沟管内环处的皮下　　E. 腹股沟管外环处的皮下

【例题2】猪患有隐睾时，除触诊检查外，还可以通过下列（ E ）的特点判断。
A. 性欲弱、生长快、肉质好　　　　　B. 性欲弱、生长慢、肉质好
C. 性欲弱、生长快、肉质差　　　　　D. 性欲强、生长慢、肉质好
E. 性欲强、生长慢、肉质差

【例题3】临床确诊牛、马隐睾的方法是（ D ）。
A. 叩诊　　　B. 听诊　　　C. 直肠造影　　　D. 直肠检查　　　E. 局部穿刺

第十一章　跛行诊断

轻装上阵

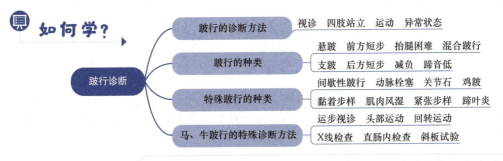

本章考点在考试中主要出现在A1、A2型题中，每年分值平均1分。下列所述考点均需掌握。对于重点内容，希望考生予以特别关注。

考点冲浪

考点1：跛行的诊断方法 ★★★

跛行不是病名，而是四肢机能障碍的综合症状。许多疾病，特别是四肢病和蹄病常可引起跛行。对于跛行的诊断，一般是在问诊的基础上，进行多种方法的检查，以视诊为主，主要观察动物在站立、运动过程中四肢表现的异常状态，从而确定患肢。视诊分为站立视诊和运步视诊。站立视诊的目的是发现患肢，运步视诊的目的是确定患肢、患肢跛行的种类和程度。

【例题】跛行诊断中，确诊患肢的主要方法是（C）。
A. 问诊　　　　B. 触诊　　　　C. 视诊　　　　D. 听诊　　　　E. 叩诊

考点2：跛行的种类和临床特征★★★★★

跛行最常见的原因是疼痛，出现肢体机能障碍，由脊髓的异常伴随着身体一侧肌力减弱所致。根据四肢在运动时的异常状态，跛行分为悬跛、支跛和混合跛行3种。

悬跛的临床特征：悬跛最基本特征是"抬不高"和"迈不远"，临床上称为前方短步。因为患肢"抬不高"和"迈不远"，所以以健蹄蹄印量患肢所走的一步时，呈现前半步缩短，称为前方短步。前方短步、运步缓慢和抬腿困难是临床上确定悬跛的依据。

支跛的临床特征：支跛最基本的特征是患肢负重时间缩短和避免负重，临床上称为后方短步。患肢接触地面时为了避免负重，对侧的健肢就比正常运步时伸出得快，即提前落地，所以以健蹄蹄印量患肢所走的一步时，呈现后半步缩短，称为后方短步。在运步时可见到患肢系部直立，听到蹄音低，所以后方短步、减负或免负体重、系部直立和蹄音低是临床上确定支跛的依据。

混合跛行的临床特征：兼有支跛和悬跛的某些症状。

【例题1】跛行种类可以分为（B）。
A. 悬跛、支跛
B. 悬跛、支跛、混合跛行
C. 悬跛、支跛、混合跛行、鸡跛
D. 悬跛、支跛、混合跛行、间歇跛行
E. 悬跛、支跛、混合跛行、特殊跛行

【解析】本题考查跛行的种类。

【例题2】患肢在悬垂和支柱阶段均表现机能障碍的跛行称为（E）。
A. 鸡跛　　　B. 支跛　　　C. 悬跛　　　D. 间歇性跛行　　　E. 混合跛行

【例题3】马支跛的运步特征是（B）。
A. 前方短步　　B. 后方短步　　C. 运步缓慢　　D. 抬腿困难　　E. 黏着步样

考点3：特殊跛行的种类和临床特征★★★★★

临床上特殊跛行的种类主要有间歇性跛行、黏着步样、紧张步样、鸡跛等。

间歇性跛行：是指马在开始运步时，一切正常，在劳动或乘骑过程中，突然发生严重的跛行，甚至不能站立，过一会跛行消失，以后运动中复发。间歇性跛行常发生于动脉栓塞、习惯性脱位（如膝盖骨脱位）、关节石等。

黏着步样：呈现缓慢短步，见于肌肉风湿、破伤风等。

紧张步样：呈现急速短步，见于蹄叶炎。

鸡跛：患肢运步呈现高度举扬，膝关节和跗关节高度屈曲，肢在空间停留片刻后又突然着地，如鸡行走的样子。

【例题1】马，5岁，行走时右后膝关节和跗关节高度屈曲，高抬腿在空中后又突然着地。该马表现的跛行是（C）。
A. 悬跛　　　B. 支跛　　　C. 鸡跛　　　D. 间歇性跛行　　　E. 混合跛行

【例题2】牛，3岁，正常行走时，一切正常，在劳动中，突然出现患肢屈曲不全，蹄尖着地，拖曳前行，患肢高度外展，突然发出呻吟声后恢复正常姿势，这种跛行称作（D）。

A. 悬跛　　　B. 支跛　　　C. 鸡跛　　　D. 间歇性跛行　　E. 混合跛行

考点4：马、牛跛行的特殊诊断方法★★★★

马、牛的跛行除采用一般诊断方法外，还可以采取特殊的诊断方法予以确诊。

运步视诊：不但能够确定患肢，而且有时可以确定患部及跛行的种类和程度。这些运动包括头部运动、尻部运动、圆周运动、回转运动、乘挽运动、硬地运动、不平石子地运动、上坡和下坡运动等。其中，头部运动是指患病动物的健前肢负重时，头低下；患前肢着地时，头高举，以减轻患肢的负担。尻部运动是指在一后肢有疾患时，为了把体重转向对侧的健肢，健肢着地时，尻部低下，而患肢着地的瞬间尻部相对高举。悬跛是动物运动过程中患肢在悬垂阶段出现机能障碍的跛行。临床上上坡运动时，后肢的悬跛和支跛都会加重，而前肢的悬跛影响较小。因此，上坡运动时前行不会加重的是前肢悬跛。另外，牛正常健康时经常是卧着休息，卧姿如发生改变或卧下不愿起立，说明运动器官有疾患。牛跛行诊断视诊时，除站立视诊和运步视诊外，还可以进行特殊的躺卧视诊。

X线检查：对跛行诊断有着重要的科学和实践价值，对疾病的经过、预后，甚至对合理的治疗也有很大的帮助。四肢的骨和关节疾患，如骨折、骨膜炎、骨炎、骨髓炎、骨质疏松、骨坏死、骨溃疡、骨化性关节炎、关节周围炎、脱位等，均可以广泛地应用X线检查。

直肠内检查：当髋骨骨折、腰椎骨折、髂荐联合脱位时，直肠检查不但可以确诊，而且还可以了解其后遗症和并发症。

斜板试验：斜板（楔木）试验主要用于确诊蹄骨、屈腱、舟状骨（远籽骨）、远籽骨滑膜囊炎及蹄关节的疾病。斜板为长50cm，高15cm，宽30cm的一块木板。检查时，迫使患肢蹄前壁在上，蹄踵在下，站在斜板上，然后提举健肢，此时患肢的深屈腱非常紧张，上述器官有病时，动物由于疼痛加剧不肯在斜板上站立，检查时应和对侧肢进行比较。

外周神经麻醉诊断：是指用局部麻醉药阻滞神经所支配的患部，使其疼痛和跛行消失，是便于鉴别诊断患病部位的方法，用于诊断骨膜炎、关节病、腱疾病、黏液囊疾病等。

【例题1】运步视诊，确定马患肢支跛的依据是（B）。
A. 患肢着地时，头低下　　　　　　　B. 患肢着地时，头高举
C. 患肢抬举时，颈部摆向患侧　　　　D. 健肢负重时，颈部摆向患侧
E. 健肢抬举时，颈部摆向患侧

【例题2】在跛行诊断中，外周神经阻滞法不能诊断的疾病是（D）。
A. 骨膜炎　　　B. 关节病　　　C. 腱疾病　　　D. 神经麻痹　　　E. 黏液囊疾病

【例题3】上坡时前行不会加重的是（A）。
A. 前肢悬跛　　B. 前肢支跛　　C. 后肢支跛　　D. 后肢混合跛行　E. 后肢悬跛

【例题4】与马比较，牛跛行诊断的特有方式是（C）。
A. 运步视诊　　　　　　B. 站立视诊　　　　　　C. 躺卧视诊
D. 问诊　　　　　　　　E. 外周神经麻醉诊断

【例题5】马斜板试验常用于确诊疼痛的关节是（D）。
A. 肩关节　　　B. 肘关节　　　C. 腕关节　　　D. 蹄关节　　　E. 髋关节

第十二章 四肢疾病

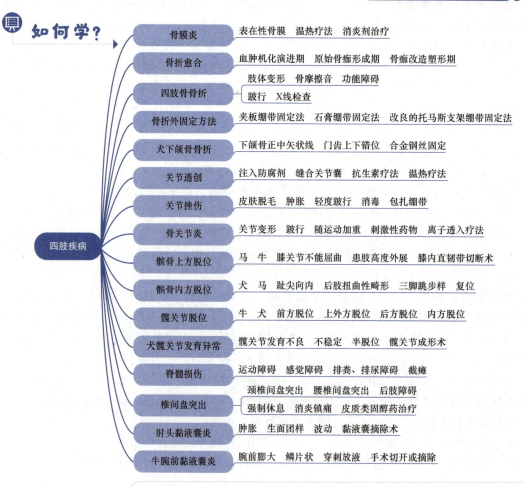

如何考？

本章考点在考试四种题型中均会出现，每年分值平均3分。下列所述考点均需掌握。关节脱位是考查最为频繁的内容，每年必考，希望考生予以特别关注。可以结合兽医外科手术学相关内容进行学习。

考点1：骨膜炎的种类和治疗方法★★

骨膜炎是指骨膜的炎症。临床上骨膜炎分为非化脓性骨膜炎和化脓性骨膜炎、急性骨膜炎与慢性骨膜炎。本病常发生于表在性而无软组织被覆的骨膜，如下颌骨的游离缘、掌骨、跖骨、系骨及冠骨等。

治疗方法：急性骨膜炎时，初期冷疗，后改用温热疗法和使用消炎剂治疗；慢性骨膜炎时，早期用温热疗法及按摩，跛行严重的可使用刺激剂治疗。化脓性骨膜炎时，应全身应用抗生素治疗。对于犬化脓性骨膜炎的治疗，一般病初用10%醋酸铅冷敷，而后应用乙醇热绷带，以0.5%普鲁卡因青霉素封闭，全身应用抗生素，脓肿局部软化后，及时切开排脓。

【例题】治疗犬化脓性骨膜炎时，不宜采取的措施是（D）。
A. 乙醇热绷带　　　　B. 10%醋酸铅冷敷　　　　C. 0.5%普鲁卡因青霉素封闭
D. 红外线照射　　　　E. 切开引流

考点2：骨折的概念和骨折愈合的过程★★★

骨折是指在外力作用下，骨的完整性或连续性遭到机械破坏的现象，骨折的同时常伴有周围组织不同程度的损伤。各种家畜均可发生，以四肢长骨发生骨折较为常见。

骨折愈合是指骨组织破坏后修复的过程。骨折愈合分为3个阶段，即血肿机化演进期、原始骨痂形成期和骨痂改造塑形期。

骨折延迟愈合是指骨折愈合的速度比正常缓慢，局部还有肿痛及异常活动。整复不良、局部感染化脓、局部血肿和神经损伤均可影响骨折愈合，延长愈合时间。

【例题1】引起骨骼延迟愈合的原因不包括（B）。
A. 固定不确实　　　　B. 整复固定　　　　C. 局部化脓感染
D. 局部血液循环不良　　　　E. 骨折周围较大水肿

【例题2】关于骨折延迟愈合表述错误的是（B）。
A. 骨折愈合速度比正常缓慢　　　　B. 局部无肿痛及异常活动
C. 整复不良延迟愈合　　　　　　　D. 局部感染化脓延迟愈合
E. 局部血肿和神经损伤延迟愈合

考点3：四肢骨骨折的临床特点和诊断方法★★★★★

四肢骨是动物，特别是幼龄动物支撑和运动的基础，幼龄动物支撑骨骨折最常见的是长骨骨折。四肢骨骨折后，一般会引起不同程度的跛行。幼龄动物股骨骨折最常发生的部位是股骨干。四肢骨骨折的临床特点主要包括肢体变形、异常活动、骨摩擦音、出血与肿胀、疼痛、功能障碍和全身症状。

肢体变形是指骨折两断端因外力、肌肉牵拉力和肢体重力的影响，造成骨折断端移位。常见的有成角移位、侧方移位、旋转移位、纵轴移位等。骨折后患肢呈弯曲、缩短、延长等异常姿势。异常活动是指在骨折后负重或做被动运动时，出现屈曲、旋转等异常活动。骨摩擦音是指骨折两断端相互触碰，可听到骨摩擦音或有骨摩擦感。

骨折时骨膜、骨髓及周围软组织的血管破裂出血，局部明显肿胀；闭合性骨折时未见皮肤损伤，患部肿胀，肿胀的程度取决于受伤血管的大小、骨折的部位及软组织损伤的轻重。骨折时骨膜、神经受损，感到疼痛。四肢骨骨折后，一般会引起不同程度的跛行。

诊断方法：对于四肢骨和关节疾患，如骨折、骨膜炎、骨质疏松、骨坏死、关节周围炎、脱位等，可广泛地应用X线检查。X线检查对于骨折诊断有着重要的科学和实践价值，而且对疾病的经过、预后，甚至对合理的治疗也有很大的帮助。

【例题1】幼龄动物股骨骨折最常发生的部位是（C）。
A. 大转子　　B. 小转子　　C. 股骨干　　D. 第三转子　　E. 股骨颈

【例题2】犬胫骨骨折特有的临床症状为（ D ）。
A. 卧地不起　　　　B. 患部严重出血　　　C. 患部水肿
D. 患部异常活动　　E. 患部异常固定

【例题3】赛马，障碍赛时摔倒，左前肢支跛明显，前臂上部弯曲，他动运动有骨摩擦音，患部肿胀，未见皮肤损伤，全身症状不明显。本病最可能的诊断是（ E ）。
A. 骨裂　　　B. 腕关节脱位　　C. 肘关节脱位　　D. 肩关节脱位　　E. 闭合性骨折

考点4：骨折外固定方法的种类★★★

骨折外固定法在兽医临床中应用最多，外固定有利于局部血液循环的恢复和骨折断端对向挤压、密接，加速骨折的愈合。

临床上常用的外固定方法有夹板绷带固定法、石膏绷带固定法和改良的托马斯支架绷带固定法等。

夹板绷带固定法：夹板绷带固定法是指采用竹板、木板、铝合金板、铁板等材料，制成长、宽、厚与患部相适应，强度能固定住骨折部的数条夹板。包扎时，将患部清洁后，包上衬垫，于患部的前、后、左、右放置夹板，用绷带缠绕固定。包扎的松紧度以不使夹板滑脱和不过度压迫组织为宜。为了防止夹板两端损伤患肢皮肤，里面的衬垫应超出夹板的长度或将夹板两端用棉纱包裹。

石膏绷带固定法：对于轻度移位的骨折，可由助手将病肢远端适当牵引后，术者对骨折部托压、挤按，使断端对齐、对正，进行整复，同时用石膏绷带进行固定。石膏具有良好的塑形性能，不易发生挤压，对大、小动物的四肢骨折均有较好的固定作用。但用于大动物的石膏管型最好用金属板、竹板等加固。

改良的托马斯支架绷带固定法：先用小的石膏管型，或夹板绷带，或内固定骨折部，外部用金属支架像拐杖一样将肢体支撑起来，以减轻患部承重。改良的托马斯支架绷带主要适用于四肢骨骨折和高位骨折。

【例题】用夹板绷带进行四肢骨骨折外固定时，要求（ B ）。
A. 衬垫与夹板等长　　　　B. 衬垫长、夹板短　　　C. 衬垫短、夹板长
D. 衬垫厚、夹板长　　　　E. 不用衬垫、只用夹板

考点5：犬、猫骨折的内固定技术★★★

对于犬、猫骨折的治疗，一般不需要考虑经济因素。主要方法包括复位与固定、功能锻炼两个环节。

复位与固定可以使移位的骨折断端重新对位，重建骨的支架作用。主要有闭合复位与外固定、切开复位与内固定两种。其中，局部外固定的方法有夹板绷带固定法和石膏绷带固定法；内固定的方法主要有髓内针固定法、接骨板固定法、贯穿固定法、骨螺钉固定法、钢丝固定法和外固定支架固定法等。

对于犬、猫股骨骨折，一般采用圆形髓内针、不锈钢丝或接骨板做内固定，配合改良的托马斯支架绷带外固定辅助，临床效果良好。

对于犬、猫桡骨骨折，进行正确复位后，单用外固定治疗，若结合内固定，如髓内针、接骨板固定，能提高治愈率。

对于犬、猫尺骨骨折，骨折部没有移位时，应充分休息，装置支架绷带、绷带提吊。对于尺骨体骨折，选用骨螺钉固定，最好加用外固定。

【例题】 犬股骨骨折内固定时，使用最多的髓内针类型是（D）。
A. 菱形　　B. 三叶形　　C. 方形　　D. 圆形　　E. V字形

考点6：犬下颌骨骨折的治疗方法★★★

宠物犬、猫头部受到打击及伤害时均可引起下颌骨骨折，同时伴有全身其他症状。常见的骨折主要有下颌骨正中矢状线（联合处）骨折和下颌骨体横骨折。下颌骨正中矢状线（联合处）骨折时可见门齿上下错位，颌骨支异常活动，伴有局部及全身其他症状。经整复后，可以用牙科用的合金钢丝进行结扎固定。

【例题】 犬下颌骨体正中联合处骨折最合适的治疗方法是（D）。
A. 用骨螺钉固定　　B. 用髓内钉固定　　C. 用接骨板固定
D. 用不锈钢丝固定　　E. 用卷轴绷带固定

考点7：关节透创的治疗方法★★★

关节透创是指各种外界因素导致关节囊的穿透性损伤，一般可由创口对侧向关节腔内注入生理盐水，进行冲洗，由创口处流出洗涤液，可以区别于关节封闭性损伤。关节透创的治疗原则为防止感染，及时合理地处理伤口，力争在关节腔未出现感染之前闭合关节囊伤口。主要治疗方法是伤口处理和局部理疗。

伤口处理：对新鲜创彻底清理伤口，切除坏死组织和异物及游离软骨和骨片，排出伤口内盲囊，用防腐剂穿刺洗净关节创，由伤口的对侧向关节腔穿刺，注入防腐剂，忌由伤口向关节腔冲洗，以防止污染关节腔。

对于关节切创，在清理关节腔后，可以用肠线或丝线缝合关节囊，其他软组织可不缝合，然后包扎绷带，或包扎有窗石膏绷带。如果伤口被血凝块堵塞，滑液停止流出，关节腔内尚无感染征兆，此时不应除掉血凝块，注意使用全身疗法和抗生素疗法。

陈旧伤口发生感染化脓时，应清理伤口，除去坏死组织，用防腐剂穿刺洗涤关节腔，清除异物、坏死组织和游离骨块，用碘酊凡士林敷盖伤口，包扎绷带，不缝合伤口。如果伤口炎症严重，用青霉素溶液敷布，外缠绷带包扎保护。

为改善局部的新陈代谢，促进伤口早期愈合，可以应用温热疗法，如温敷、石蜡疗法、紫外线疗法、红外线疗法、超短波疗法及激光疗法，低功率氦氖激光或二氧化碳激光扩焦局部照射等。

【例题】 关节透创与非透创的鉴别方法是（E）。
A. 创口注入生理盐水　　B. 创口注入碘酊
C. 创口内探针检查　　D. 创口注入1%高锰酸钾溶液
E. 创口对侧关节腔内注入生理盐水

考点8：关节扭伤的发病原因和治疗方法★★

关节扭伤是指关节在突然受到间接的机械外力作用下，超过了生理活动范围，过度伸展、屈曲或扭转而发生的关节损伤。本病是马、骡常见和多发的关节病，最常发生于系关节和冠关节。主要原因是在不平道路上重度使役、急转、急停、失足踩空、跳跃障碍、肢势不良、削蹄装铁失宜等。

治疗原则为制止出血和渗出，用温热疗法促进吸收，镇痛和护理。

考点9：关节挫伤的临床特征和治疗方法★★

关节挫伤是指机械外力直接作用于关节，引起关节皮肤的脱毛和擦伤。马、骡和牛经常发生关节挫伤，多发生于肘关节、腕关节和系关节。临床上主要表现为皮肤脱毛，皮下出血，局部肿胀、升温，患部关节有疼痛反应，轻度跛行，但站立姿势无明显异常。对皮肤创面进行清创、消毒、敷药和包扎绷带处理治疗。

【例题】犬，从桌面上坠地，1h后，左膝关节处弥漫性肿大，有热痛。站立姿势无明显异常，运动时轻度混合跛行。本病最可能的诊断是（D）。
A. 股骨远端骨折　　　B. 髌骨脱位　　　C. 关节炎
D. 关节挫伤　　　　　E. 髌骨骨折

考点10：关节炎的诊断方法★★★

关节炎又称关节滑膜炎，是以关节囊滑膜层的病理变化为主的渗出性炎症，常发于马和牛，临床上分为急性滑膜炎、慢性滑膜炎和化脓性滑膜炎。

急性浆液性滑膜炎时，关节腔内积聚大量浆液性炎性渗出物，关节肿大，热痛，有波动；渗出液含纤维蛋白量多时，有捻发音；运动时，表现以支跛为主的混合跛。慢性浆液性滑膜炎时，关节囊高度膨大，无热无痛，触诊有波动感；运动时，随着关节液的窜动，关节外形随之改变；患病关节不灵活，但跛行不明显。化脓性滑膜炎时，患关节热痛、肿胀，关节囊高度紧张，有波动；站立时患肢屈曲，呈混合跛；全身症状明显，体温升高，精神沉郁。化脓性全关节炎时，全身及局部症状均较化脓性滑膜炎严重，关节腔内蓄脓或流出脓汁，关节周围软组织高度肿胀，形成局限性脓肿，自溃或形成窦道，或发生软骨缺损、剥脱，骨坏死，继发脓毒败血症；患肢呈重度跛行，三肢跳跃前进。

考点11：骨关节炎的发病原因和治疗方法★★★

骨关节炎是指关节骨系统的慢性增生性炎症，又称慢性骨关节炎，主要在关节软骨、骨膜及关节韧带发生慢性关节变形，又称慢性变形性骨关节炎，最后导致关节变形、关节僵直与关节粘连。本病常见于马、骡，多发生于肩关节、膝关节和跗关节。骨关节炎的主要临床特征是关节变形、跛行。跛行的特点是随运动而加重，休息后减轻。

病初诊断有一定困难，发展为慢性变形性骨关节炎时，容易诊断。病初阶段控制和消除炎症，有利于防止本病的发生。已经发生本病后，一般在患部涂刺激性药物，或采用离子透入疗法。

考点12：关节脱位的临床特征和诊断方法★★★

关节脱位是指关节受机械外力、病理性作用引起骨间关节面失去正常对合的现象。关节脱位突然发生，也有的间歇发生或继发于某些疾病。本病多发于马、牛、犬、猫髋关节和膝关节，肩关节、肘关节、指（趾）关节也可以发生。

临床特征：关节脱位常见的共有症状主要有关节变形、异常固定、关节肿胀、肢势改变和机能障碍。

诊断方法：根据视诊、触诊、他动运动与双肢比较，可以做出初步诊断，X线检查可以做出正确的诊断。

考点13：马、牛、犬髌骨脱位的种类★★★★

马、牛、犬髌骨脱位有外伤性脱位、病理性脱位和习惯性脱位，外伤性脱位较为多见。

根据髌骨变位方向，髌骨脱位分为髌骨上方脱位、髌骨外方脱位和髌骨内方脱位3种。牛以髌骨上方脱位多见，马同样发生，有时两后肢同时发生。先天性髌骨脱位多见于小型品种犬，75%~80%为髌骨内方脱位，大型品种犬多发生髌骨外方脱位。

考点14：髌骨上方脱位的临床特征和治疗方法★★★★

临床特征：髌骨上方脱位主要发生于马和牛，突然发生。在运动过程中，由于髌骨在上下滑动时被固定在滑车嵴近端，患关节不能屈曲。站立时，大腿、小腿强直，呈向后伸直肢势。膝关节、跗关节均不能屈曲，运步时蹄尖着地，拖曳前进，同时患肢高度外展，或患肢不能着地。触诊时髌骨被异常固定在股骨内侧滑车嵴的顶端，内直韧带高度紧张。上方脱位在运动中突然发出复位声，即髌骨回到滑车沟内，恢复正常肢势。

治疗方法：马、牛髌骨上方脱位一般采取膝内直韧带切断术。

【例题1】驴，6岁，突然发病，站立时后肢强直，呈向后伸直肢势，膝关节、跗关节完全伸直而不能屈曲；运动时，以蹄尖着地拖曳前进，同时患肢高度外展，他动运动时患肢不能屈曲。本病最可能的诊断是（C）。

A. 跗关节炎　　　　　B. 髌骨内方脱位　　　　C. 髌骨上方脱位
D. 膝关节炎　　　　　E. 髌骨外方脱位

【例题2】使役公牛，运动中左后肢突然向后伸直，不能弯曲，蹄尖被迫曳地，触诊时髌骨位于股骨内侧滑车嵴的顶端，内侧直韧带高度紧张，但有时运动又能自然恢复正常肢势。该跛行的动物患肢最可能脱位的关节是（B）。

A. 髋关节　　B. 膝关节　　C. 跗关节　　D. 系关节　　E. 冠关节

【例题3】马在运动过程中突然出现膝关节、跗关节不能屈曲，大腿和小腿强直。强迫运动时蹄尖着地，拖曳前进。触诊时髌骨位于滑车嵴的顶端，内直韧带高度紧张。手术治疗的最佳方案是（B）。

A. 跗关节切开矫形术　　　　　　B. 膝内直韧带切断术
C. 膝关节外侧带加固术　　　　　D. 髋关节开放性整复固定术
E. 切开膝关节，整复固定髌骨

考点15：髌骨内方脱位的临床特征和治疗方法★★★★

临床特征：髌骨内方脱位主要发生于犬。站立时，患肢呈弓形腿，膝关节屈曲，趾尖向内，后肢呈不同程度的扭曲性畸形，小腿向内旋转，股四头肌群向内移位。动物行走时为跛行，运动中呈三脚跳步样，触摸髌骨或伸屈膝关节时，可以发现髌骨脱位，一般可自行复位或容易整复复位。

治疗方法：犬髌骨内方脱位一般可自行复位。若复发，较简易的方法是在外侧关节囊做一排伦勃特缝合（间断内翻缝合），加强支持带作用，防止复发。

马髌骨内方脱位一般可以通过后肢突然不能伸展，行走呈三脚跳等临床症状，触诊检查并结合X线检查即可确诊。对于马髌骨内方脱位，需进行滑车成形术。滑车软骨可用手术刀、骨钻或骨锉剔除，滑车软骨剔除量应该足够容纳50%的髌骨。

【例题1】犬髌骨内方脱位，确诊的方法是（D）。
A. B超检查　　B. 膝反射检查　　C. 抽屉试验　　D. X线检查　　E. 关节穿刺检查

【例题2】小型犬因滑车沟变浅造成的髌骨脱位的治疗方法，可以采取（A）。
A. 滑车成形术　　　　　B. 胫骨移位术　　　　　C. 石膏绷带固定
D. 张力绷带固定　　　　E. 股骨胫骨截断术

【例题3】马，2岁，右侧后肢经常突然不能伸展，行走呈三脚跳，经X线检查髌骨偏离滑车，需进行滑车成形术，滑车软骨剔除量应该能容纳髌骨的（E）。
A. 5%　　　B. 10%　　　C. 20%　　　D. 30%　　　E. 50%

考点16：髋关节脱位的种类、临床特征和治疗方法★★★★

髋关节脱位是指股骨头部分或全部从髋臼中脱出的疾病，常见于牛、马、犬。髋关节窝浅、股骨头的弯曲半径小、髋关节韧带薄弱是发病的主要原因。分娩的奶牛突然摔倒时后肢外伸，也可发生髋关节脱位。

根据股骨头变位的方向，髋关节脱位分为前方脱位、上外方脱位、后方脱位和内方脱位。

前方脱位：股骨头转位固定于关节前方，大转子向前方突出，髋关节变形隆起，他动运动时可以听到捻发音；站立时患肢外旋，运步强拘，患肢拖曳而行，肢抬举困难。患病时间较长时，起立、运步均困难。

上外方脱位：股骨头被异常地固定在髋关节上方，站立时，患肢明显缩短，呈内收肢势或伸展状态。同时，患肢外旋，蹄尖朝向前外方，患肢飞节比对侧高数厘米。他动运动时患肢外展受限，内收容易。

后方脱位：股骨头被异常固定于坐骨外支下方。站立时，患肢外展叉开，比健肢长，患侧臀部皮肤紧张，股二头肌前方出现凹陷沟，大转子原来位置凹陷。

内方脱位：股骨头进入闭孔内，站立时患肢明显缩短。他动运动内收外展均容易。运动时，患肢不能负重，以蹄尖着地拖行。直肠检查时，可在闭孔内摸到股骨头。

治疗方法：牛、犬髋关节脱位可以实施闭合性修复或开放性整复。

【例题1】公牛配种后，髋关节变形、隆起，他动运动时，可听到捻发音。站立时，患肢外展，运步强拘，患肢拖曳而行。该牛可能发生了（A）。
A. 髋关节前方脱位　　　　B. 髋关节外方脱位　　　　C. 膝关节内方脱位
D. 髋关节内方脱位　　　　E. 髋关节后方脱位

【例题2】水牛，耕田时右后肢不慎踏入壕沟，站立时右后肢外展，不能负重，运步拖曳行走，大转子向上方突出，患肢外展受限，内收容易。该牛髋关节可能患（E）。
A. 后方脱位　　B. 内方脱位　　C. 前方脱位　　D. 下方脱位　　E. 上外方脱位

【例题3】成年牛滑倒后不能起立，强行站立后患后肢不能负重，比健肢缩短，抬举困难，以蹄尖着地拖行。髋关节他动运动，有时可听到捻发音。若直肠检查在闭孔内摸到股骨头，病牛可诊断为（C）。
A. 前方脱位　　B. 后方脱位　　C. 内方脱位　　D. 上方脱位　　E. 下方脱位

考点 17：犬髋关节发育异常的临床特征和治疗方法 ★★★

犬髋关节发育异常是指生长发育阶段的犬出现的一种髋关节病，病犬股骨头与髋臼错位，股骨头活动增多。临床上以髋关节发育不良和不稳定为特征，股骨头从关节窝半脱位到全脱位，最后引起髋关节变性性关节病。本病多见于大型、快速生长的品种，如牧羊犬。

治疗原则是控制运动，减少体重，给予镇静药，手术治疗可用髋关节成形术。切断耻骨肌，可以减轻疼痛。限制幼犬的生长速度，避免高能量食物是预防本病发生的基础。

考点 18：脊髓损伤的种类、临床特征和治疗方法 ★★★

脊髓损伤是指在外力作用下引起脊髓组织的震荡、挫伤或压迫性损伤。脊髓挫伤震荡是因脊柱骨折或脊髓组织受到外伤所引起的脊髓损伤。临床上，以呈现损伤脊髓节段支配运动的相应部位及感觉障碍和排粪、排尿障碍为特征。

一般把脊髓具有肉眼及病理组织变化的损伤称为脊髓挫伤，缺乏形态学改变的损伤称为脊髓震荡。临床上多见的是腰脊髓损伤，使后躯瘫痪，称为截瘫。

治疗方法：脊髓损伤的治疗原则是加强护理，防止脱位，消炎止痛，兴奋脊髓。动物疼痛明显时，可以应用镇静剂和止痛药，如水合氯醛、溴剂等。

【例题 1】犬，车祸后意识清醒，头颈不能抬起，四肢麻痹，呈完全瘫痪状态，其受伤部位可能在（C）。

A. 大脑　　　B. 脑干　　　C. 颈部脊髓　　　D. 胸部脊髓　　　E. 腰部脊髓

【例题 2】脊髓受伤时，给动物注射水合氯醛的目的是（A）。

A. 镇静　　　B. 消炎　　　C. 活血　　　D. 止血　　　E. 镇痛

考点 19：椎间盘突出的临床特征和治疗方法 ★★★★

椎间盘突出是指纤维环破裂，髓核突出，压迫脊椎引起的一系列症状。临床上以疼痛、共济失调、麻木、运动障碍或感觉运动的麻痹为特征，是小动物的常见病，多见于体型小、年龄大的软骨营养障碍类犬。

临床特征：颈椎间盘突出主要表现为颈部敏感、疼痛。站立时，颈部肌肉呈现疼痛性痉挛，鼻尖抵地，腰背拱起；运步小心，头颈僵直，耳竖起；触诊颈部肌肉紧张或痛叫。重病者，颈部、前肢麻木，共济失调或四肢截瘫。第 2、第 3 和第 3、第 4 椎间盘发病频率最高。胸腰椎间盘突出，动物病初严重疼痛、呻吟，不愿挪步或行动困难，以后突然发生两后肢运动障碍和感觉消失，但两前肢往往正常。病犬尿失禁，肛门反射迟钝。

治疗方法：疼痛、肌肉痉挛、轻度伸颈缺陷，如疼痛性麻木及共济失调，适宜保守疗法。通过强制休息、消炎镇痛等，减轻脊髓及神经炎症，促使背纤维愈合。皮质类固醇（地塞米松、泼尼松等）是治疗本病综合征的首选药。病情严重者，可以施行外科手术治疗。

【例题】腊肠犬，10 岁，头颈僵直，耳竖起，鼻尖抵地，运步小心，触诊颈部敏感。该犬最可能患有（D）。

A. 肱骨骨折　　　　　　B. 肘关节炎　　　　　　C. 桡神经麻痹
D. 颈椎间盘突出　　　　E. 肩胛上神经麻痹

考点 20：神经麻痹的治疗方法 ★★★

神经麻痹的治疗原则是除去病因，恢复机能，促进再生，防止感染、瘢痕形成及肌肉萎缩。

为了兴奋神经，可以应用电针疗法。为了促进机能恢复，提高肌肉的紧张力和促进血液循环，可以应用按摩疗法，在按摩后配合涂擦刺激剂。在应用上述疗法的同时，配合使用维生素（维生素 B_{12}、维生素 B_1 等）。为了防止瘢痕形成和组织粘连，可以在局部应用透明质酸酶、链激酶或链道酶。透明质酸酶 2~4mL，神经鞘外一次注射。链激酶 10 万 U、链道酶 25 万 U，溶于 10~50mL 灭菌蒸馏水中，神经鞘外一次注射。

为了预防肌肉萎缩，可以试用低频脉冲电疗、感应电疗、红外线。为了兴奋骨骼肌，可肌内注射氢溴酸加兰他敏注射液，每天每千克体重 0.05~0.1mg。此外，在应用兴奋剂后，每天用 0.9% 氯化钠溶液 150~300mL 分数点注入患部肌肉内。进行主动运动（牵遛运动）有助于肌肉萎缩的恢复。对患外周神经损伤或神经麻痹的动物，混在放牧群中放牧，有望自然康复。针灸疗法对神经麻痹有良好效果。必要时可实施手术疗法，如神经松解术和神经吻合术等。

考点 21：肘头黏液囊炎的临床特征和治疗方法 ★★★

在动物皮肤、筋膜、韧带、腱和肌肉下面，以及骨和软骨突起的部位存在黏液囊，以减少摩擦。黏液囊壁由里面的内膜和外面的结缔组织构成。当黏液囊发炎时，往往黏液囊内液体增多，囊壁增厚。

临床特征：患病动物肘头部出现界线明显的肿胀，初期可感温热，似生面团样，微有痛感，由于渗出液的浸润和黏液囊周围结缔组织的增生，变得较为坚实。有时黏液囊膨大，有波动。小的有鸡蛋大，大的有拳头大，波动性肿胀，无热无痛，未见明显跛行。破溃时流出带血的渗出液。

治疗方法：黏液囊内含物有时可被吸收，黏液囊周围的炎症也随之消失。如果黏液囊肿大，影响患肢活动，可以实施黏液囊摘除术。

【例题 1】肘头黏液囊炎的临床特点是（D）。
A. 温热敏感　　B. 疼痛敏感　　C. 跛行敏感　　D. 生面团样　　E. 穿刺液不黏稠

【例题 2】德国牧羊犬，2 岁，雄性，近 2 个月来在右肘头出现鸡蛋大小的逐渐增大的波动性肿胀，无热无痛，未见明显跛行。根治本病最佳的方法是（E）。
A. 热敷　　　　　　　　B. 引流　　　　　　　　C. 封闭疗法
D. 涂擦刺激剂　　　　　E. 肿胀物摘除术

考点 22：牛腕前黏液囊炎的临床特征和治疗方法 ★★★

临床特征：腕关节前面发生局限性、带有波动性的隆起，逐渐增大，无痛无热，时日较久，患病皮肤被毛卷缩，皮下组织肥厚。牛的腕前膨大可增至排球大小，脱毛的皮肤胼胝化，上皮角化，呈鳞片状。肿胀的内容物多为浆液性，混有纤维素小块。

治疗方法：实行姑息疗法，即穿刺放液后注入适量的复方碘溶液或可的松。对特大的腕前皮下黏液囊炎，施行手术切开或摘除。

【例题】某奶牛场有多头奶牛腕关节前出现囊性肿胀，大如拳头，按压柔软、无热、有波动感，患部皮肤变硬、增厚、脱毛，无跛行。该牛最可能发生的疾病是（C）。
A. 腕关节积液　　　　B. 腕部血肿　　　　C. 腕前皮下黏液囊炎
D. 腕关节滑膜炎　　　E. 腕关节腱鞘炎

第十三章　皮肤病

轻装上阵

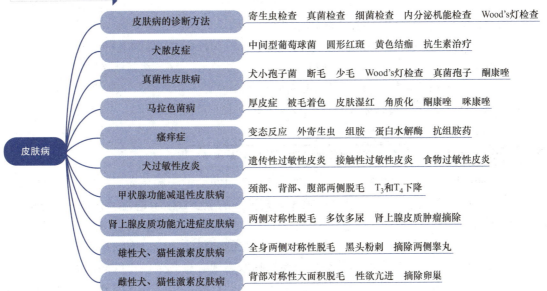

如何考？　　本章考点在考试中主要出现在 A2、A3/A4 型题中，每年分值平均 2 分。下列所述考点均需掌握。各类皮肤病是考查最为频繁的内容，希望考生予以特别关注。

考点冲浪

考点 1：皮肤病的临床表现和诊断方法★★★

皮肤病分为原发性损害和继发性损害。原发性损害的主要表现有斑点、斑、丘疹、结或结节、脓疱、风疹、水疱、大疱和肿瘤 9 种；继发性损害的主要表现有鳞屑、瘢痕、糜烂、溃疡、表皮脱落、苔藓化、色素过度沉着、角化不全和黑头粉刺等。

诊断方法：皮肤病必须通过实验室检查才能做出正确诊断。实验室检查内容主要包括寄生虫检查、真菌检查、细菌检查、变态反应检查、内分泌机能检查等。

寄生虫的检查方法主要有玻璃纸带检查、皮肤病料检查、粪便检查；真菌的检查方法主要有镜检、Wood's（伍氏）灯检查和真菌培养；细菌的检查方法主要有涂片染色镜检、细菌培养和药敏试验。变态反应检查主要采用皮内反应和斑贴试验；内分泌机能检查主要测定甲状腺、肾上腺和性腺的机能。

考点2：犬脓皮症的发病原因、临床特征和治疗方法★★★

犬脓皮症是由化脓菌感染引起的皮肤化脓性疾病，北京犬、可卡犬等品种犬易发，临床上发病率高，主要表现为幼犬脓皮症、浅层脓皮症和深部脓皮症3种类型。

发病原因：中间型葡萄球菌是主要致病菌。金黄色葡萄球菌、表皮葡萄球菌、链球菌、化脓性棒状杆菌、大肠杆菌和奇异变形杆菌等也可引起本病的发生。

临床特征：浅层脓皮症是犬常见的皮肤病。病灶多为圆形脱毛、圆形红斑、黄色结痂、丘疹、脓疱、斑丘疹或结痂斑。实验室诊断可从患病皮肤直接涂片或刮取涂片，革兰氏染色可以发现阳性球菌。

治疗方法：局部配合全身使用抗生素是治疗脓皮症的基本原则。当临床脓皮症症状缓解后，建议继续使用抗生素7~10d，以减少复发。

【例题1】犬患部皮肤刮片镜检，可见大量革兰氏阳性球菌，最可能的诊断是（B）。
A. 疥螨病　　　　　　B. 脓皮症　　　　　　C. 蠕形螨病
D. 马拉色菌病　　　　E. 犬小孢子菌感染

【例题2】治疗犬细菌性脓皮症时，症状缓解后至少需要治疗（C）。
A. 2d　　　B. 4d　　　C. 7d　　　D. 12h　　　E. 24h

考点3：真菌性皮肤病的发病原因和临床特征★★★★★

真菌性皮肤病又称皮肤癣病，是由嗜毛发真菌引起的毛干和角质层的感染，常发生于犬、猫，尤其是幼年的犬、猫。犬、猫真菌性皮肤病的主要致病菌是犬小孢子菌，其次是石膏样小孢子菌、须毛癣菌和马拉色菌等。

临床特征：患真菌性皮肤病的猫以小于6月龄的幼猫为主，以圈状掉毛为主，并不断向外扩散。断毛、少毛、无毛和掉毛是主要的临床表现。患真菌性皮肤病的犬、猫患部皮肤干燥，断毛、掉毛，四肢、躯干、腹部多处出现圆形脱毛区，并有向外扩散的趋势，局部皮屑较多。也有的不脱毛、无皮屑，但患部有丘疹、脓疱或脱毛区皮肤隆起、发红、结节化。

【例题】大丹犬，四肢、躯干、腹部多处有铜钱大脱毛区，局部皮屑较多，并有向外扩散的趋势。根据临床表现，本病最不可能的病原是（C）。
A. 马拉色菌　　　　　B. 须毛癣菌　　　　　C. 球孢子菌
D. 犬小孢子菌　　　　E. 石膏样小孢子菌

考点4：真菌性皮肤病的诊断方法和治疗药物★★★★★

诊断方法：诊断真菌感染常用Wood's灯检查、镜检和真菌培养。Wood's灯检查是指用该灯在暗室里照射病患部位的毛、皮屑或皮肤缺损区，出现荧光为阳性。患部拔毛，或刮取患部鳞片、断毛或痂皮置于载玻片上，加数滴10%氢氧化钾于载玻片样本上，微加热后盖上盖玻片。显微镜下见到真菌孢子，即可确认真菌感染阳性。

治疗方法：治疗真菌感染主要根据疾病的轻重，一般采用抗真菌药进行治疗，可敷酮康唑乳膏、制霉菌素和克霉唑软膏或特比萘芬霜。

【例题1】临床上犬、猫癣病诊断较合适的检查方法是（E）。
A. 血液学检查　　　　B. 免疫学检查　　　　C. 血清学检查
D. 皮肤切片检查　　　E. 伍氏（Wood's）灯检查

【例题2】治疗家畜皮肤真菌感染常用的方法是（D）。
A. 外用甲硝唑　　　　B. 口服甲硝唑　　　　C. 口服醋酸氯己定
D. 外用酮康唑　　　　E. 外用地塞米松

考点5：马拉色菌病的发病原因、临床特征和治疗方法 ★★★

马拉色菌病又称厚皮症，是犬的一种真菌病。马拉色菌是一种单细胞真菌，经常少量发现于外耳道、口周、肛周和潮湿的皮褶处。

犬马拉色菌比较常见，尤其是美国可卡犬、西高地犬、腊肠犬。犬舔患部皮肤，是犬马拉色菌感染的主要因素。

临床特征：被毛着色和患部皮肤湿红是本病的主要表现，伴有局部或广泛性脱毛、慢性红斑和脂溢性皮炎。随病情缓慢发展，皮肤出现苔藓化，色素沉着和过度角质化，通常有难闻的气味。

治疗方法：一般使用2%酮康唑软膏涂擦，再用2%咪康唑涂擦，直至病变消退。

【例题】成年犬，外耳道瘙痒、被毛着色、皮肤湿红。此犬最可能患（D）。
A. 脓癣　　B. 蠕形螨病　　C. 念珠菌病　　D. 马拉色菌病　　E. 犬小孢子菌病

考点6：瘙痒症的发病原因和治疗方法 ★★★

瘙痒症是一种症状而非一种疾病，一般因变态反应、外寄生虫、细菌感染和某些特发性疾病引起。对于瘙痒症的原因，一般认为传递介质是组胺和蛋白水解酶。病畜主要表现为瘙痒不安。

治疗方法：可以使用皮质类固醇或非类固醇类抗瘙痒药物（如阿司匹林、抗组胺药或者必需脂肪酸等）进行治疗。

考点7：湿疹的临床特点和治疗方法 ★★

湿疹是致敏物质对皮肤的表皮细胞所引起的一种炎症反应。临床特点是患部皮肤出现红斑、血疹、水疱、糜烂、结痂和鳞屑等，并伴有热、痛、痒等症状。春、夏季多发。

治疗方法：治疗原则是除去病因、脱敏和消炎等。脱敏止痒可以肌内注射盐酸异丙嗪，或肌内注射盐酸苯海拉明。

考点8：犬过敏性皮炎的类型和发病原因 ★★★

犬的皮肤过敏主要有3种形式，即遗传性过敏性皮炎、接触性过敏性皮炎和食物过敏性皮炎。

遗传性过敏性皮炎是指某些易感品种动物对环境中的过敏原产生的Ⅰ型超敏反应（过敏反应）。遗传性过敏性皮炎是动物受到遗传基因的影响而对外界过敏原表现相对敏感的结果。

接触性过敏性皮炎是一种在稀毛区不常出现的丘疹，即斑性皮炎。本病多发于接触易产生过敏反应的动物，是机体对于经皮肤吸收的半抗原产生的细胞介导的Ⅳ型超敏反应。

食物过敏性皮炎是由饮食引起的不常见的非阵发性的过敏,是犬对于消化吸收的食物及添加剂产生的反常的免疫反应。食物过敏并不常与饮食的改变伴随出现。有些动物甚至食用引起过敏的食物超过2年而不引发任何症状。可能引发犬过敏的食物原料包括牛肉、牛奶、禽产品、小麦、大豆、谷物、羊肉和鸡蛋等。

考点9：甲状腺功能减退性皮肤病的临床特征和治疗方法 ★★★★

犬、猫发生甲状腺功能减退症时,皮肤出现异常脱毛。

临床特征:犬患病时,四肢和头部一般不脱毛,脱毛区一般在颈部、背部、胸腹两侧。被毛稀疏,皮肤干燥,常有异味(细菌感染)。主要症状为患部被毛稀少,精神委顿,不愿走动,很易死亡。血液生化检测 T_3(三碘甲腺原氨酸)和 T_4(甲状腺素)低于正常值。

治疗方法:治疗甲状腺功能减退症,可服用甲状腺激素,配合香波洗涤患病犬。

【例题】白色比熊犬,初期在鼻梁、继而在肘关节和膝关节周围以上部位脱毛,皮肤干燥,常有异味,无明显瘙痒症状,触摸皮温较低。本病实验室诊断应选择的项目是(C)。

A. 血清总蛋白+ALT B. 血清总蛋白+AST C. 皮肤病理检查+T_4
D. 尿蛋白+ALP E. 血糖+CK

考点10：肾上腺皮质功能亢进症皮肤病的临床特征和诊断方法 ★★★★

肾上腺皮质功能亢进症又称库兴氏综合征,是指一种或数种肾上腺皮质激素分泌过多而导致的疾病,是犬常见的内分泌疾病之一。常见于垂体肿瘤和肾上腺皮质肿瘤。

临床特征:主要表现为两侧对称性脱毛,食欲异常,腹部膨大,多饮多尿,四肢肌肉无力,运步蹒跚。常见病犬肥胖、脱毛和代谢异常。

诊断方法:腹部超声或X线检查,可见肾上腺肿瘤或增生肥大。同时,结合促肾上腺皮质激素(ACTH)试验,鉴定肾上腺肿瘤和垂体肿瘤。应用肾上腺皮质肿瘤摘除法进行治疗。

【例题】公犬,9岁,一年来表现腹部肥大和对称性脱毛,多饮多尿,食欲亢进,肌肉萎缩无力,嗜睡。该犬所患疾病是(A)。

A. 库兴氏综合征 B. 雄激素分泌过多 C. 甲状腺功能亢进症
D. 甲状腺功能减退症 E. 肾上腺皮质功能减退症

考点11：雄性犬、猫性激素皮肤病的临床特征和治疗方法 ★★★

雄性犬、猫性激素皮肤病主要见于未去势的犬、猫或中老龄犬、猫,多是由雄激素分泌过多,或雄激素前体生成过多所致。

临床特征:主要表现为全身两侧对称性脱毛,可能呈现泛发性脱毛,但很少波及头部和四肢。未去势公猫在尾背部出现黑头粉刺。去势犬脱毛处被毛颜色变浅。

治疗方法:未去势公猫,首选去势术。摘取两侧睾丸是根治的首选措施。

考点12：雌性犬、猫性激素皮肤病的临床特征和治疗方法 ★★★

雌性犬、猫性激素皮肤病主要见于未绝育的母犬或早年绝育的母犬,多是由雌激素分泌过多，或外源性雌激素使用过多所致，常见于卵巢肿瘤或卵巢囊肿。

临床特征：主要表现为母犬躯干背部慢性对称性大面积脱毛，但很少波及头部和四肢，脱毛处色素过度沉着。母犬持续发情，性欲亢进，阴门红肿，但母犬拒绝交配。

治疗方法：对于卵巢囊肿的母犬，可以肌内注射促黄体素治疗；黄体囊肿的母犬可以肌内注射前列腺素治疗。若药物治疗无效，手术摘除卵巢是根治的首选措施。

第十四章　蹄病

轻装上阵

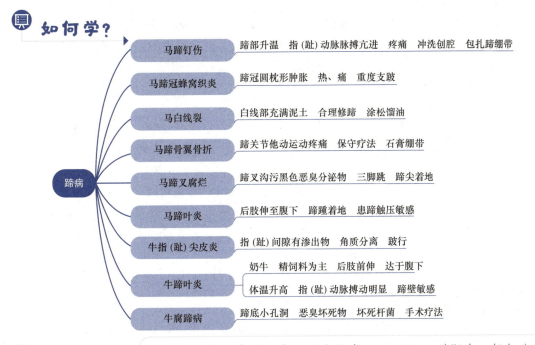

如何考？

本章考点在考试中主要出现在 A2、A3/A4 型题中，每年分值平均 3 分。下列所述考点均需掌握。各类蹄病是考查最为频繁的内容，每年必考，希望考生予以特别关注。

考点冲浪

考点1：马蹄钉伤的临床特征和治疗方法★★★

临床特征：在装蹄时，蹄钉从肉壁下缘、肉底外缘嵌入，损伤蹄真皮，即发生钉伤。直接钉伤在下钉时就会发现肢蹄有抽动表现，造钉节时再次出现抽动现象。拔出蹄钉时，钉尖有血液附着或由钉孔溢出血液。装蹄完成后，受钉伤的肢蹄即出现跛行，2~3d 后跛行增重。间接钉伤是敏感的蹄真皮层受位置不正的蹄钉压挤而发病，多在装蹄后 3~6d 出现原因不明的跛行。临床主要表现为蹄部升温，指（趾）动脉脉搏亢进，敲打患部钉节或钳压钉头时，出现疼痛反应，表现有化脓性蹄真皮炎的症状。

治疗方法：直接钉伤可以在装蹄过程中发现，应立即取下蹄铁，向钉孔内注入碘酊，涂敷松馏油，再用蹄膏填塞蹄负面的缺损部。在拔出导致钉伤的蹄钉后，改换钉位装蹄。如有化脓性蹄真皮炎，扩大创孔，以利于排脓。用3%过氧化氢溶液或0.1%高锰酸钾溶液冲洗创腔，涂敷松馏油，包扎蹄绷带。

【例题】马，3岁，装蹄5d后左前肢出现跛行，站立时不敢负重，运动时系部直立，触诊蹄部升温，指动脉脉搏亢进，叩诊患部有疼痛反应。本病可能是（C）。
A. 蹄变形　　B. 白线裂　　C. 蹄钉伤　　D. 蹄叉腐烂　　E. 蹄裂

考点2：马蹄冠蜂窝织炎的临床特征和治疗方法★★★

马蹄冠蜂窝织炎是指发生在蹄冠皮下、真皮和蹄缘真皮，以及与蹄匣上方相邻被毛皮肤的真皮化脓性或化脓坏疽性炎症。

临床特征：病马在四肢蹄冠形成圆枕形肿胀，触诊有热、痛，蹄冠缘常发生剥离。患肢表现为重度支跛。体温升高，精神沉郁。蹄冠蜂窝织炎可并发附近的韧带、腱、蹄软骨的坏死，蹄关节化脓性炎症，严重病例可造成蹄匣脱落。

治疗方法：在蹄冠上做许多垂直切口，以减缓组织内的压力和预防组织坏死。

【例题1】蹄冠蜂窝织炎的临床特点是（D）。
A. 无热　　B. 无痛　　C. 无跛行　　D. 重度支跛　　E. 重度悬跛

【例题2】马，4岁，体温40.1℃，四肢蹄冠先后出现圆枕形肿胀，触诊有热、痛，支跛，根据临床表现，诊断所患蹄病是（E）。
A. 蹄裂　　B. 白线裂　　C. 蹄叶炎　　D. 蹄叉腐烂　　E. 蹄冠蜂窝织炎

【例题3】马，6岁，体温40.5℃。病初，左后肢蹄角质与皮肤交界处呈圆枕形肿胀，之后患部皮肤与蹄角质之间发生剥离，重度支跛。本病适宜的治疗方法是（D）。
A. 削薄蹄冠部蹄角质　　B. 蹄叉切开　　C. 蹄侧壁切开
D. 蹄冠部皮肤上做数个线状切口　　E. 掌部封闭

考点3：马白线裂的临床特征和治疗方法★★★★

马白线裂是指白线部角质的崩坏及变性腐败，导致蹄底和蹄壁发生分离。本病多发生于马、骡的前蹄蹄侧壁或蹄踵壁。

临床特征：跣蹄马举肢检查，易于发现病灶，白线部凹陷，充满粪、土、泥、沙。装蹄马必须取下蹄铁进行检查，多在削蹄时发现白线裂的所在部位。

治疗方法：治疗原则是防止白线裂缝的加大和促进白线部角质的新生。合理削蹄，不能削过白线。清除蹄底污物，患部涂以松馏油。

【例题】马，4岁，广蹄，装蹄时举肢检查，蹄底与蹄壁之间出现深的凹陷，内充满粪、土，未见跛行。本病最可能的诊断是（B）。
A. 蹄裂　　B. 蹄白线裂　　C. 蹄叶炎　　D. 蹄叉腐烂　　E. 蹄冠蜂窝织炎

考点4：马蹄骨翼和矢状骨折的临床特征和治疗方法★★★

马常发生的蹄骨骨折类型有4种，即蹄骨伸肌突骨折、蹄骨翼骨折、矢状骨折、远侧缘碎片骨折。碎片骨折多由刺伤所引起，由钉伤或异物刺伤引起的蹄骨边缘骨折，从蹄底也可看到致伤物体和伤痕，X线检查可以确诊。

蹄骨翼和矢状骨折是马常见的骨折方式，前肢比后肢多发，赛马的右前肢更多见。

临床特征：除蹄骨翼骨折外，立即出现跛行，而且跛行很剧烈，出汗、颤抖，蹄温升高，指（趾）动脉脉搏亢进。检蹄器压诊时，马表现疼痛，蹄关节他动运动时马非常疼痛。关节内骨折时，关节内可能出现溢血，蹄冠部可能出现肿胀。

治疗方法：蹄骨翼骨折和矢状骨折，一般使用保守疗法，因为蹄壳具有自然固定的作用。若能装石膏绷带或装连尾蹄铁，有利于骨折的恢复。

【例题1】马蹄骨边缘骨折的主要病因是（ B ）。
A. 蹄挫伤　　B. 蹄刺伤　　C. 蹄叶炎　　D. 白线裂　　E. 蹄叉腐烂

【例题2】一般可以采取保守疗法的骨折是（ C ）。
A. 系骨骨折　　B. 冠骨骨折　　C. 蹄骨翼骨折　　D. 掌骨骨折　　E. 桡骨骨折

考点5：马蹄叉腐烂的临床特征★★★★

马蹄叉腐烂是指蹄叉真皮的慢性化脓性炎症，伴发蹄叉角质的腐败分解，是马属动物特有的疾病，多为一蹄发病，有时两三蹄，甚至四蹄同时发病。后蹄多发生。

临床特征：开始可见蹄叉中沟和侧沟有污黑色的恶臭分泌物。如真皮被侵害，立即出现跛行，软地或沙地行走时明显。运步时蹄尖着地，严重者呈三脚跳。

考点6：马蹄叶炎的临床特征★★★★★

马蹄叶炎是指蹄真皮的弥散性、无败性炎症。

临床特征：急性蹄叶炎病马精神沉郁，体温40℃，食欲减退，不愿站立和运动。如两前蹄患病，病马后肢伸至腹下，两前肢向前伸出，以蹄踵着地；两后蹄患病时，前肢向后屈于腹下。触诊患蹄升温，蹄冠处尤其明显，叩诊或压诊患蹄敏感。

【例题1】发生在蹄真皮层的弥散性、无败性炎症是（ A ）。
A. 蹄叶炎　　　　　　B. 滑膜囊炎　　　　　　C. 蹄叉腐败
D. 局限性蹄皮炎　　　E. 蹄冠蜂窝织炎

【例题2】马，5岁，精神沉郁，体温40℃，不愿站立和运动，站立时两前肢前伸，两后肢伸至腹下，以蹄踵着地，叩诊蹄壁敏感。本病最可能的诊断是（ C ）。
A. 蹄裂　　B. 蹄白线裂　　C. 蹄叶炎　　D. 蹄叉腐烂　　E. 蹄冠蜂窝织炎

考点7：牛指（趾）尖皮炎的临床特征★★★

牛指（趾）间皮炎是指没有扩延到深层组织的指（趾）间皮肤的炎症，其特征是皮肤呈湿疹性皮炎症状，有腐败气味。

临床特征：病初球部相邻的皮肤肿胀，表皮增厚和充血，指（趾）尖间隙有渗出物，并有轻度跛行，出现角质分离，跛行明显。严重的引起蹄匣脱落，病牛被迫淘汰。

【例题】奶牛，4岁，轻度跛行，左前肢蹄球部相邻的皮肤充血肿胀，增厚，指间隙有渗出物，呈腐败臭味，压诊患部有痛感。该牛最可能患的蹄病是（ D ）。
A. 腐蹄病　　　　　　B. 蹄叶炎　　　　　　C. 局限性蹄皮炎
D. 指（趾）间皮炎　　E. 指（趾）间皮肤增生

考点 8: 牛蹄叶炎的发病原因和临床特征 ★★★★★

牛蹄叶炎分为急性蹄叶炎、亚急性蹄叶炎和慢性蹄叶炎。最常发病的是前肢的内侧指和后肢的外侧趾。

发病原因：牛蹄叶炎的发病原因是多方面的，包括分娩前后到泌乳高峰时期食入过多的碳水化合物精饲料、运动不足、遗传因素和季节因素等。母牛发生本病与产犊有密切关系，奶牛中以精饲料为主的饲养方式发病率较高。

临床特征：病牛运步困难，特别是在硬地上。站立时弓背，四肢收在一起，如前肢发病时，症状更加严重，后肢向前伸，达于腹下，以减轻前肢的负担。有时可见前肢交叉，以减轻两内侧患指的负重，通常内侧指疼痛更明显，一些牛常用腕关节跪地采食。病牛不愿站立，长时间躺卧，体温升高，脉搏加快，指（趾）动脉搏动明显，蹄冠皮肤发红、升温，蹄壁叩击敏感。蹄底角质脱色，变为黄色，有不同程度的出血。

【例题 1】奶牛，产后 10d，体温 39.6℃，不愿站立，两前肢蹄壁敏感、温热，指（趾）动脉搏动明显；强行站立时，两后肢伸至腹下。本病最可能的原因是（D）。
A. 缺磷　　　B. 缺钙　　　C. 缺镁　　　D. 过食精饲料　　E. 过食干草

【例题 2】奶牛，处于泌乳高峰期，长期饲喂精饲料和青贮饲料；跛行，站立时弓背，后肢向前伸，达于腹下；指（趾）动脉搏动明显，蹄冠皮肤发红、升温，蹄壁叩击疼痛、敏感，最可能的蹄病是（A）。
A. 蹄叶炎　　　　　　B. 腐蹄病　　　　　　C. 局限性蹄皮炎
D. 指（趾）间皮炎　　E. 指（趾）间皮肤增生

考点 9: 牛腐蹄病的临床特征和治疗方法 ★★★★

牛腐蹄病又称传染性蹄皮炎，为牛常见的蹄病。其中以坏死杆菌引起的病变最为常见，占引起跛行的蹄病的 40%~60%。

临床特征：病牛突然跛行，精神沉郁，体温升至 40~41℃。四肢蹄部肿胀，触诊有热、痛。多数病牛蹄底发现小孔或大洞，用探针可测出其深度。指（趾）间皮肤常找到溃疡面，其上覆盖有恶臭的坏死物。有的出现全身性败血症症状，病程较长者在蹄冠缘、指（趾）间或蹄球处找到窦道。细菌学检查发现坏死杆菌。

治疗方法：对于腐蹄病的治疗，一般可施行手术疗法。用 3%~5% 高锰酸钾、5% 硫酸铜等局部消毒，扩创，除去坏死角质层，撒碘仿磺胺粉，外用松馏油后，包扎蹄绷带。同时全身应用抗生素治疗。

【例题 1】奶牛，跛行，体温 40.5℃，四肢蹄部肿胀，触诊有热、痛，右后肢蹄底有窦道，内有恶臭坏死物。病原检查发现坏死杆菌。最可能的蹄病是（B）。
A. 蹄叶炎　　　　　　B. 腐蹄病　　　　　　C. 局限性蹄皮炎
D. 指（趾）间皮炎　　E. 指（趾）间皮肤增生

【例题 2】奶牛，跛行，精神沉郁，体温 40.8℃，左后肢蹄部肿胀，触诊有热、痛，蹄底有窦道，趾间皮肤有溃疡，并覆盖有恶臭坏死物。最有效的治疗方法是（C）。
A. 冷敷　　　B. 热敷　　　C. 手术疗法　　　D. 激素疗法　　　E. 输液疗法

第十五章　术前准备

轻装上阵

如何学？

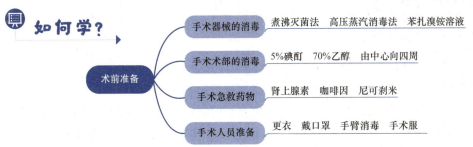

术前准备
- 手术器械的消毒：煮沸灭菌法　高压蒸汽消毒法　苯扎溴铵溶液
- 手术术部的消毒：5%碘酊　70%乙醇　由中心向四周
- 手术急救药物：肾上腺素　咖啡因　尼可刹米
- 手术人员准备：更衣　戴口罩　手臂消毒　手术服

如何考？

本章考点在考试中主要出现在A1型题中，每年分值平均1分。下列所述考点均需掌握。对于重点内容，希望考生予以特别关注。

考点冲浪

考点1：手术器械的消毒方法★★★★

外科手术中常用的手术器械有手术刀、手术剪、手术镊、持针钳、缝针、巾钳、肠钳、牵开器，以及骨膜剥离器（骨膜起子）、骨剪、线锯、骨钻、骨凿、骨锉等。手术剪分为组织剪和剪线剪。正确持剪姿势是拇指和无名指插入剪柄的两个环中，食指轻压在剪柄和剪刀交界关节处。

手术器械的消毒方法主要有煮沸灭菌法、高压蒸汽消毒法、化学药品消毒法，以及流通蒸汽灭菌法和紫外线照射法。煮沸灭菌法广泛应用于多种物品的消毒，常用煮沸灭菌器灭菌消毒；而化学药品消毒法不需要特殊设备，使用方便。常用的化学消毒药品主要有下列几种。

0.1%苯扎溴铵溶液：苯扎溴铵（新洁尔灭）具有杀菌和去垢效力，作用强而快，对金属无腐蚀作用，不污染衣服，性质稳定，易于保存，属消毒防腐类药，最常用于浸泡消毒手臂、器械或其他可浸湿用品等，常用于刀片、剪刀、缝针的消毒，浸泡时间为30min。0.1%苯扎溴铵溶液中加0.5%亚硝酸钠，配成"防锈苯扎溴铵溶液"，有防止金属器械生锈的作用。

70%乙醇：常用于浸泡器械，特别适用于有刃的器械，浸泡时间不少于30min。

聚乙烯酮碘：又称碘附，常用7.5%溶液消毒皮肤，1%~2%溶液消毒阴道，0.5%溶液以喷雾方式用于鼻腔、口腔、阴道黏膜的防腐。

【例题1】骨科专用手术器械不包括（D）。
A. 骨凿　　B. 骨锉　　C. 线锯　　D. 石膏锯　　E. 骨膜起子

【例题2】用于手术器械和用品的消毒方法不包括（E）。
A. 煮沸灭菌法　　　　B. 紫外线照射法　　　　C. 高压蒸汽灭菌法
D. 流通蒸汽灭菌法　　E. 碘酊浸泡法

【例题3】持手术剪的正确姿势是（A）。
A. 拇指和无名指分别插入剪柄的两个环中　B. 拇指和中指分别插入剪柄的两个环中
C. 拇指和小指分别插入剪柄的两个环中　　D. 拇指和食指分别插入剪柄的两个环中
E. 拇指插入剪柄一环，无名指和小指插入另一环中

【例题 4】0.1%苯扎溴铵溶液浸泡消毒手术器械时，为防止生锈，应添加的药物是（E）。
A. 5%碘酊 B. 70%乙醇 C. 10%甲醛 D. 2%戊二醛 E. 0.5%亚硝酸钠

考点2：手术术部的消毒方法★★★

手术术部皮肤的消毒常用的药物是5%碘酊、2%碘酊（用于小动物）和70%乙醇。在涂擦碘酊或酒精时应该注意，如是无菌手术，应由手术区的中心部向四周涂擦；如是已感染的创口，则应由较清洁处涂向患处。

考点3：手术急救药物和手术人员的准备★★★

手术前准备的急救药物主要有肾上腺素、咖啡因和尼可刹米。

肾上腺素：当麻醉、手术意外、药物中毒、窒息、过敏性休克、心脏传导阻滞等原因引起心搏骤停时，肾上腺素可作为急救药以恢复心跳。急救时，常用0.1%盐酸肾上腺素注射液用生理盐水做10倍稀释后进行静脉滴注。

咖啡因：当麻醉药中毒或危重疾病而致中枢抑制、呼吸麻痹时，咖啡因是一种良好的苏醒药物。

尼可刹米：常用的呼吸中枢兴奋剂，主要用于中枢抑制药中毒或其他疾病引起的中枢性呼吸抑制。

手术人员在手术前应做的准备工作包括更衣（手术人员在术前要更换清洁衣裤和鞋）、戴好手术帽和口罩，进行手臂的消毒，穿戴无菌的手术服和手套。

【例题】手术人员的准备与消毒顺序是（A）。
A. 更衣-戴手术帽和口罩-手臂消毒-穿无菌手术衣-戴无菌手套
B. 更衣-手臂消毒-戴手术帽和口罩-穿无菌手术衣-戴无菌手套
C. 更衣-戴手术帽和口罩-穿无菌手术衣-手臂消毒-戴无菌手套
D. 手臂消毒-更衣-戴手术帽和口罩-穿无菌手术衣-戴无菌手套
E. 更衣-手臂消毒-戴手术帽和口罩-戴无菌手套-穿无菌手术衣

第十六章 麻醉技术

轻装上阵

如何学？

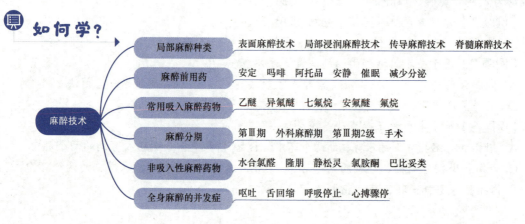

本章考点在考试中主要出现在A1、A2型题中,每年分值平均1分。下列所述考点均需掌握。对于重点内容,希望考生予以特别关注。

考点冲浪

考点1：局部麻醉的种类和临床应用 ★★★

局部麻醉是指利用某些药物有选择性地暂时阻断神经末梢、神经纤维及神经干的冲动传导，从而使其分布或支配的相应局部组织暂时丧失痛觉的技术。局部麻醉技术分为表面麻醉技术、局部浸润麻醉技术、传导麻醉技术和脊髓麻醉技术。

表面麻醉技术：指将局部麻醉药滴洒、涂布或喷洒于黏膜表面，利用麻醉药的渗透作用使其透过黏膜而阻滞浅在的神经末梢产生麻醉的技术。表面麻醉多用于眼结膜和角膜及口、鼻、直肠、阴道黏膜的麻醉。一般使用0.5%丁卡因或2%利多卡因溶液。

局部浸润麻醉技术：指将局部麻醉药沿手术切口线皮下注射或深部分层注射，阻滞周围组织中的神经末梢而产生麻醉的技术。按手术需要，可以选用直线注射、菱形注射、扇形注射、病灶基部注射及分层注射。

传导麻醉技术：指将局部麻醉药注射到神经干周围，使其所支配的区域失去痛觉而产生麻醉的技术。常用2%~5%盐酸普鲁卡因或2%盐酸利多卡因。

脊髓麻醉技术：指将局部麻醉药注射到硬膜外腔，阻滞脊神经的传导，使其所支配的区域无痛而产生麻醉。兽医临床的脊髓麻醉主要采取硬膜外注射，其适应证为难产救助及尾部、会阴、阴道、直肠与膀胱等手术，也可用于后肢手术。硬膜外麻醉注射部位为腰荐间隙之间，一般注射2%普鲁卡因溶液，剂量为10~15mL，或用2%利多卡因，剂量为5~10mL。大动物中牛的硬膜外麻醉最为常用，其注射部位一般在第1、第2尾椎之间。

【例题1】角膜表面麻醉，常用丁卡因的浓度是（B）。
A. 0.1%　　B. 0.5%　　C. 2.0%　　D. 3.0%　　E. 4.0%

【例题2】浸润麻醉的方式不包括（A）。
A. 神经干周围注射　　B. 菱形注射　　C. 扇形注射
D. 直线注射　　E. 病灶基部注射

【例题3】牛硬膜外麻醉注射部位多为（C）。
A. 胸腰椎之间　　B. 荐尾椎之间
C. 第1、第2尾椎之间　　D. 倒数第1、第2腰椎之间
E. 倒数第2、第3腰椎之间

【例题4】用2%盐酸普鲁卡因进行硬膜外麻醉的适宜剂量是（A）。
A. 10~15mL　　B. 20~30mL　　C. 35~40mL　　D. 45~50mL　　E. 55~60mL

【例题5】眼角膜手术时，全身麻醉应配合实施（A）。
A. 表面麻醉　　B. 脊髓麻醉　　C. 局部浸润麻醉
D. 面神经传导麻醉　　E. 三叉神经传导麻醉

考点2：麻醉前用药的种类 ★★★

麻醉前用药是指为提高麻醉安全性，减少麻醉药用量和麻醉的副作用，消除麻醉和手术

中的一些不良反应，使麻醉过程平稳，给动物使用的药品。

临床上麻醉前用药主要有神经镇静药、镇痛药、抗胆碱药和肌松药。常用的药物有：安定，产生安静、催眠和肌松作用；乙酰丙嗪，一般肌内注射；吗啡，对马、犬、兔效果较好，但是反刍动物、猪、猫慎用；阿托品，一般行皮下或肌内注射。全身麻醉前使用阿托品主要目的是减少因麻醉药引起的支气管分泌增加，减少呼吸道和唾液腺的分泌，保持呼吸道畅通，减少迷走神经对心脏的影响，减轻胃肠蠕动与分泌，改善呼吸功能。

【例题】全身麻醉前使用阿托品的目的是（D）。
A. 减轻疼痛　　　　B. 消除恐惧　　　　C. 松弛肌肉
D. 减少唾液分泌　　E. 减少麻药用量

考点3：常用吸入麻醉药物的种类★★★★

理想的吸入麻醉药应是理化性质稳定，与强酸、强碱和其他药物接触时，以及在加热时，不产生毒性产物；在血液中溶解度低，诱导麻醉和苏醒快速，麻醉深度可控性强；对循环系统、呼吸的影响尽可能小。异氟醚、七氟烷和地氟烷已接近理想吸入麻醉药。

目前常用的吸入麻醉药物主要有乙醚、氟烷、安氟醚和异氟醚。乙醚主要用于马、牛、羊、猪、犬、猫等的维持麻醉；氟烷主要应用于马、牛、羊、猪、犬、猫等的诱导麻醉；安氟醚具有诱导和苏醒迅速、麻醉效果好、成本低的特点，但麻醉效力小于氟烷；异氟醚是安氟醚的同分异构体，临床应用同安氟醚，是目前犬、猫手术中常用的吸入麻醉药。

【例题1】不属于吸入麻醉剂的是（E）。
A. 氟烷　　B. 异氟醚　　C. 安氟醚　　D. 乙醚　　E. 一氧化碳

【例题2】目前兽医临床上常用的吸入麻醉剂是（C）。
A. 氟烷　　B. 乙醚　　C. 异氟醚　　D. 甲烷　　E. 乙烷

【解析】本题考查吸入麻醉剂的种类。异氟醚作为吸入麻醉剂，诱导时间短，进入麻醉快，对黏膜无刺激性，苏醒快，不延长出血时间，肌松效果好，对心血管的抑制轻。因此目前兽医临床上常用的吸入麻醉剂是异氟醚。

考点4：麻醉的分期和临床特征★★★

全身麻醉分为4个时期。

第Ⅰ期，又称朦胧期或随意运动期，是指麻醉开始至意识完全丧失的时期。

第Ⅱ期，又称兴奋期或不随意运动期，是指反射机能亢进，出现不自主运动的时期。

第Ⅲ期，又称外科麻醉期，是指深而有规则的自主呼吸开始至呼吸停止前的阶段。外科手术主要在此期的前、中阶段进行。按其麻醉深度分为1级、2级、3级、4级，其中第Ⅲ期2级眼睑反射由迟钝至消失，角膜反射略呈迟钝，眼球震颤停止，瞳孔继续缩小，呼吸深而有规则，肌肉出现松弛，适宜于手术过程。

第Ⅳ期，又称延髓麻醉期，进入此期，麻醉已严重过量，所以临床上严禁发生。

【例题】犬腹腔手术最理想的麻醉深度是（C）。
A. 第Ⅰ期　　B. 第Ⅱ期　　C. 第Ⅲ期2级　　D. 第Ⅲ期3级　　E. 第Ⅲ期4级

考点5：非吸入性麻醉药物的种类和临床应用★★★★

非吸入性麻醉药物分为巴比妥类和非巴比妥类。临床上使用的非巴比妥类主要有水合氯醛、隆朋（赛拉嗪）、静松灵（赛拉嗪）、氯胺酮和846合剂（速眠新）等。巴比妥类药品主要有硫喷妥钠、戊巴比妥钠、异戊巴比妥钠和硫戊巴比妥钠。

水合氯醛可以产生镇静、催眠和麻醉作用，是良好的镇静催眠药，是马属动物首选注射用麻醉药；隆朋对中枢神经的抑制作用有较显著的种属差异性和个体差异，一般反刍动物（包括鹿）较敏感，常作为反刍动物的首选注射麻醉用药；静松灵（2,4-二甲苯胺噻唑）具有与隆朋相同的作用和特点，具有良好的镇静、镇痛作用，为兽用的镇静、镇痛、肌松药物；氯胺酮为较好的分离麻醉药，根据使用剂量可产生镇静、催眠、麻醉作用，在兽医临床上已用于马、猪、羊、犬、猫及多种野生动物的化学保定、基础麻醉和全身麻醉；846合剂主要用于犬、猫的一般手术麻醉。

【例题1】6岁猫，施行卵巢子宫切除术，用非吸入麻醉，其首选麻醉药是（B）。

A. 丙泊酚　　　B. 氯胺酮　　　C. 硫喷妥钠　　　D. 戊巴比妥钠　　　E. 地西泮

【解析】本题考查非吸入性麻醉药物的种类。硫喷妥钠、戊巴比妥钠主要用于静脉注射的诱导麻醉；丙泊酚为短效静脉全身麻醉药，起效迅速，但镇痛作用不强；地西泮为中枢神经镇静药；而氯胺酮为较好的分离麻醉药，具有良好的镇静、催眠作用，兽医临床上已用于犬、猫的基础麻醉和全身麻醉。因此卵巢子宫切除术首选麻醉药是氯胺酮。

【例题2】牛皱胃左方变位整复术最常选用的镇静、镇痛、肌松剂为（E）。

A. 氯胺酮　　　B. 硫喷妥钠　　　C. 水合氯醛　　　D. 戊巴比妥钠　　　E. 静松灵

【解析】本题考查非吸入性麻醉药物的种类。氯胺酮是一种分离麻醉药，主要用于临床上化学保定、基础麻醉和全身麻醉；水合氯醛可产生镇静、催眠和麻醉作用，是良好的镇静催眠药；硫喷妥钠为静脉麻醉药，主要用于诱导麻醉；戊巴比妥钠作为巴比妥类催眠药，主要用于猪、羊、犬的麻醉；而静松灵具有良好的镇静、镇痛作用，为兽用常用的镇静、镇痛、肌松药物。因此牛皱胃左方变位整复术最常选用的镇静、镇痛、肌松剂为静松灵。

考点6：全身麻醉的并发症与抢救方法★★★★

临床上使用全身麻醉剂容易引起一些并发症，如呕吐、舌回缩、呼吸停止、心搏骤停等，会导致手术动物的死亡，因此必须采取相应的措施进行抢救。

呕吐：多见于小动物全身麻醉的前期。急救方法：将动物颈基部垫高，口朝下，将舌拉出口外，用湿纱布包裹，让呕吐物排出口腔。应用止吐药，充分禁食，减轻胃肠胀气。

舌回缩：小动物麻醉时常见的并发症。急救方法：用手或舌钳将舌拉出并保持在口外。

呼吸停止：出现于麻醉的前期或后期，前期应立即停止麻醉，打开口腔，拉出舌头。立刻静脉注射尼可刹米、安钠咖或皮下注射樟脑油等。

心搏骤停：发生在深麻醉期，心脏活动骤停常无预兆。急救一般采用心脏按压术，配合人工呼吸；或使用0.1%盐酸肾上腺素做心室内注射。

【例题】为了防止呕吐，全身麻醉时采取的措施错误的是（D）。

A. 充分禁食　　　B. 减轻胃肠胀气　　　C. 应用止吐药

D. 未将舌头拉出口腔　　　E. 将动物颈基部垫高

第十七章 手术基本操作

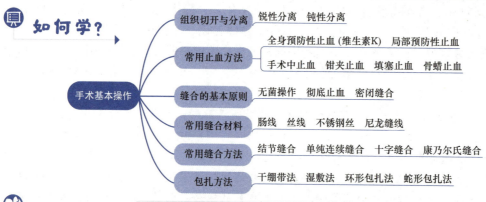

本章考点在考试中主要出现在A1型题中，每年分值平均1分。下列所述考点均需掌握。对于重点内容，希望考生予以特别关注。

考点1：组织切开与分离的基本技术★★★

组织切开是指用手术刀在组织或器官上进行切口的外科操作过程，是外科手术最基本的操作之一。组织分离是显露深部组织和游离病变组织的重要步骤。组织分离分为锐性分离和钝性分离两种。

锐性分离：指用刀或剪刀进行的组织分离，锐性分离对组织损伤较小，术后反应也少，愈合较快。

钝性分离：指用刀柄、止血钳、剥离器或手指等进行的组织分离，这种方法最适用于正常肌肉、筋膜和良性肿瘤等的分离。若筋膜或腱膜下有神经血管，先用手术镊将筋膜或腱膜提起，采用反挑式执刀法做一个小孔，再用外向式运刀法扩大切口。钝性分离时，组织损伤较重，往往残留许多失去活性的组织细胞。

皮肤切开后，皮下组织的分离宜用刀或剪刀逐层切开。肌肉组织一般沿肌纤维方向做钝性分离，方法是顺肌纤维方向用刀柄分离。骨膜一般使用锐性分离的方法进行剥离。

【例题】常用反挑式持刀法切开的组织是（D）。

A. 肌膜   B. 皮肤   C. 肌肉   D. 筋膜   E. 腹膜

考点2：常用止血方法的种类★★★★

常用的止血方法分为全身预防性止血、局部预防性止血和手术中止血。

全身预防性止血：临床上一般是采取注射提高血液凝固性和血管收缩药物的方法，如肌内注射维生素K注射液；肌内注射安络血注射液；肌内注射酚磺乙胺（止血敏）注射液等。

局部预防性止血：应用肾上腺素做局部预防性止血，常配合局部麻醉进行。一般在1000mL普鲁卡因溶液中加入0.1%肾上腺素溶液2mL进行注射。

手术中止血：一般采用机械性止血的方法。机械止血法包括钳夹止血、钳夹结扎止血、填塞止血、吸收性明胶海绵止血、骨蜡止血等。

钳夹止血主要是利用止血钳最前端夹住血管的断端，用于小面积止血；钳夹结扎止血多用于较大血管的止血；填塞止血适用于深部大出血；吸收性明胶海绵止血多用于一般方法难以止血的创面出血，以及实质器官、骨松质及海绵质出血；骨蜡止血是指常用市售骨蜡，制止骨质渗血，主要用于骨的手术或断角术。临床手术过程中，出现毛细血管渗血、小血管出血时，用纱布压迫出血的部位，压迫片刻即可止血，必须按压止血，不可擦拭。大动脉出血时，不能采取压迫止血方法，可以用钳夹止血。

【例题1】关于压迫止血，表述错误的是（ C ）。
A. 毛细血管渗血时，压迫片刻即可止血　　B. 小血管出血时，压迫片刻即可止血
C. 大动脉出血时，压迫片刻即可止血　　D. 必须按压止血，不可擦拭
E. 用纱布压迫出血的部位

【例题2】可用于局部预防性止血的药物是（ E ）。
A. 安络血　　　　B. 对羧基苄胺　　　　C. 止血敏
D. 维生素K_3　　E. 盐酸肾上腺素

【例题3】萨摩耶犬，左后肢胫骨中段骨折，手术切开固定时，见股外侧肌表面有一大出血点，呈喷射状流血，此时最适宜的止血方法是（ C ）。
A. 单纯钳夹止血　　B. 止血带止血　　C. 钳夹结扎止血
D. 填塞止血　　　　E. 压迫止血

考点3：缝合的基本原则★★★

临床上缝合的基本原则是严格遵守无菌操作；缝合前彻底止血，清除血凝块、异物和无活力组织；创伤感染后必须拆除缝线，彻底清净创伤后，方可缝合；使创缘均匀接近，对合密闭缝合。

【例题】关于缝合的基本原则，表述错误的是（ C ）。
A. 严格遵守无菌操作　　　　　　　　　B. 缝合前必须彻底止血
C. 缝合的创伤感染后不用拆除部分缝线　　D. 缝合前必须彻底清除血凝块
E. 缝合前必须彻底清除异物

考点4：常用缝合材料的种类★★★

按照材料来源，缝合材料可以分为天然缝合材料和人造缝合材料。缝合材料主要包括肠线、丝线、不锈钢丝、尼龙缝线和组织黏合剂。

肠线主要用于肠胃、泌尿生殖道的缝合，不能用于胰腺手术。缝合肠线的缺点是容易诱发组织的炎症反应，中度铬盐处理的肠线，植入体内后20d开始吸收，张力强度消失很快。丝线的优点是廉价，广泛应用，但丝线不能用于空腔器官的黏膜层缝合，也不能缝合被污染或感染的创伤。不锈钢丝主要用于愈合缓慢组织的缝合，如筋膜、肌腱、骨骼缝合，皮肤减张缝合。尼龙缝线主要用于血管缝合；多丝尼龙缝线适用于皮肤缝合。组织黏合剂主要用于实验性和临床实践上的口腔手术、肠管吻合术。

【例题】中度铬盐处理的肠线，植入体内开始吸收的时间一般为（ C ）。
A. 7d　　　　B. 14d　　　　C. 20d　　　　D. 40d　　　　E. 60d

考点5：常用缝合方法的种类和临床应用★★★★

临床手术过程中，一般根据动物组织的种类和性质，选择不同的组织缝合方法对切开的组织进行缝合。常用的组织缝合方法主要有以下几种。

结节缝合：又称单纯间断缝合，主要用于皮肤、皮下组织、筋膜、黏膜、血管、神经、胃肠道的缝合，特别适用于犬、马、牛的皮肤缝合。

单纯连续缝合：常用于具有弹性、无太大张力的较长创口，主要用于皮肤、皮下组织、筋膜、血管、胃肠道的缝合。

表皮下缝合：适用于小动物的表皮下缝合。缝合在切口一端开始，针刺入真皮下，再翻转缝针刺入另一侧真皮，在组织深处打结，应用连续水平褥式缝合平行切口。一般应选择可吸收性的缝合材料。

挤压缝合：主要用于肠管吻合的单层间断缝合法。

十字缝合：主要用于张力较大的皮肤缝合。

连续锁边缝合：多用于皮肤直线形切口薄而活动性较大的缝合部位。

伦勃特缝合：又称垂直褥式内翻缝合，主要用于胃肠、子宫、膀胱等空腔器官的缝合，是胃肠手术的传统缝合方法。伦勃特缝合分为间断与连续两种，常用的为间断伦勃特缝合，在胃肠或肠吻合时，用以缝合浆膜肌层。

库兴氏缝合：适用于胃、子宫浆膜肌层的缝合。

康乃尔氏缝合：指在缝合时将缝针贯穿全层组织，当将缝线拉紧时，肠管切面翻向肠腔，主要用于胃、肠、子宫壁的全层缝合。

间断水平褥式缝合：一种张力缝合，特别适用于马、牛和犬的皮肤缝合。

骨缝合：应用不锈钢丝或其他金属丝进行全环扎术和半环扎术。

【例题1】犬表皮下缝合时，缝针要刺入（B）。
A. 表皮　　　B. 真皮　　　C. 角质层　　　D. 皮下组织　　　E. 皮下脂肪

【例题2】外科手术中，空腔器官浆膜肌层缝合的适宜方法是（E）。
A. 结节缝合　　　B. 单纯连续缝合　　　C. 十字缝合
D. 连续锁边缝合　　　E. 伦勃特缝合

【例题3】采用库兴氏缝合法缝合胃、肠时，缝针要穿过（B）。
A. 黏膜　　　B. 浆膜肌层　　　C. 浆膜层　　　D. 肌层　　　E. 黏膜下层

【例题4】采用康乃尔氏缝合法缝合胃、肠壁时，缝针要穿透（E）。
A. 浆膜肌层　　　B. 黏膜下层　　　C. 肌层　　　D. 浆膜层　　　E. 全层组织

考点6：包扎法的类型和卷轴绷带的基本的包扎方法★★★

包扎法是指利用敷料、卷轴绷带、复绷带、夹板绷带、支架绷带及石膏绷带等材料包扎止血，保护创面，防止自我损伤，吸收创液，限制活动，使创伤保持安静，促进受伤组织愈合的治疗方法。包扎法的类型主要有干绷带法（干敷法）、湿敷法、生物学敷法（皮肤移植）、硬绷带法。

卷轴绷带的基本包扎方法主要有环形包扎法、螺旋形包扎法、折转包扎法、蛇形包扎法和"8"字形包扎法等。

第十八章 手术技术

> 轻装上阵

如何学？

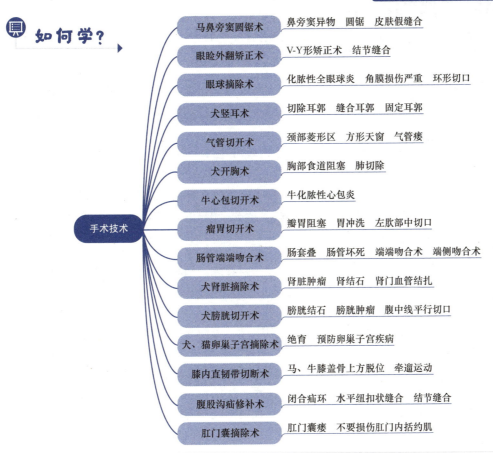

如何考？

> 本章考点在考试中主要出现在 A2、A3/A4 型题中，每年分值平均 2 分。下列所述考点均需掌握。各类手术技术是考查最为频繁的内容，每年必考，希望考生予以特别关注。可以结合各种外科疾病进行学习。

> 考点冲浪

考点 1：马鼻旁窦圆锯术 ★★

适应证：马属动物患鼻旁窦化脓性炎症经保守疗法无效；除去鼻旁窦内肿瘤、寄生虫、异物等。

手术方法：在术部瓣状切开皮肤，钝性分离皮下组织或肌肉直至骨膜。在圆锯中心部位用手术刀十字或瓣状切开骨膜，将圆锯锥心垂直刺入预做圆锯孔的中心。然后进行窦内检查、除去异物或肿瘤、打出牙齿等治疗措施。手术治疗后，若以治疗为目的，一般要开放手术部，每天进行冲洗，直至炎症渗出停止，并全身应用抗生素治疗。皮肤一般不缝合或假缝合，外施以绷带，既可防尘土和蚊蝇，又有利于渗出液流出。

【例题1】马鼻旁窦手术的主要手术器械是（A）。
A. 圆锯　　B. 线锯　　C. 摆锯　　D. 钢锯　　E. 电烙铁

【例题2】马鼻旁窦蓄脓实施圆锯术后，局部最佳护理方法是（D）。
A. 局部封闭　B. 术部开放　C. 密闭创口　D. 安置绷带　E. 安装引流管

考点2：眼睑外翻矫正术★★★

适应证：眼睑外翻常见于某些品种犬，如大丹犬、马士提夫犬。因眼睑外翻、眼结膜长期暴露在外，可引起结膜炎、角膜炎及眼球炎症。手术的目的是将外翻的眼睑矫正至正常的位置。

术式：常用的方法是V-Y形矫正术。犬下眼睑外翻V-Y形矫正术时，应将分离的皮瓣进行结节缝合。

【例题】犬下眼睑外翻V-Y形矫正术时，应将分离的皮瓣进行（A）。
A. 结节缝合　B. 连续缝合　C. 库兴氏缝合　D. 伦勃特缝合　E. 康乃尔氏缝合

考点3：眼球摘除术★★

适应证：眼球严重损伤无治愈希望、化脓性全眼球炎、角膜炎、角膜损伤及眼球内肿瘤等治疗无效时。

术式：在尽量不影响容貌的情况下，用开睑器开张上、下眼睑，用组织镊夹持角膜缘，并在其缘外侧的球结膜上做环形切口。向外牵引眼球，剪断眼退缩肌。在眼后壁与止血钳间将其剪断，取出眼球。

【例题】一京巴犬，因争斗致角膜严重破损，眼球内容物脱出，还纳的可能性很小。在尽量不影响犬容貌的情况下，摘除眼球手术最佳在（C）。
A. 角膜处做环形切口　　　　　　B. 睑结膜处做环形切口
C. 球结膜处做环形切口　　　　　D. 上眼睑外侧缘做弧形切口
E. 下眼睑外侧缘做梭形切口

考点4：犬竖耳术（耳整形术）★★★

适应证：适用于拳师犬、大丹犬、波士顿犬、雪纳瑞犬等品种犬，使耳部直立而施行耳整形术。

手术方法：耳部剃毛消毒，术部隔离，确定切除线，做上标记。切除耳郭，用剪刀将耳内侧上1/3皮肤和软骨进行分离。缝合耳郭，上1/3部内侧皮肤和外侧皮肤用连续锁边缝合，不缝合软骨；下2/3用连续缝合，将软骨和内外侧皮肤缝合在一起。固定耳郭，可用专用的支架将两耳固定在一起。

【例题】犬竖耳术的手术步骤为确定切除线、切除耳郭（C）。
A. 缝合耳郭、固定耳轮　　B. 缝合耳郭、固定对耳轮　　C. 缝合耳郭、固定耳郭
D. 缝合耳郭、固定耳屏　　E. 缝合对耳轮、固定耳郭

考点5：甲状腺摘除术★★★

适应证：甲状腺功能亢进、甲状腺囊肿、甲状腺瘤等。

手术方法：在甲状软骨后方沿颈腹正中线做 6~8cm 长的切口。切开皮肤、皮下组织，暴露部分气管及两侧的甲状腺。分离甲状腺周围组织，注意不要损伤喉返神经，分别结扎甲状腺前端和后端的血管，然后切除甲状腺，充分止血，分层缝合肌肉和皮肤。

考点 6： 气管切开术 ★★★★

适应证：上呼吸道急性炎性水肿、鼻骨骨折、鼻腔肿瘤或异物、双侧返神经麻痹、气管狭窄等，上呼吸道闭塞、窒息而有生命危险时，气管切开常作为紧急的治疗方法。

手术方法：术部常选择在颈部上 1/3 和中 1/3 交界处（颈部菱形区），颈腹正中线上做切口，也可在下颈部腹侧中线切开。气管切开的方法有下列 3 种：在邻近两个气管环上各做一半圆形切口，形成一个近圆形的孔；在气管环腹侧中线，纵向切开 2~3 个气管环；切除 1~2 个软骨环的一部分，造成方形天窗，用间断缝合将黏膜与相对应的皮肤缝合，形成永久性的气管瘘。

考点 7： 食管切开术 ★★★

适应证：动物食道发生阻塞、用一般保守疗法难以除去时，采用食管切开术。另外，食管切开术也可用于食道憩室的治疗和新生物的摘除。

手术方法：颈部食管手术常分为上方切口与下方切口。上方切口是指在颈静脉上缘、臂头肌下缘 0.5~1cm 处，沿颈静脉与臂头肌之间做切口，钝性分离胸骨舌骨肌及其筋膜，切开食管，取出异物。

【例题 1】公牛在采食块状饲料时，突发食道阻塞，张口呼吸。急救应实施（ C ）。
A. 开胸术　　B. 喉囊切开术　　C. 食管切开术　　D. 气管切开术　　E. 喉室切开术

【例题 2】牛颈部前 1/3 与中 1/3 交界处的食管切开术，为充分暴露食管，需要（ C ）。
A. 分离肩胛舌骨肌，剪开深筋膜　　　　B. 分离胸骨舌骨肌，剪开深筋膜
C. 钝性分离胸骨舌骨肌及其筋膜　　　　D. 剪开胸骨舌骨肌，钝性分离深筋膜
E. 剪开肩胛舌骨肌，钝性分离深筋膜

考点 8： 犬开胸术 ★★★

适应证：适用于膈修补、胸部食道阻塞、肺切除及心脏手术等。

手术方法：术部根据要求选择不同肋间。第 2、第 3 肋间用于纵隔前部手术，第 4、第 5 肋间用于心脏和肺门的手术，第 8~11 肋间用于食道末端和膈的手术。手术基本程序为术部剃毛，消毒，隔离，切断肋骨，切开胸膜，心肺等手术，闭合胸腔，恢复功能。

【例题】拉布拉多犬在采食中突发吞咽障碍，流涎，干呕，烦躁不安。X 线检查发现在胸腔入口前气管背侧有一不规则形状的高密度阴影。应实施（ A ）。
A. 开胸术　　B. 喉囊切开术　　C. 食管切开术　　D. 气管切开术　　E. 喉室切开术

【解析】本题考查开胸术的手术方法。犬开胸术适用于膈修补、胸部食道阻塞、肺切除及心脏手术等。"病犬采食中突发吞咽障碍，流涎，干呕，烦躁不安。X 线检查发现在胸腔入口前气管背侧有一不规则形状的高密度阴影"，表明拉布拉多犬发生了胸部食道阻塞，急救应实施开胸术。

考点 9： 牛心包切开术 ★★★★

适应证：适用于牛的浆液性或化脓性心包炎。

手术方法：沿左侧第 5 肋骨纵轴中央切开皮肤，切口长 20~25cm，逐层切开浅肌膜、皮肌、锯肌，直达肋骨。然后剥离骨膜切断肋骨 15cm。切开胸膜，暴露胸腔。先在胸膜上做一小口，观察心包与胸膜粘连的情况。当心包与胸膜没有粘连时，切开心包，立即止血，将切开的心包缘固定缝合在四周皮肤上，可以防止脓性渗出物污染胸腔。如心包与胸膜只有部分粘连，则应在创口周围做环形缝合，使胸腔膜与术部隔离。穿刺心包使脓汁排出，脓汁排出的速度要慢，不得使心包突然减压，造成产生休克的条件。

【例题 1】牛，食欲急剧减退，肘外展，弓背站立，起卧谨慎，呼吸浅快，可视黏膜发绀，下颌间隙水肿，颈静脉怒张，心率 120 次/min，心区叩诊浊音区扩大，听诊有拍水音。本病应采取的最佳治疗方法是（C）。

A. 食管切开术　B. 肋骨切开术　C. 心包切开术　D. 气管切开术　E. 胃切开术

【解析】本题考查化脓性心包炎的手术治疗。根据病牛表现出的临床特征，可以判定为牛的浆液性或化脓性心包炎，对于浆液性或化脓性心包炎的治疗，一般采用心包切开术。因此本病应采取的最佳治疗方法是心包切开术。

【例题 2】一头奶牛，精神沉郁，食欲减退，颈静脉怒张，体温 41.5℃，触诊剑状软骨区疼痛、敏感，白细胞总数升高，心音模糊不清，心率 120 次/min，心区穿刺放出脓性液体。手术治疗正确的操作步骤之一是（E）。

A. 网胃切开术　　　　　　　　　　B. 膈肌破裂口间断缝合
C. 左侧第 8 肋骨部分截除　　　　　D. 右侧第 8 肋骨部分截除
E. 心包切口边缘与皮肤创缘连续缝合

【解析】本题考查化脓性心包炎的手术方法。根据奶牛表现出的临床特征，可以判定为化脓性心包炎。对于化脓性心包炎的手术治疗，手术方法为沿左侧第 5 肋骨上切开皮肤、胸下锯肌并显露肋骨，切开肋骨膜。当心包与胸膜没有粘连时，切开心包，立即止血，将切开的心包缘固定缝合在四周皮肤上，可以防止脓性渗出物污染胸腔。因此心包切开术手术治疗正确的操作步骤之一是心包切口边缘与皮肤创缘连续缝合。

考点 10：瘤胃切开术★★★★★

适应证：瘤胃切开术可以用于瓣胃阻塞、皱胃积食，做瘤胃切开术进行胃的冲洗治疗；或网胃内结石、网胃内有异物如金属、玻璃、塑料布、塑料管等，可做瘤胃切开术，取出结石或异物。

手术通路：左肷部中切口是瘤胃积食的手术通路，一般体型的牛还可兼用于网胃探查、胃冲洗和右侧腹腔探查术；左肷部前切口适用于体型较大病牛的网胃探查与瓣胃阻塞、皱胃积食的胃冲洗术；左肷部后切口为瘤胃积食兼做右侧腹腔探查术的手术通路。

【例题】体型较大病牛的网胃探查与瓣胃冲洗术的手术通路为（A）。

A. 左肷部前切口　　B. 左侧肋弓下斜切口　　C. 左肷部后切口
D. 右肷部前切口　　E. 右肷部中切口

考点 11：犬、猫剖腹术★★★★

适应证：适用于腹腔各脏器疾病的治疗，如胃内异物、胃内肿瘤、肾脏肿瘤、肾脏脓肿、膀胱结石、膀胱肿瘤、前列腺脓肿、前列腺囊肿、子宫卵巢摘除术及各种腹腔内脏器官的手术治疗。

犬、猫剖腹术手术通路主要有腹中线切开法（术部从剑状软骨至耻骨）、腹白线旁侧切开法、腹侧壁切开法。

考点 12：肠管切除及端端吻合术★★★★

适应证：肠管内异物、肠变位、肠套叠、肠扭转、肠嵌闭等各种疾病。造成肠管坏死，必须进行手术治疗，将坏死的肠管切除并进行肠管吻合术。

手术方法：沿腹中线切开，全层切开腹壁后，腹腔探查，轻轻拉出病变肠段，先确定肠管范围，双重结扎切除肠系膜血管，结扎预定切除线外的健康肠段，切除病变肠段，修剪外翻的肠黏膜，用可吸收线进行肠壁全层连续内翻缝合。根据肠管切除的实际情况，选择端端吻合术、端侧吻合术和侧侧吻合术。临床上常用端端吻合术。如为小动物肠管切除术，仅做一层全层断端缝合，其肠管缝合处用大网膜覆盖。闭合腹壁切口，大动物要装置腹绷带。

【例题1】拉布拉多犬，7岁，呕吐、腹泻1周余，排暗黑色稀粪。后经剖腹探查术发现空肠后段套叠，套叠处肠管呈暗紫色，相应的肠系膜血管无搏动。对该犬的治疗措施是（E）。

A. 胃切开术　　　　　B. 肠侧壁切开术　　　　C. 脾脏摘除术
D. 膈修补术　　　　　E. 肠管切除术

【解析】本题考查犬肠套叠的手术治疗。根据病犬表现出的临床特征，可以判定为犬肠套叠。对于犬肠套叠的治疗，可以在早期确诊后开腹整复，但该病例套叠肠管已经坏死，只能采用肠管切除及端端吻合术进行治疗。因此对该犬的治疗措施是肠管切除术。

【例题2】腊肠犬，6月龄，体温37.5℃，排少量黏液样柏油状粪便，呕吐。腹部触诊有香肠状物体。若为回肠套叠且施行肠切除术，正确的操作方法是（D）。

A. 垂直肠管纵轴切除病变肠管　　　　B. 在病变肠管的边缘切除肠管
C. 在横结肠与空肠之间切除肠管　　　D. 切前先结扎通向切除肠管的血管
E. 切前先结扎通向套叠肠管的血管

【解析】本题考查犬肠套叠的手术方法。根据病犬表现出的临床特征，可初步判定为肠套叠。肠变位、肠套叠、肠扭转等各种疾病造成肠管坏死，必须进行手术治疗，将坏死的肠管切除并进行肠管吻合术。手术式中，先确定肠管范围，双重结扎切除肠系膜血管，结扎预定切除线外的健康肠段，切除病变肠段，并对肠断端进行肠管吻合。因此若为回肠套叠且施行肠切除术，正确的操作方法是切前先结扎通向切除肠管的血管。

考点 13：犬、猫巨结肠切除术★★

适应证：结肠秘结、巨结肠症、结肠肿瘤等。

手术方法：母犬采用脐后腹中线切口，公犬采用脐后腹中线旁切口。切开皮肤，剪除脂肪，夹住腹白线向上提起，刺透腹膜，扩大手术切口，将手伸入腹腔，用纱布隔离小肠和网膜，显露病变结肠，将肠内容物挤向两边，结扎结肠健康肠段；双重结扎两条结肠血管，在结扎线之间切断血管及病变段肠系膜，分离切断病变结肠。结肠断端消毒，去除残留的内容物，使两断端重叠、对齐，进行端端缝合，做两层缝合，第一层康乃尔氏缝合，第二层间断伦勃特缝合，检查肠系膜有无间隙，必要时缝合肠系膜。用生理盐水冲洗后，还纳腹腔。连续缝合腹膜、腹横肌膜、肌层，切口撒布抗生素，消毒皮肤切口外缘，间断缝合皮肤。最后打上结系绷带。

考点 14：犬脾脏摘除术 ★★★

适应证：脾脏破裂、巨脾症、脾脏肿瘤等。

手术方法：术部在腹正中线，脐前方 4~5cm 处切开腹壁，如出现脾脏破裂，应注意加快输液和输血的速度。术者将手伸入腹腔检查脾脏情况，扩大创口，将脾脏拉至创口或创口外，分离脾脏周围的血管和结缔组织，在其基部结扎血管，确实结扎止血，用止血钳夹住基部与脾脏之间，然后切断，将脾脏摘除。无出血后，将网膜和各种组织还纳腹腔，闭合腹腔。

【例题】泰迪犬，2 岁，突遇车祸，检查后未见体表明显外伤，站立时全身震颤，呼吸急促，可视黏膜苍白，腹部触诊敏感，B 超检查脾脏结构紊乱不清。对该犬的治疗措施是（C）。

A. 胃切开术　　　　B. 肠侧壁切开术　　　　C. 脾脏摘除术
D. 膈修补术　　　　E. 肠管切除术

【解析】本题考查脾脏破裂的手术治疗。根据病犬临床特征和 B 超影像特征，可以判定为犬脾脏破裂。对于犬脾脏破裂的治疗，一般采用脾脏摘除术。

考点 15：犬直肠切除术 ★★

适应证：治疗反复性直肠脱出已发生组织坏死或严重损伤。

手术方法：侧卧保定，全身麻醉。术前 24~36h 禁食，用温生理盐水灌肠，使直肠内空虚。在充分清洗消毒脱出黏膜的基础上，用两根灭菌的长针，紧贴肛门穿过脱出的肠管，使两根针相互垂直成十字形，在距固定针 1~2cm 处切除坏死肠管，充分止血后，用细丝线和圆针，把肠管两层断裂的浆膜和肌层分别做结节缝合，然后连续缝合黏膜层。缝合结束后用 0.1% 高锰酸钾溶液充分冲洗，涂以碘甘油或抗生素软膏，除去固定针，将直肠还纳于肛门内，荷包缝合肛门。

术后禁食 1~2d，静脉输液，辅助饲喂手术犬营养膏；以后逐渐给予流食和易消化的食物。连续注射抗生素 7d。

考点 16：犬肾脏摘除术 ★★★

适应证：治疗肾脏外伤、化脓性肾炎、肾脏肿瘤、肾结石、肾脏寄生虫病等。

手术方法：仰卧保定，用圆枕垫起腰部，全身麻醉。切口选在正中线脐的前方，横卧保定切口可在最后肋骨的后缘约 2cm 处。切开皮肤 5~7cm，常规切开腹壁各层组织，仔细检查对侧肾脏、输尿管、膀胱颈及其三角部。然后用开创器扩大创孔，用浸有温生理盐水的纱布隔离肠管和大网膜，显露患病肾脏，钝性分离腰椎下与腹膜连着的肾脏，并拉出创外。用钳子于肾脏前面穿透肾被膜，手指将其完全剥离，注意不要损伤肾实质。肾脏表面有出血时，用纱布压迫止血。同时剥离肾脏血管周围的脂肪及组织，露出肾动脉、肾静脉。分离输尿管周围的组织，结扎并切断输尿管。然后，结扎肾动脉、肾静脉，摘除肾脏。缝合前要尽量清除创腔周围脂肪组织，确实结扎止血。一般不做创腔冲洗和引流。去掉腰下垫的圆枕，逐层缝合切口。术中注意剥离出入肾门的血管及周围组织，肾动脉、肾静脉结扎要切实。输尿管实施双重结扎。术后连续应用抗生素 7d。

考点 17：犬膀胱切开术 ★★★

适应证：犬膀胱切开术适合于膀胱结石、膀胱肿瘤。

手术方法：一般母犬从耻骨前缘向前在腹白线上切开 5~10cm，公犬在阴茎旁 2~3cm 做腹中线的平行切口5~10cm。在膀胱顶部切开1~2cm的切口，术部剃毛消毒，切开皮肤，钝性分离腹直肌，切开与分离腹白线、腹膜，用外科镊子夹住腹膜剪开，用创钩向左右拉开，手指伸向骨盆腔，触到核桃大表面有皱襞的物体即为膀胱，随后可进行手术，将膀胱内的结石取出或将肿瘤切除。膀胱黏膜用可吸收线连续缝合，浆膜肌层用内翻缝合。腹膜、腹直肌连续缝合，皮肤、皮下组织结节缝合。

【例题1】母犬膀胱手术常用的腹壁切口部位是（D）。

A. 肷部前切口   B. 肋弓后斜切口   C. 脐前腹中线切口
D. 耻前腹中线切口   E. 脐前中线旁切口

【例题2】公犬，频频排尿，努责，排尿困难，有血尿。X线检查显示膀胱中有高密度阴影。手术治疗选腹中线切口，需依次切开与分离皮肤、皮下组织和（A）。

A. 腹白线、腹膜   B. 腹横肌、腹膜
C. 腹直肌鞘、腹膜   D. 腹内斜肌、腹外斜肌、腹膜
E. 腹外斜肌、腹内斜肌、腹膜

【解析】本题考查犬膀胱切开术的手术方法。根据病犬频频排尿，努责，排尿困难，有血尿等临床特征和X线检查显示膀胱中有高密度阴影等结果，表明病犬患有膀胱结石。对于膀胱结石，可施行犬膀胱切开术。手术术式为公犬在阴茎旁2~3cm做腹中线平行切口，切开皮肤、钝性分离腹直肌，用外科镊子夹住腹膜剪开，手指伸入腹腔探查膀胱结石。因此手术治疗选腹中线切口，需依次切开与分离皮肤、皮下组织和腹白线、腹膜。

【例题3】犬膀胱切开术的切口缝合宜采用（C）。

A. 一层内翻缝合（浆膜肌层、黏膜）
B. 一层内翻缝合（浆膜肌层、黏膜下层）
C. 两层内翻缝合（浆膜肌层、黏膜肌层）
D. 两层内翻缝合（浆膜肌层、黏膜、黏膜肌层）
E. 两层内翻缝合（浆膜肌层、黏膜下层、黏膜肌层）

【解析】本题考查犬膀胱切开术的手术方法。按照犬膀胱切开术要求，膀胱属于管腔器官，缝合时采用两层内翻缝合（浆膜肌层、黏膜肌层）来防止液体渗漏到腹腔。因此犬膀胱切开术的切口缝合宜采用两层内翻缝合（浆膜肌层、黏膜肌层）。

考点18：去势术★★★★

适应证：使雄性犬、猫性情变温顺；也可用于治疗睾丸或阴囊的创伤、感染、肿瘤、前列腺增生等疾病。

公犬手术方法：将术部剃毛、消毒、隔离。在阴囊基部前方切开皮肤与皮下组织，切口长度视一侧睾丸能从此处挤出为宜。一般是切开皮肤，打开总鞘膜后暴露精索，牵引并分离精索，在精索的近端将其结扎，摘除睾丸。

公猫手术方法：将阴囊部拔毛（或剃毛），常规消毒，隔离，将一侧睾丸挤至阴囊底部，使皮肤紧张，距阴囊缝际0.3cm并平行于缝际切开皮肤、肉膜及精索筋膜。切口大小以睾丸（被覆总鞘膜）能被挤出为宜。一般在阴囊最低点切开，依次切开固有鞘膜和总鞘膜，将睾丸挤出，结扎输精管及精索，剪断后用2%碘酊对创口进行消毒，阴囊切口不缝合。

【例题】公猫去势时，切口应在阴囊的（B）。

A. 颈部   B. 底部   C. 左侧   D. 右侧   E. 阴囊前方

考点19：犬、猫卵巢子宫摘除术★★★★

适应证：母犬的卵巢子宫摘除术一般在8~12月龄进行为宜，主要用于绝育，也可治疗和预防卵巢子宫疾病，如卵巢囊肿、卵巢肿瘤、子宫蓄脓、阴道增生、乳腺肿瘤等。

手术方法：将腹底壁剃毛、消毒，在脐孔向后做4~10cm长的腹中线切口，常规切开皮肤，分离皮下组织，切开腹白线和腹膜，打开腹腔，分离、摘除卵巢和子宫。

【例题】京巴犬，8岁，体温39.4℃，腹围增大，阴门有红褐色分泌物流出。腹部超声探查可见多个大面积液性暗区，加大增益可见暗区内有点状低回声。手术治疗应选择（B）。

A. 剖腹产术　　　　　B. 卵巢子宫摘除术　　　C. 阴门上联合切开术
D. 输卵管结扎术　　　E. 卵巢摘除术

【解析】本题考查犬子宫蓄脓的手术方法。犬卵巢子宫摘除术主要用于绝育，也可治疗卵巢子宫疾病。根据京巴犬表现出的临床特征和检查结果，可以初步判定为子宫蓄脓。因此手术治疗应选择卵巢子宫摘除术。

考点20：公猫尿道造口术★★★

适应证：适用于猫泌尿综合征保守疗法无效，反复发生尿石阻塞尿道。

手术方法：环绕阴囊至包皮周围做一椭圆形皮肤切口，分离结缔组织，将睾丸、阴囊、阴茎皮肤一同切除，阴茎分别向两侧转移45°，切除附着组织，阴茎上提，用眼科剪从骨盆部尿道后端向后剪开尿道，在12时、10时、2时处将骨盆部尿道黏膜与会阴部皮肤做3针结节缝合，在阴茎部尿道远端2/3位置的阴茎上做贯穿缝合，最后常规闭合皮肤。

【例题】公猫，6岁，精神沉郁，厌食，呕吐，不停行走，鸣叫，频频舔尿生殖器，尿淋漓，有时排出红色尿液，龟头发现有多个小的结晶物。X线检查显示膀胱和尿道内有较高的密度阴影。手术治疗本病宜选（B）。

A. 阴囊部尿道造口术　　B. 会阴部尿道造口术　　C. 阴囊前尿道切开术
D. 膀胱切开术　　　　　E. 尿道逆行冲洗术

【解析】本题考查猫尿石症的手术方法。根据公猫表现出的临床特征和检查结果，可以判定该猫患有膀胱、尿道结石且较严重。对于猫反复发生尿石阻塞尿道的情况，可以采用猫尿道造口术。因此手术治疗本病宜选会阴部尿道造口术。

考点21：膝内直韧带切断术★★★

适应证：治疗马、牛膝盖骨上方脱位的一种手术，在兽医临床上广泛应用，我国南方水牛膝盖骨脱位发病率很高。

术后护理：对于手术后的护理，可以进行牵遛运动，牵遛运动有利于控制局部肿胀，马休息和牵遛至少需要2周，最好达到4~6周。偶尔在手术之后出现严重的肿胀和跛行。

【例题】马膝内直韧带切断后，适当牵遛至少应保持（E）。

A. 1~3d　　B. 4~6d　　C. 7~9d　　D. 10~12d　　E. 2周以上

考点22：髋关节开放性整复术★★★★

适应证：当髋关节脱位用闭锁方式不能完全整复和维持时，采用髋关节开放性整复术。

手术方法：采用髋关节背侧通路，弧形切开皮肤，开始于臀中部向下越过大转子延伸至大腿近端1/3水平处，切口正好处于股二头肌前缘，大转子的骨切线与股骨长轴呈45°。

将臀中肌、臀深肌和被切断的大转子顶端一并翻向背侧，暴露关节囊，再在髋臼唇的外侧3~4mm距离，将关节囊切开和向两侧延伸，即可显露全部关节。对髋臼和股骨头进行全面检查，冲洗组织碎片，整复股骨头脱位，闭合关节囊。

【例题】犬髋关节脱位整复手术中，切除大转子的骨切线与股骨长轴呈（C）。
A. 20°　　　B. 30°　　　C. 45°　　　D. 60°　　　E. 75°

考点23：犬髌骨内方脱位手术★★★

适应证：犬膝盖骨内侧脱位的整复疗法。

手术方法：膝关节前方及内方剃毛、消毒，以股胫关节的角顶做一个1/2的假想线，以假想线的水平线和膝盖骨内侧垂线相交点为术部。术部进行局部麻醉，用弯刃刀刺入皮肤和筋膜，刀刃向内刺入到达膝盖骨内侧直韧带下方，将刀刃转向上方，切断紧张的膝盖骨内侧直韧带，关节即可复位。皮肤进行结节缝合，消毒包扎。限制运动，预防感染。

考点24：脐疝修补术★★★

适应证：治疗可复性及嵌闭性脐疝。

手术方法：仰卧保定，全身麻醉。术部剃毛、消毒，隔离。沿脐疝基部皱襞切开皮肤，切口为棱形，分离并切开疝囊。如为可复性脐疝，其内容物可自行还纳至腹腔。而嵌闭性脐疝其内容物还纳困难，应小心剥离。如有坏死肠段可将坏死肠段切除，对肠管断端施行吻合术，再将其还纳腹腔。如疝环较大，可将疝轮修成新鲜创面，先用2~3针纽扣状缝合法闭锁疝轮，然后补加结节缝合。最后结节缝合皮肤，并包扎压迫绷带。减少食量，连续应用抗生素7d。

考点25：腹股沟疝修补术★★★

适应证：因腹股沟缺陷、腹股沟环较大，腹腔内容物经此脱出称为腹股沟疝。腹股沟疝内容物多为大网膜、前列腺脂肪、子宫、肠管，有的甚至是膀胱或脾脏。

手术方法：仰卧保定，全身麻醉。在肿胀的中间皱襞切开皮肤，钝性分离皮下组织，暴露疝囊。如是可复性疝，其内容物未坏死，可小心向腹腔挤压疝内容物，或抓起疝囊扭转迫使内容物通过腹股沟管整复至腹腔；如不易整复，可切开疝囊，扩大腹股沟管的疝环，将内容物还纳腹腔；如是嵌闭性疝，其内容物已坏死，应扩大疝环，将坏死的肠管向外牵引，用肠钳固定，切除坏死肠管，做肠管吻合术，冲洗干净后将其还纳腹腔；如是公犬，精索、睾丸、鞘膜已坏死应进行结扎后摘除睾丸。闭合疝环，先将疝环进行水平纽扣状缝合，然后再结节缝合。常规缝合皮下组织及皮肤。术部包扎。术后禁食2~4d，静脉补充营养、电解质、维生素。全身应用抗生素7d。术后2d给予饮水，术后3d给予流质食物。术后7~10d拆除皮肤缝线。

考点26：肛门囊摘除术★★★

适应证：治疗慢性肛门囊炎、肛门囊脓肿、肛门囊瘘。

手术方法：术前动物禁食24h，腹卧保定，后躯抬高、尾上举固定。用生理盐水灌肠，清除直肠内的蓄粪。全身麻醉配合局部麻醉。肛门周围剃毛、消毒，将肛门囊内脓汁挤净并冲洗，将有沟探针插入囊底，以探明肛门囊范围。沿探针方向切开肛门外括约肌及肛门囊开口，并向下切开皮肤、肛门囊导管、肛门囊，直至肛门囊底部。分离肛门囊周围组织，使其游离并将其摘除。分离时不要损伤肛门内括约肌。局部清洗后，结节缝合肛门外括约肌和皮肤，注意不要留有无效腔。局部涂布抗生素软膏。必要时，全身给予抗生素以控制感染。如果发生感染，应及时拆线，开放创口，按一般感染创处理。

第四篇
兽医产科学

第一章 动物生殖激素

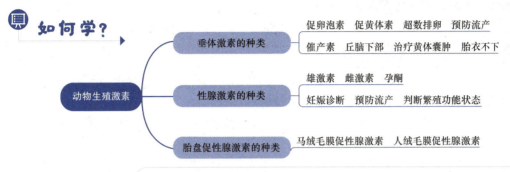

🌊 | 如何考？

本章考点在考试中主要出现在 A1、A2 型题中，每年分值平均 1 分。下列所述考点均需掌握。对于重点内容，希望考生予以特别关注。

📖 | 考点冲浪

考点 1：垂体激素的种类和临床应用★★★★★

垂体激素主要包括促甲状腺素（TSH）、促肾上腺皮质激素（ACTH）、生长激素（GH）、促卵泡素（FSH）、促黄体素（LH）、促乳素（PRL）等。促卵泡素和促黄体素是腺垂体分泌的激素。

FSH 和 LH 的临床应用：主要应用于提早家畜性成熟、诱导母畜发情、诱导排卵和超数排卵、治疗不育和预防流产等。

催产素（OXT 或 OT）的化学结构为九肽，形成于丘脑下部的视上核和室旁核，临床上主要应用于诱导同期分娩、提高配种受胎率、终止误配妊娠。在治疗产科病和母畜科疾病方面，可用于治疗持久黄体、黄体囊肿、产后子宫出血、胎衣不下、子宫积脓、产后子宫复旧、死胎排出、放乳不良等。

【例题1】胚胎移植技术中，对供体动物进行超数排卵处理，必须配合治疗的药物是（ E ）。

　　A. 孕酮和雌二醇　　　　B. 雌激素和催产素　　　　C. 松弛素和催产素
　　D. 催产素和褪黑素　　　E. 促卵泡素和促黄体素

【解析】本题考查垂体激素的种类和临床应用。胚胎移植是将良种雌性动物配种后的早期胚胎，或者通过体外受精及其他方式得到的胚胎，移植到同种的、生理状态相同的其他雌性动物体内，使之继续发育成为新个体。这种技术需要两个母体同时发情和妊娠，需要促卵泡素和促黄体素进行处理。

【例题2】与 LH 配合刺激卵泡发育的激素是（ A ）。

　　A. FSH　　　　B. P_4　　　　C. ACTH　　　　D. hCG　　　　E. OT

【解析】本题考查腺垂体激素的种类和临床应用。FSH 与 LH 配合可以刺激卵泡发育，用于治疗雌性动物卵巢功能不全、卵泡发育停滞或交替发育等。因此与 LH 配合刺激卵泡发育的激素是 FSH。

【例题 3】催产素在体内的合成部位主要是（E）。
A. 性腺　　　B. 子宫内膜　　　C. 垂体前叶　　　D. 垂体后叶　　　E. 丘脑下部

【例题 4】催产素可治疗的动物产科疾病是（B）。
A. 产后缺钙　　B. 胎衣不下　　C. 产后瘫痪　　D. 隐性乳腺炎　　E. 雄性动物不育

考点 2：性腺激素的种类和临床应用★★★★

性腺激素是指卵巢和睾丸产生的激素。卵巢产生的激素主要是雌激素（G）、孕酮（P_4）和松弛素（RLX）。睾丸产生的激素主要是雄激素。

雌激素的临床应用：主要应用于动物催情、治疗子宫疾病、诱导泌乳和化学去势等。

孕酮（又叫黄体酮）的临床应用：主要应用于提高同期发情、超数排卵（简称超排）、妊娠诊断、维持妊娠和预防动物孕酮不足性流产。

在判断动物繁殖状态方面，由于孕酮水平与黄体功能高度相关，随着黄体形成、维持和消失的变化过程，孕酮的分泌相应地形成一定的规律。因此通过测定母畜血浆、乳汁或尿液中孕酮的水平，结合直肠检查卵巢上是否有卵泡，可以判断母畜的繁殖功能状态。

在妊娠诊断方面，由于母畜在发情周期的一定阶段发生溶解，孕酮水平随之下降，可以判定配种未妊娠，而配种后妊娠者孕酮水平不会下降，可以判定为妊娠。

雄激素的主要形式为睾酮，具有促进精子发育、增加精子排出量的作用。

【例题 1】性腺激素主要包括（C）。
A. GnRH、LH、FSH　　　B. OT、松弛素、PGs　　　C. 孕酮、雌激素、雄激素
D. eCG、hCG、GnRH　　　E. OT、PGs、LH

【例题 2】兽医临床上孕酮常用于（E）。
A. 治疗慢性子宫内膜炎　　B. 治疗胎衣不下　　C. 治疗卵巢功能不全
D. 诱导分娩　　E. 保胎

【例题 3】公羊精子数少、活力差，可以选用的治疗药物是（B）。
A. 前列腺素　　B. 睾酮　　C. 人绒毛膜促性腺激素
D. 生长激素　　E. 孕酮

【例题 4】通过测定母畜血浆、乳汁或尿液中孕酮的含量，有助于判断（C）。
A. 垂体机能状态　　　　　　B. 卵泡的大小和数量
C. 母畜的繁殖功能状态　　　D. 下丘脑内分泌机能状态
E. 子宫内膜细胞的发育状态

考点 3：胎盘促性腺激素的种类和临床应用★★★

胎盘产生的促性腺激素又称绒毛膜促性腺激素（CG），主要有两种：一种是马绒毛膜促性腺激素（eCG），也称孕马血清促性腺激素（PMSG）；另一种是人绒毛膜促性腺激素（hCG）。

人绒毛膜促性腺激素：主要应用于促进卵泡发育、成熟和排卵，增强超排的同期排卵效果和治疗繁殖障碍。临床上应用较少。

马绒毛膜促性腺激素：来源于早期绒毛膜滋养层的合胞体细胞，能促进卵泡发育、成熟

和排卵，增强超排的同期排卵效果。临床上主要应用于催情、同期发情、超数排卵和治疗卵巢疾病。在超排措施中，一般都是先使用促卵泡素诱发卵泡发育，当母畜出现发情时再注射马绒毛膜促性腺激素，可以增强排卵效果，并使排卵时间趋于一致，表现发情同期化。

【例题1】治疗母猪卵巢功能减退的首选药物是（C）。

A. 前列腺素　　　　B. 前列烯醇　　　　C. 马绒毛膜促性腺激素
D. 松弛素　　　　　E. 促黄体素

【解析】本题考查胎盘激素的临床应用。卵巢功能减退常由卵巢子宫疾病或全身性疾病所引起，治疗原则是加强饲养管理，治疗原发病。对于生殖系统本身疾病，可以使用促性腺激素疗法。因此治疗母猪卵巢功能减退的首选药物是马绒毛膜促性腺激素。

【例题2】牛超数排卵时能显著促进卵泡发育的激素是（E）。

A. 雌二醇　　　　　B. 前列腺素　　　　C. 促黄体素
D. 人绒毛膜促性腺激素　　E. 马绒毛膜促性腺激素

第二章　发情与配种

轻装上阵

如何学？

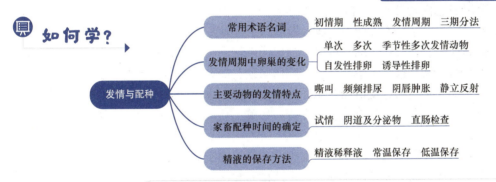

如何考？

本章考点在考试中主要出现在 A1、A2 型题中，每年分值平均 1 分。下列所述考点均需掌握。对于重点内容，希望考生予以特别关注。

考点冲浪

考点1：常用术语名词 ★★★

初情期：指母畜开始出现发情现象或排卵的时期，这时母畜出现了性行为，但表现还不充分，发情周期往往不规律，生殖器官的生长发育尚未完成。由于机体发育不完全，不适宜用于配种繁殖。

性成熟：指母畜生长到一定年龄，生殖器官已经发育完全，具备了繁殖能力。各种动物的性成熟期为牛12（8~14）月龄，水牛15~23月龄，马18月龄，驴15月龄，羊10~12月龄，猪6~8月龄。

体成熟：指母畜身体已发育完全并具有雌性成年动物固有的外貌。母畜达到体成熟时，应进行配种。开始配种的体重应为其成年体重的70%左右。

发情周期：指母畜达到初情期以后，其生殖器官及性行为发生一系列周期性变化，一直到绝情期为止，这种周期性变化过程称为发情周期。发情周期通常指从某一次发情开始起，至下一次发情开始之前的这一段时间。

发情周期的分期有3种，即四期分法、三期分法和二期分法。其中三期分法是根据母畜发情周期中生殖器官和性行为的变化，将发情周期分为兴奋期、抑制期和均衡期。

【例题】按三期分法，对母畜发情周期的分期描述正确的是（ E ）。
A. 发情前期、发情期、发情后期
B. 卵泡发育期、卵泡成熟期、卵泡破裂期
C. 黄体生成期、黄体维持期、黄体消退期
D. 排卵前期、排卵期、排卵后期
E. 兴奋期、抑制期、均衡期

考点2：发情周期中卵巢的变化 ★★★

发情周期中卵巢的变化：母畜在发情周期中，卵巢经历卵泡的生长、发育、成熟、排卵、黄体的形成和退化等一系列变化。一般在发情开始前3~4d，卵巢上的卵泡开始生长，至发情前2~3d，卵泡迅速发育，至发情症状消失时，卵泡发育成熟、排卵。根据卵泡生长阶段不同，可以将它们划分为原始卵泡、初级卵泡、次级卵泡、三级卵泡和格拉夫氏卵泡。三级卵泡形成放射冠；格拉夫氏卵泡为成熟卵泡，形成卵丘。

根据发情周期的表现形式，动物可以分为单次发情动物、多次发情动物和季节性多次发情动物。单次发情动物是指一年中只有一个发情周期，如犬和大多数野生动物；多次发情动物是指一年中大部分时间都有发情周期循环，如牛和猪；季节性多次发情动物是指发情局限在一年中特定的季节，在该季节出现多次发情，如羊、马、猫。马的发情从3~4月开始，至深秋季节停止，一年的发情周期数为3~6次。

排卵是指卵泡发育成熟后，突出于卵巢表面的卵泡破裂，卵子同周围的粒细胞和卵泡液排出的生理现象。按排卵方式，可以分为自发性排卵和诱导性排卵。

自发性排卵是指卵泡发育成熟后，不受外界特殊条件的刺激，自发排出卵子，如牛、马、猪、羊等家畜。诱导性排卵是指只有通过交配或子宫受到刺激才能排卵，如猫和兔。

【例题1】称为成熟卵泡的是（ E ）。
A. 原始卵泡　　B. 初级卵泡　　C. 次级卵泡　　D. 三级卵泡　　E. 格拉夫氏卵泡

【例题2】属于季节性发情的动物是（ C ）。
A. 奶牛　　B. 黄牛　　C. 绵羊　　D. 猪　　E. 兔

【例题3】属于诱导排卵的动物是（ E ）。
A. 牛　　B. 猪　　C. 马　　D. 犬　　E. 兔

考点3：主要动物的发情特点和发情鉴定 ★★★

不同动物的发情季节、发情次数、发情周期长短、发情持续时间、发情行为等均有不

同，临床上应注意掌握不同动物的发情特点，确定配种时间，提高繁殖效率。

奶牛和黄牛：全年多次发情动物，发情的季节性变化不明显。牛的发情期虽短，但外部特征表现明显，发情周期中，卵巢变化较大，表面凸起，有较大卵泡。因此发情鉴定主要靠外部观察，也可进行试情。

绵羊和山羊：季节性多次发情动物。绵羊的发情周期短，发情表现在无公羊时不太明显，因此发情鉴定以试情为主；山羊的发情症状比较明显，阴唇肿胀充血、摇尾、高声咩鸣、爬跨其他母羊，接近公羊时，嗅闻其会阴及阴囊部，或静立等待公羊爬跨，并回视公羊。

猫：季节性多次发情动物。母猫发情时，经常嘶叫，并频频排尿，发出求偶信号，静卧休息时间减少，发情持续时间长。

猪：猪的发情无明显的季节性，全年都有发情。母猪发情时，发情表现明显，出现阴唇肿胀、阴门黏膜充血、阴道内流出透明黏液，发情持续时间长。性兴奋及外阴部变化出现后，经过一段时间阴唇红肿开始消退，才接受公猪交配。母猪交配欲的表现是时常排尿，爬跨其他猪，同时也接受其他猪爬跨。用手按住其臀部，约有 50% 的母猪表现静立反射，向前推其臀部则向后靠。如公猪在场，成年母猪的静立反射更加明显。

【例题1】一般而言，发情持续时间较长且发情特征明显的动物是（D）。

A. 山羊　　　B. 绵羊　　　C. 黄牛　　　D. 猪　　　E. 奶牛

【例题2】母牛处于发情期的卵巢特征是（B）。

A. 卵巢较小，表面平坦，有较小卵泡
B. 卵巢较大，表面凸起，有较大卵泡
C. 卵巢较大，表面凸起，有较小卵泡
D. 卵巢大小中等，表面凹陷，有较大卵泡
E. 卵巢大小中等，表面平坦，无卵泡

【例题3】光照对发情活动影响最敏感的动物是（B）。

A. 犬　　　B. 马　　　C. 骆驼　　　D. 牛　　　E. 猪

【解析】本题考查主要动物的发情特点。马是全年季节性多次发情的动物，季节变化，如光照、温度、湿度变化对发情有重要影响。因此，光照对发情活动影响最敏感的动物是马。

【例题4】一断奶母猪出现阴唇肿胀、阴门黏膜充血、阴道内流出透明黏液。最应做的检查是（D）。

A. B超检查　　　　　　B. 阴道检查　　　　　　C. 血常规检查
D. 静立反射检查　　　E. 孕激素水平检查

【解析】本题考查主要动物的发情特点。根据母猪出现阴唇肿胀、阴门黏膜充血、阴道内流出透明黏液，表明母猪出现发情现象，这时可以利用静立反射检查母猪发情程度。因此可疑发情母猪最应做的检查是静立反射检查。

考点4：家畜配种时间的确定★★

通过发情鉴定，了解排卵时间是确定输精时间的重要根据。在生产中，不同动物排卵时间的确定主要通过试情、观察发情行为、检查阴道及其分泌物进行判断，大家畜还可以通过直肠检查触摸卵巢来判断。主要动物发情周期、发情持续时间、最适输精时间如表4-2-1所示。

表 4-2-1　主要动物发情周期、发情持续时间、最适输精时间

项目	牛	绵羊	山羊	猪	马	犬
发情周期	21d	16~17d	20~21d	21d	21d	每年发情
发情持续时间	18h	24~36h	40h	40~60h	5~7d	9d
最适输精时间	发情开始9h至发情终止	发情开始10~20h	发情开始12~36h	发情开始15~30h	发情第2天开始至发情结束	接受交配后2~3d

考点5：精液的保存方法★★★

对精液进行稀释的目的主要是扩大精液容量，充分利用精液，维持精子的受精能力，便于精液的保存和运输。

精液稀释液的组成包括营养物质、保护性物质、稀释剂和其他添加剂。营养物质主要有葡萄糖、果糖、乳糖、卵黄和乳等；保护性物质包括缓冲剂、抗冻剂和维生素等，常用的缓冲剂有枸橼酸钠、酒石酸钾钠和磷酸二氢钾等，常用的抗冻剂为甘油和二甲基亚砜（DMSO）；稀释剂常用等渗氯化钠溶液；其他添加剂包括酶类、激素类。

精液的保存一般采用液态保存的方法。液态精液一般在两种温度区间保存：常温保存（15~25℃）和低温保存（0~5℃）。低温下保存的时间长于常温。但猪的全精适于15~25℃保存；而分段采取的浓厚精液适于3~10℃保存。精液在低温下保存，必须注意缓慢降温，从30℃降至5℃，一般以每分钟下降0.2℃为宜，整个降温过程需1~2h。

【例题】羊新鲜精液液态保存的适宜温度为（A）。
A. 0~4℃　　B. 5~9℃　　C. 10~14℃　　D. 15~20℃　　E. 21~25℃

考点6：人工授精技术与胚胎移植技术★★

人工授精（AI）是指采用人为的措施将一定量的公畜精液输入母畜生殖道的一定部位而使母畜受孕的方法，是迄今为止应用最广泛并最有成效的繁殖技术。牛普遍采用直肠把握法输精，可以将输精管插入子宫颈管；而猪输精管需要插入子宫体，缓慢注入精液，防止精液外流。

胚胎移植又称受精卵移植，是指从一头优良雌性动物供体的输卵管或子宫内取出早期胚胎，移植到另一头雌性动物受体的输卵管或子宫内，使其正常发育到分娩，以达到产生优良后代的目的。

第三章　受精

> 轻装上阵

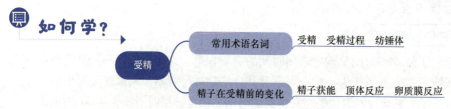

> 本章考点在考试中主要出现在 A1 型题中，每年分值平均 1 分。下列所述考点均需掌握。对于重点内容，希望考生予以特别关注。

考点冲浪

考点 1：常用术语名词 ★★

受精是指精子和卵子结合的过程，是动物个体发育的开始，包括一系列严格按照顺序完成的步骤，即**精-卵相遇、识别与结合、精-卵质膜融合、多精子入卵阻滞、雄原核与雌原核发育和融合**，受精结束形成雌雄原核，启动有丝分裂。即受精结束和胚胎开始发育的标志是染色体第一次有丝分裂，形成纺锤体。家畜精子在雌性生殖道的存活时间一般为 1~6d，其中马、猪精子存活时间和维持受精能力的时间很长，猪为 5d，马可达 6d。

【例题 1】受精结束和胚胎开始发育的标志是（ E ）。
A. 原核发育　　　　　　B. 透明带反应　　　　　C. 卵质膜反应
D. 气质颗粒膜形成　　　E. 染色体第一次有丝分裂，形成纺锤体

【例题 2】猪精子在生殖道内维持受精能力的最长时间是（ E ）。
A. 73~96h　　B. 8~11h　　C. 24~72h　　D. 12~23h　　E. 97~120h

考点 2：精子在受精前的变化 ★★★

精子在受精前发生一系列形态、生化和结构上的变化，主要呈现的生理现象是精子获能和顶体反应。

精子获能的部位包括子宫和输卵管，**宫管结合部位可能是精子获能的主要部位**，获能最终是在输卵管内完成的。

顶体反应是指精子头部前端与卵子透明带接触以后，通过配体-受体相互作用，精子顶体质膜和顶体外膜发生融合，顶体内小泡囊泡化，顶体内膜暴露，顶体内酶被激活并释放的胞吐过程。

卵质膜反应是指精子质膜与卵质膜融合，使卵质膜发生变化，阻止多精子受精，这一过程称为卵质膜反应。

在正常受精过程中，只要有一个精子入卵后，卵子皮质颗粒内容物（内含蛋白酶、卵过氧化物酶、N-乙酰氨基葡萄糖苷酶、一些糖基化物质和其他成分）就从精子入卵点释放，并迅速在卵周隙内向四周扩散，使透明带硬化并形成皮质颗粒膜，阻止多精子受精。因此卵子受精时，阻止多精子入卵有关的机制是卵质膜反应。

受精过程中，透明带性质发生改变，皮质颗粒排入卵周隙中，卵质膜表面微绒毛伸长，卵质膜结构重组。

【例题 1】家畜精子获能的最主要部位是（ E ）。
A. 子宫角　　B. 子宫体　　C. 子宫颈　　D. 输卵管　　E. 宫管结合部

【解析】本题考查精子获能的部位。哺乳动物刚射出的精子尚不具备受精的能力，只有在雌性生殖道内运行过程中发生进一步充分成熟的变化后，才能获得受精能力，精子获能主要在子宫和输卵管，在宫管结合部停留数十小时，以完成精子获能过程。因此家畜精子获能的最主要部位是宫管结合部。

【例题2】受精过程中，与皮质反应无关的是（A）。
A. 完成第二次减数分裂　　B. 透明带性质发生改变　　C. 卵质膜表面微绒毛伸长
D. 卵质膜结构重组　　E. 皮质颗粒排入卵周隙中

【例题3】卵子受精时，阻止多精子入卵有关的机制是（D）。
A. 顶体反应　　B. 卵子激活　　C. 精子获能　　D. 卵质膜反应　　E. 精卵膜融合

第四章　妊娠

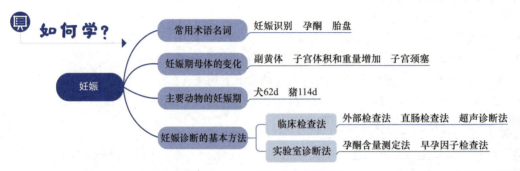

本章考点在考试中主要出现在A1、A2型题中，每年分值平均1分。下列所述考点均需掌握。对于重点内容，希望考生予以特别关注。

考点1：常用术语名词★★

妊娠识别是指孕体产生信号，阻止黄体退化，使其继续维持并分泌孕激素，从而使妊娠能够确立并维持下去的一种生理机制。

维持妊娠的重要激素是孕酮。孕酮产生于黄体或胎盘，或者二者都产生，动物的种类不同，维持妊娠的孕酮来源也有差异。马属动物和灵长类动物的妊娠黄体不足以维持妊娠所需的孕酮，因此在妊娠的过程中，胎盘产生的孕酮起重要作用。

【例题】妊娠中后期孕酮主要来源于胎盘的动物是（A）。
A. 马　　B. 山羊　　C. 猪　　D. 奶牛　　E. 黄牛

考点2：妊娠期母体的变化★★★

动物妊娠后，胚泡附植、胚胎发育、胎儿成长、胎盘和黄体形成及其所产生的激素都对母体产生极大的影响，从而引起整个机体，特别是生殖器官在形态学和生理学方面发生一系列的变化。

牛卵巢的变化是整个妊娠期都有黄体存在，妊娠黄体同周期黄体没有显著区别，妊娠时卵巢的位置则随着妊娠的进展而变化，由于子宫重量增加，卵巢和子宫韧带肥大，卵巢则下沉到腹腔。马卵巢有明显的活性，两侧卵巢有许多卵泡发育，体积增大，这些卵泡可排卵，形成副黄体。马卵巢活性通常在妊娠100d时消退，黄体开始退化。

所有动物妊娠后，子宫体积和重量都增加。羊子宫壁变薄最为明显。子宫血管变粗，分支增多，特别是子宫动脉和阴道动脉子宫支更为明显。

马、牛妊娠后，阴道黏膜苍白，表面覆盖浓稠黏液，子宫颈黏膜增厚，分泌黏液，形成子宫颈塞。

【例题1】马妊娠3个月时阴道出现的主要变化是（C）。
A. 分泌物增多 B. 分泌物稀薄 C. 黏膜苍白 D. 黏膜潮红 E. 黏膜水肿

【例题2】妊娠中后期，卵巢上黄体开始退化的动物是（D）。
A. 奶牛 B. 山羊 C. 猪 D. 马 E. 牦牛

【例题3】牛妊娠期卵巢的特征性变化是（E）。
A. 体积变小 B. 质地变硬 C. 质地变软 D. 有卵泡发育 E. 有黄体存在

考点3：主要动物的妊娠期★★

妊娠期是指胎生动物胚胎和胎儿在子宫内完成生长发育的时期。通常是从最后一次动物配种（有效配种）之日算起（妊娠开始），直至分娩为止（妊娠结束）所经历的一段时间。主要动物的妊娠期如表4-4-1所示。

表4-4-1　主要动物的妊娠期

种类	平均时间/d	范围/d
奶牛	282	276~290
水牛	307	295~315
猪	114	102~140
山羊	152	146~161
绵羊	150	146~157
犬	62	59~65
猫	58	55~60

【例题】猫的妊娠期平均是（B）。
A. 45d B. 58d C. 62d D. 75d E. 90d

考点4：妊娠诊断的基本方法★★★★

妊娠诊断的方法分为两大类，即临床检查法和实验室诊断法。

临床检查法主要有外部检查法、直肠检查法、阴道检查法、超声诊断法等。外部检查法主要是观察妊娠动物的外部形态变化和行为变化。直肠检查法是指隔着直肠壁触诊母畜生殖器官形态和位置变化诊断妊娠的一种方法，通过直肠触诊卵巢、子宫、子宫动脉的变化、孕体是否存在而进行判断，是大家畜最常用的妊娠诊断方法。阴道检查法主要是观察阴道黏膜的色泽、干湿状况、黏液形状、子宫颈形状和位置。

超声诊断法是指利用超声的物理特性和动物体组织结构声学特征密切结合的一种物理学检查方法，主要用于检查胎动、胎儿心搏及子宫动脉的血流。目前用于妊娠诊断的超声妊娠诊断仪有A型超声诊断仪、D型超声（多普勒）诊断仪和B型超声诊断仪。

实验室诊断法主要有孕酮含量测定法、早孕因子（EPF）检查法等。孕酮含量测定主要采用放射免疫测定法（RIA）和酶联免疫吸附试验法（ELISA）进行。母畜配种后，妊娠母畜孕酮水平保持不变或上升，而未妊娠母畜孕酮水平下降，这种水平差异是动物早期妊娠诊断的基础。一般认为牛配种后24d、猪40~50d、羊20~25d测定孕酮水平准确率较高。早孕因子是妊娠早期母体血清中最早出现的一种免疫抑制因子，交配受精后（6~48h）即能在血清中测出。目前普遍采用玫瑰花环抑制试验来测定早孕因子的含量。

【例题1】妊娠早期诊断的临床检查方法不包括（E）。
A. 外部检查　　　　　　B. 阴道检查　　　　　　C. 乳房检查
D. 妊娠脉搏触诊　　　　E. 孕酮含量测定

【解析】本题考查妊娠诊断的方法。妊娠诊断的方法包括临床检查法、实验室诊断法和特殊诊断法。其中临床诊断法主要有外部检查法、直肠检查法和阴道检查法。因此妊娠早期诊断的临床检查方法不包括孕酮含量测定。

【例题2】采用孕酮含量测定法对牛进行早期妊娠诊断的最早时间，一般是在妊娠后（B）。
A. 14d　　　　B. 24d　　　　C. 30d　　　　D. 45d　　　　E. 60d

第五章　分娩

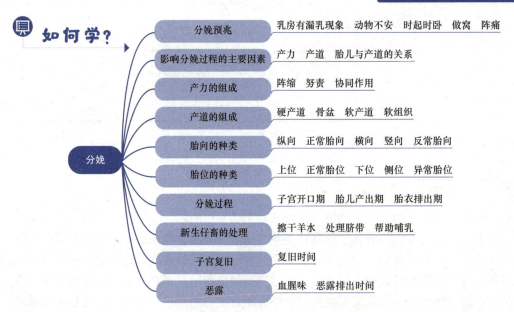

考点冲浪

考点1：分娩预兆的临床特征★★★

分娩是胎儿发育成熟，从子宫排出体外的过程，一般在预产期前数天内，可以使用注射激素等方法诱导母畜的同期分娩，有利于仔畜的成活率和发育生长。

分娩预兆是指随着胎儿的发育成熟和分娩期逐渐接近，母畜的精神状态、全身状况、生殖器官及骨盆部发生的一系列变化，以适应排出胎儿及哺育仔畜的需要。通常把这些变化称为分娩前兆或分娩预兆。

分娩预兆的临床特征主要表现为分娩前乳房的变化和分娩前动物行为的变化。

分娩前乳房的变化：奶牛在产前（经产牛约 10d），可由乳头挤出少量清亮胶样液体或初乳；至产前 2d，除乳房极度膨胀、皮肤发红外，乳头中充满白色初乳，乳头表面被覆一层蜡样物。有的奶牛有漏乳现象，乳汁成滴或成股流出来；漏乳开始后数小时至 1d 即分娩。猪在产前约半天，前部乳头能挤出 1~2 滴白色初乳。

分娩前动物行为的变化：动物临产前食欲减退，轻微不安，时起时卧，尾根抬起，常做排尿姿势，排泄量少而次数增多。羊前蹄刨地，咩叫。猪有衔草做窝现象，表现不安，时起时卧，阴门中见有黏液排出。犬在分娩前，开始做窝，不断地用爪刨地、啃咬物品等。临近分娩，出现阵痛，发出怪声呻吟或尖叫等。

一般来说，分娩启动不是由单一因素所致，而是由激素、机械性扩张、神经调节和免疫等多因素作用的结果。其中胎儿的丘脑下部-垂体-肾上腺轴系对牛、羊分娩起着重要的作用。

【例题1】诱导同期分娩的时机常选择（D）。
A. 胚胎附植期　　　　B. 妊娠早期　　　　C. 妊娠中期
D. 预产期前数天内　　E. 有分娩预兆时

【例题2】经产奶牛，妊娠已 280d。外阴部出现肿胀，尾根两侧臀部塌陷，乳房肿胀，乳汁呈滴状流出。该牛可能发生的是（A）。
A. 临产征兆　　　　B. 早产征兆　　　　C. 胎儿浸溶征兆
D. 慢性乳腺炎　　　E. 发情

【解析】本题考查分娩预兆的时间。奶牛的妊娠期为 280d 左右，分娩前数小时至 1d 可能会有漏乳现象，乳汁呈滴状或线状流出。根据奶牛的临床表现，可以判定该牛可能发生的是临产征兆。

【例题3】对奶牛启动分娩起决定作用的是（A）。
A. 胎儿的丘脑下部-垂体-肾上腺轴系　　B. 母体的丘脑下部-垂体-肾上腺轴系
C. 胎盘产生的雌激素　　　　　　　　　D. 胎盘产生的孕激素
E. 神经垂体释放的催产素

考点2：影响分娩过程的主要因素★★★★

分娩过程是否正常，主要取决于 3 个因素，即产力（阵缩和努责）、产道（硬产道和软产道）及胎儿与产道的关系。如果 3 个因素正常，能够相互适应，分娩就顺利，否则可能造成难产。

【例题】影响分娩过程的因素不包括（E）。
A. 阵缩与努责　　　　B. 软产道　　　　　　C. 硬产道
D. 胎儿与产道的关系　E. 母体促卵泡素的水平

考点3：产力的组成和特点★★★★

产力是指将胎儿从子宫中排出的力量，由子宫肌及腹肌有节律地收缩共同完成。子宫肌的收缩，称为阵缩，是分娩过程中的主要动力。腹壁肌和膈肌的收缩，称为努责，在分娩中与子宫收缩协同，对胎儿的产出起着十分重要的作用。胎儿产出期是子宫颈充分开大，胎儿的前置部分进入阴道，至胎儿完全排出的时期，这时期阵缩和努责发挥强烈的作用。

【例题1】胎儿产出期，母畜的产力组合是（B）。
A. 仅有阵缩，而无努责　B. 阵缩强烈，努责强烈　C. 仅有努责，而无阵缩
D. 阵缩强烈，努责微弱　E. 阵缩微弱，努责强烈

【例题2】分娩中发生阵缩的肌肉是（C）。
A. 膈肌　　B. 腹肌　　C. 子宫肌　　D. 肋间肌　　E. 臀中肌

考点4：产道的组成和特点★★★

产道是胎儿产出的必经之路，由软产道和硬产道共同组成。软产道是指由子宫颈、阴道、前庭和阴门这些软组织构成的管道；硬产道是指骨盆。分娩是否顺利和骨盆的大小、形状、能否扩张有重要的关系。骨盆各部构造，如骨盆入口大而圆、荐坐韧带较宽、骨盆底较宽、坐骨结节较低等，有利于胎儿顺产。

【例题】对母畜分娩易产生不利影响的是（E）。
A. 骨盆入口大而圆　　B. 荐坐韧带较宽　　C. 骨盆底较宽
D. 坐骨结节较低　　　E. 骨盆入口倾斜度小

考点5：胎向的种类和特点★★★★

胎向即胎儿的方向，就是胎儿身体纵轴与母体纵轴的关系。胎向有纵向、横向和竖向3种。

纵向是指胎儿的纵轴与母体的纵轴互相平行。习惯上将纵向分为正生和倒生两种。正生是指胎儿的方向和母体的方向相反，头和/或前腿先进入或靠近盆腔；倒生是指胎儿的方向和母体的方向相同，后腿或臀部先进入或靠近盆腔。

横向是指胎儿横卧于子宫内，胎儿的纵轴与母体的纵轴呈十字形的垂直。竖向是指胎儿的纵轴向上与母体的纵轴垂直。

因此纵向是正常的胎向，横向和竖向是反常的胎向。

【例题1】胎儿的身体纵轴与母体的身体纵轴互相平行时称为（C）。
A. 上位　　B. 下位　　C. 纵向　　D. 横向　　E. 竖向

【例题2】牛分娩时正常的胎向是（C）。
A. 上位　　B. 下位　　C. 纵向　　D. 横向　　E. 竖向

考点6：胎位的种类和特点★★★★

胎位即胎儿的位置，就是胎儿的背部和母体的背部或腹部的关系。一般胎位分为上位（背荐位）、下位（背耻位）、侧位（背髂位）3种。

上位（背荐位）是指胎儿伏卧在子宫内；背部在上，接近母体的背部及荐部。下位（背耻位）是指胎儿仰卧于子宫内；背部在下，接近母体的腹部及耻骨。侧位（背髂位）是指胎儿侧卧于子宫内；背部位于一侧，接近母体左侧或右侧腹壁及髂骨。

因此上位是正常的，下位和侧位是异常的。

【例题1】牛分娩时正常的胎位是（D）。
A. 横向　　　B. 竖向　　　C. 侧位　　　D. 上位　　　E. 下位

【例题2】奶牛难产做产科检查时，发现进入产道的胎儿背部与母体背部不一致是属于（C）。
A. 胎儿过大　B. 胎向异常　C. 胎位异常　D. 胎势异常　E. 产道异常

考点7：分娩过程的特点★★

分娩过程是指从子宫开始出现阵缩起，至胎衣排出为止的过程。分娩是一个连续的完整过程，人为地将它分为3个时期，即子宫开口期、胎儿产出期及胎衣排出期。

牛、马、羊的胎儿有3个比较宽大的部分，即头、肩胛围和骨盆围。头部通过母体盆腔最为困难。

考点8：新生仔畜的处理方法★★

新生仔畜的处理方法包括擦干羊水、处理脐带和帮助哺乳。

擦干羊水：胎儿产出后，要及时擦净鼻孔内的羊水，防止新生仔畜窒息，并观察呼吸是否正常，如无呼吸，必须立即抢救。

处理脐带：胎儿产出后，脐血管可能由于前列腺素的作用而迅速封闭。所以，处理脐带的目的并不在于防止出血，而是促进脐带干燥，避免细菌侵入。断脐后将脐带断端在碘酊内浸泡片刻，或在脐带外面涂以碘酊。

帮助哺乳：扶助仔畜站立，并帮助吃乳。

考点9：子宫复旧和恶露的排出时间及临床意义★★★

产后期生殖器官中变化最大的是子宫，母畜产后子宫恢复原有的状态称为子宫复旧。牛子宫复旧时间为30~45d，羊为17~20d，马为12~14d，猪为25~28d。

恶露是指母畜分娩后，子宫黏膜发生再生，再生过程中变性脱落的母体胎盘、残留在子宫内的血液、胎水及子宫腺的分泌物被排出来的现象。

正常恶露有血腥味，但不臭，如果有腐臭味，便是胎盘残留或产后感染，恶露排出时间延长，色泽、气味反常或呈脓样，表示子宫有病理变化，应及时予以治疗。

母牛分娩后，恶露排出时间为10~12d，如果超过3周仍有分泌物排出，则视为病态。马是在分娩后2~3d排尽恶露。绵羊的恶露不多，但排出时间需5~6d。山羊排尽恶露约需2周。母猪产后恶露很少，产后2~3d即停止排出。

【例题1】马产后子宫复旧所需时间一般为（C）。
A. 1~4d　　　B. 5~7d　　　C. 12~14d　　　D. 20~24d　　　E. 30~34d

【例题2】母牛产后40d时，生殖器官的正常变化是（A）。
A. 子宫大小和形状基本恢复原状　　　B. 卵巢上有持久黄体
C. 卵巢体积变小　　　　　　　　　　D. 有少量恶露从阴道排出

E. 卵巢上有囊肿黄体

【例题3】奶牛产后恶露排出时间异常的是（E）。

A. 3~5d　　　B. 6~7d　　　C. 8~9d　　　D. 10~12d　　　E. 20d 以上

第六章　妊娠期疾病

轻装上阵

如何学？

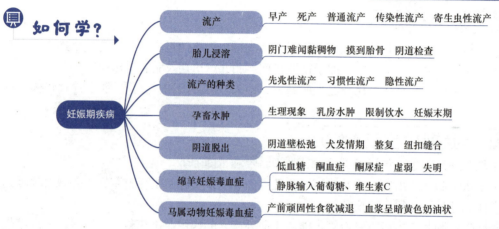

如何考？

本章考点在考试中主要出现在 A1、A2 型题中，每年分值平均 2 分。下列所述考点均需掌握。对于重点内容，希望考生予以特别关注。

考点冲浪

考点 1：流产的发病原因和种类★★★

流产是指由于胎儿或母体异常而导致妊娠的生理过程发生扰乱，或他们之间的正常关系受到破坏而导致的妊娠中断。如果母体在妊娠期满前排出成活的未成熟胎儿，称为早产；如果在分娩时排出死亡的胎儿，称为死产。

流产发生的原因极为复杂，一般分为 3 类，即普通流产（非传染性流产）、传染性流产和寄生虫性流产。普通流产的原因主要有胎膜和胎盘异常、胚胎过多、胚胎发育停滞、生殖器官疾病、生殖激素分泌失调、营养性流产、中毒性流产等；传染性流产是指传染病引起的流产，如布鲁氏菌病、支原体病、细小病毒病等。

【例题】不属于畜群损伤性和管理性流产的原因是（C）。

A. 抢食　　　B. 拥挤　　　C. 使用驱虫剂　　　D. 使役过重　　　E. 踢伤

【解析】本题考查流产发生的原因。畜群机械性损伤、管理和使用不当，如拥挤、喝冷水、使役过重、踢伤、跌倒等，均可以引起母畜流产。因此不属于畜群损伤性和管理性流产的原因是使用驱虫剂。

考点2：胎儿浸溶的临床特征和诊断方法★★

流产是奶牛妊娠期间常见的一种产科疾病，其中胎儿浸溶较少见。胎儿浸溶主要是指由于妊娠中断后，黄体退化，子宫颈管开张，细菌侵入子宫，死亡胎儿的软组织分解，变为液体流出，骨骼则留在子宫内。

临床特征：主要表现为母牛极度消瘦，经常努责，阴门排出红褐色或棕褐色难闻的黏稠油状液体，其中可夹有小骨片，最后可能排出脓汁。阴道检查发现子宫颈口开张，在子宫颈管或阴道内可摸到胎骨；阴道及子宫颈黏膜红肿。

诊断方法：胎儿浸溶最简单直接的检查方法是阴道检查，阴道检查可以发现子宫颈开张，在子宫颈或阴道内可摸到胎骨，阴道及子宫颈黏膜红肿。

【例题】奶牛，6岁，努责时阴门流出红褐色难闻的黏稠液体，其中偶有小骨片。主诉，配种后已确诊妊娠，但已过预产期半月。该病例最可能伴发的其他变化是（E）。

A. 慕雄狂　　　　　　B. 子宫颈关闭　　　　　　C. 卵泡交替发育
D. 卵巢上有黄体存在　　E. 阴道及子宫颈黏膜红肿

考点3：流产的种类和治疗方法★★★

流产是指由于胎儿或母体异常而导致妊娠的生理过程发生扰乱，或他们之间的正常关系受到破坏而导致的妊娠中断。

先兆性流产：主要表现为阴唇稍微肿胀，阴门内有清亮黏液排出，孕畜出现腹痛，起卧不安，呼吸和脉搏加快。处理原则为使用抑制子宫收缩药安胎，如肌内注射孕酮，连用数次。

习惯性流产：可在妊娠的一定时间试用孕酮和硫酸阿托品。同时给予镇静药物，如氯丙嗪。另外，禁止阴道检查，减少直肠检查次数。

延期流产：对于胎儿干尸化或胎儿浸溶，可以使用前列腺素制剂，随后使用雌激素，溶解黄体，促使子宫颈扩张，向产道内灌入润滑剂，以便胎儿排出。

隐性流产：加强饲养管理，补充维生素和微量元素，妊娠早期，视情况补充孕酮或人绒毛膜促性腺激素，在发情期间，用抗生素生理盐水冲洗子宫。

【例题1】母猪，妊娠已3个月，突然发现乳房膨大，阴唇肿胀，有清亮分泌物从阴道流出。提示可能发生的疾病是（A）。

A. 流产　　　B. 妊娠毒血症　　　C. 轻度乳腺炎　　　D. 乳房水肿　　　E. 阴道炎

【解析】本题考查流产的诊断。当母畜发生流产，排出不足月的胎儿时，临床表现不明显，往往仅在排出胎儿前2~3d乳房突然膨大，阴唇稍微肿胀，阴门内有清亮黏液排出，乳头内可挤出清亮液体。根据母猪的临床表现，提示可能发生的疾病是流产。

【例题2】奶牛，4岁，配种后35d，确诊已妊娠，临床未见明显异常。配种后65d时，该牛再次发情，直肠检查发现原先的妊娠特征消失。再次配种前，对该牛常用的处理措施是（A）。

A. 抗生素生理盐水冲洗子宫　　　　B. 注射催产素
C. 注射孕酮　　　　　　　　　　　D. 注射氯前列烯醇
E. 注射人绒毛膜促性腺激素

【解析】本题考查流产的诊断。根据"奶牛配种后35d确诊已妊娠，临床未见明显异常，配种后65d时，该牛再次发情，直肠检查发现原先的妊娠特征消失"等临床特征，可以判定为奶牛隐性流产。对隐性流产的病畜，应加强饲养管理，满足家畜对维生素及微量元素的需要，妊娠早期视情况补充孕酮或人绒毛膜促性腺激素，在配种前，用抗生素生理盐水冲洗子宫。

【例题3】奶牛，离分娩尚有1个多月。近日出现烦躁不安，乳房胀大，临床检查心率90次/min，呼吸30次/min，阴门内有少量清亮黏液。最适合选用的治疗药物是（B）。

A. 雌激素　　　　B. 孕酮　　　　C. 前列腺素
D. 垂体后叶素　　E. 马绒毛膜促性腺激素

【解析】本题考查流产的治疗方法。根据奶牛的临床表现，可以判定奶牛出现先兆性流产。因此最适合选用的治疗药物是孕酮。

考点4：孕畜水肿的特点和发生原因 ★★

孕畜水肿即妊娠水肿，是指妊娠末期孕畜腹下、后肢及乳房等处发生水肿。水肿面积小、症状轻者，是妊娠末期的一种正常生理现象；水肿面积大、症状重者，则是病理状态，本病多见于马和奶牛，特别是初产奶牛，常出现乳房水肿。

生理性水肿一般发生于分娩前1个月左右，产前10d变得显著，分娩后2周可自行消退；病理性水肿则持续数月或整个泌乳期。

孕畜水肿发生的原因主要有：妊娠末期，胎儿增大，子宫体积增大，腹内压升高；妊娠母畜蛋白质不足，血浆蛋白浓度下降；孕畜运动不足；以及抗利尿激素、醛固酮分泌过多。

防治方法：给予富含蛋白质、维生素和矿物质的饲料；限制饮水，减少多汁饲料和食盐；适当运动，擦拭皮肤，按摩乳房。

考点5：阴道脱出的发生机制和治疗方法 ★★★

阴道脱出是指阴道底壁、侧壁和上壁的一部分组织、肌肉出现松弛扩张，子宫和子宫颈随着向后移动，松弛的阴道壁形成褶皱嵌堵于阴门内或突出于阴门外的疾病。阴道脱出可以是部分脱出，也可以是全部脱出。

发生机制：阴道脱出可能与母畜骨盆腔的局部解剖生理有关。在骨盆韧带及阴道邻近组织松弛，阴道腔扩张、阴道壁松软，又有一定的腹内压情况下，多发生本病。犬阴道增生脱出多发生在发情前期或发情期，与遗传及雌激素分泌过多有关。本病常发生于妊娠末期的牛、发情期的犬及猪，而马较少发生。

治疗方法：轻度阴道脱出，易于整复，关键是防止复发；中度和重度阴道脱出，必须及时整复，并在阴道内注入防腐剂，在阴门两侧注入抗生素，在阴门上做两针纽扣缝合，加以固定，防止复发。

犬在发情期的轻度阴道增生脱出，可以不治疗，待发情期结束后能自愈。对于有轻度阴道脱出病史的母犬，预防再次发病最适宜的措施是发情前期注射醋酸甲地孕酮。犬发情期阴道严重增生脱出的病例，可进行手术切除。

【例题1】阴道脱出较少见于（B）。

A. 猪　　　B. 马　　　C. 绵羊　　　D. 山羊　　　E. 奶牛

【例题2】猪阴道脱出发生的主要机制是（E）。

A. 子宫弛缓　　　　　B. 会阴松弛　　　　　C. 骨盆松弛
D. 阴门松弛　　　　　E. 固定阴道的组织松弛

【例题3】犬阴道增生脱出多发生在（A）。
A. 发情期　　　　　　B. 妊娠期　　　　　　C. 子宫开口期
D. 胎儿产出期　　　　E. 胎衣排出期

【例题4】对有轻度阴道脱出病史的母犬，预防再次发病，最适宜的措施是（B）。
A. 注射抗生素　　　　　　　　　　B. 发情前期注射醋酸甲地孕酮
C. 生理盐水冲洗阴道　　　　　　　D. 用0.1%高锰酸钾液冲洗阴道
E. 实施子宫卵巢切除术

考点6：绵羊妊娠毒血症的临床特征和治疗方法★★★★

绵羊妊娠毒血症是指妊娠末期母羊由于碳水化合物和脂肪酸代谢障碍而发生的一种以低血糖、酮血症、酮尿症、虚弱和失明为主要特征的代谢病。本病主要发生于妊娠最后一个月，多在分娩前10~20d，有时在分娩前2~3d。母羊怀双羔、三羔或胎儿过大，母羊不能满足这种营养需要，可诱发本病。

临床特征：主要表现为精神沉郁，食欲减退，运动失调，呆滞凝视，卧地不起，甚至昏睡等。

治疗方法：提供糖原，保护肝功能，静脉输入10%葡萄糖、维生素C；或肌内注射泼尼松龙或地塞米松、复合维生素B，口服乙二醇、葡萄糖和注射钙、镁、磷制剂，存活率可以达到85%以上。治疗效果不显著时，建议施行剖腹产或人工引产。

考点7：马属动物妊娠毒血症的临床特征和诊断方法★★★★

马属动物妊娠毒血症是驴、马妊娠末期的一种代谢性疾病，主要特征是产前顽固性食欲渐减，忽有忽无，或者突然、持续地完全不吃不喝。

诊断方法：根据血浆或血清的颜色和透明度出现的特征性变化，做出诊断。将采集的血液放在小瓶中，静置20~30min，发现病驴的血浆呈不同程度的乳白色，表面带有灰蓝色；病马血浆呈现暗黄色奶油状。

【例题】马，5岁，妊娠321d，体温不高，精神沉郁，食欲废绝，粪球干硬，尿浓色黄，可视黏膜潮红，血液检查可见血浆混浊，呈暗黄色奶油状，本病最可能的诊断是（E）。
A. 马巴贝斯虫病　　　B. 溶血性贫血　　　　C. 营养性贫血
D. 酮病　　　　　　　E. 妊娠毒血症

第七章　分娩期疾病

轻装上阵

如何学？

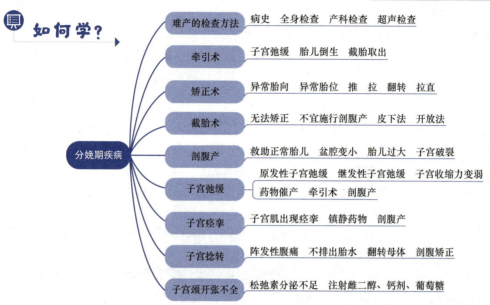

如何考？

本章考点在考试中主要出现在 A1、A2、B1 型题中，每年分值平均 2 分。下列所述考点均需掌握。对于子宫弛缓、子宫捻转等重点内容，希望考生予以特别关注。

考点冲浪

考点1：难产的原因和检查方法★★★

难产的原因：初情期是指母畜开始出现发情现象或排卵的时期，此时发情周期不规律，生殖器官未完成生长发育，机体体格发育不完全，不宜用于繁殖。

难产的检查方法包括病史的调查（预产期、年龄与胎次、产程、既往繁殖史、胎儿产出情况、助产方法和结果等）、母畜的全身检查、产科检查（母体外部检查、产道检查、胎儿检查），以及术后检查（腹部检查、超声检查）。

【例题】最可能导致母牛难产的原因是（E）。
A. 妊娠前半期正常使役
B. 妊娠后期适当减少饲料蛋白质含量
C. 产前 1 周开始转入产房饲养
D. 分娩期进行产道检查
E. 初情期配种受孕

考点2：牵引术的适应证★★★

牵引术是指用外力将胎儿自母体产道拉出的助产手术，又称拉出术，是救治难产特别是产力性难产最常用的手术。一般大家畜行牵引术助产时，产科绳系在正生胎儿的系关节上方。

适应证：主要适用于产道与胎儿大小较合适，不存在胎儿或产道明显异常的病例，如子宫弛缓、胎儿较大或产道较狭窄、胎儿倒生、多胎动物最后几个胎儿的助产，以及胎儿气肿、溶解等经截胎后胎儿的取出等。

【例题1】牵引术助产的适应证是（C）。
A. 子宫捻转　　　B. 骨盆狭窄　　　C. 原发性子宫弛缓
D. 继发性子宫弛缓　　E. 子宫颈开放不能

【例题2】马、牛发生产力性难产时，首选的助产手术是（A）。
A. 牵引术　　B. 截胎术　　C. 矫正术　　D. 剖腹产术　　E. 药物助产术

【例题3】行牵引术助产时，产科绳系在正生奶牛胎儿的（A）。
A. 系关节上方　B. 系关节下方　C. 腕关节上方　D. 跗关节上方　E. 蹄部

考点3：矫正术的适应证和手术方法★★

矫正术是指通过推、拉、翻转、矫正或拉直胎儿四肢的方法，把异常胎向、胎位及胎势矫正至正常状态的助产手术。

适应证：正常分娩时，单胎动物的胎儿呈纵向（正生或倒生）、上位、头、颈及四肢伸直，与此不同的各种异常情况均可用矫正手术进行矫正。

手术方法：矫正术必须在腹腔内进行。应先将胎儿从骨盆腔中推回腹腔，在子宫中将胎儿的一部分躯体向前、向上、向下或向侧面推动，以便有足够的空间矫正异常。

【例题】不适宜对奶牛采用矫正术助产的难产是（A）。
A. 胎儿背前置　　　B. 胎头侧弯　　　C. 胎儿侧位
D. 胎儿腕关节屈曲　　E. 胎儿跗关节屈曲

【解析】本题考查矫正术的手术方法。胎头侧弯、胎儿侧位、胎儿腕关节屈曲、胎儿跗关节屈曲都可以通过矫正术进行矫正。只有当胎儿背前置时，矫正非常困难，此时应首先选择剖腹产而不是矫正术助产。因此不适宜对奶牛采用矫正术助产的难产是胎儿背前置。

考点4：截胎术的适应证和手术方法★★

截胎术是指为了缩小胎儿体积而肢解或除去胎儿身体某部分的手术。

适应证：难产时，若无法矫正并拉出胎儿，又不能或不宜施行剖腹产，可将死胎儿的某些器官截断，分别取出或把胎儿的体积缩小后一同拉出。适用于胎儿已经死亡且产道尚未缩小的情况。若胎儿或者母畜体况尚可，建议做剖腹产。

手术方法：截胎术分为皮下法和开放法两种。皮下法是指在截除胎儿某一器官前，先把皮肤剥开，在皮下截除器官后，用皮肤覆盖断端，避免牵拉时损伤母体，并可借助皮肤拉出胎儿。而开放法是直接把某一器官截掉，不留皮肤。

考点5：剖腹产的适应证和手术方法★★★★

剖腹产是指切开母体腹壁及子宫取出胎儿的手术。在救治难产时，如果药物催产无效，无法牵引拉出胎儿，不能矫正胎儿或不宜施行截胎术，或者这些方法的后果不及剖腹产，则可以采用该手术，尤其在小动物和胎儿还活着的情况下，多采用该手术。

适应证：剖腹产主要适用于骨盆发育不全或骨盆变形而盆腔变小；小动物体格过小，手不能深入阴道；子宫颈狭窄或畸形，且胎囊已破；胎儿过大或水肿，胎儿的胎向、胎位、胎势异常；无法矫正，或胎儿畸形，且截胎有困难，子宫破裂，阵缩微弱，催产无效等。

手术方法：①牛的剖腹产。全身麻醉配合局部麻醉，侧卧保定，一般选择在左乳静脉的左侧 5~8cm 处，自乳房基部前缘向前做长 35~45cm 的平行乳静脉的切口，切开腹壁，向前推动瘤胃，暴露子宫。沿着子宫角大弯，避开子叶，做一与腹壁切口等长的切口，切开子宫，切开胎膜，拉出胎儿。取出胎儿后，尽可能把胎衣完全剥离取出。用剪刀剪除切口周围妨碍缝合的胎衣，用可吸收缝线连续内翻缝合子宫壁浆膜肌层。②犬的剖腹产。全身麻醉（浅麻醉）配合局部麻醉，仰卧保定，脐后腹中线切口，在子宫体与子宫角交界处做一切口，切开子宫，取出胎儿。

【例题1】奶牛剖腹产术侧卧保定，合理的切口是（E）。
A. 左胁部前切口　　　　　B. 右胁部前切口　　　　　C. 左肋弓下斜切口
D. 右肋弓下斜切口　　　　E. 平行左乳静脉白线旁切口

【例题2】奶牛剖腹产手术，子宫壁切口的缝合方法是（A）。
A. 浆膜肌层连续内翻缝合　　　　B. 浆膜肌层间断外翻缝合
C. 子宫壁全层连续内翻缝合　　　D. 子宫壁全层间断内翻缝合
E. 全层水平纽扣缝合

考点6：子宫弛缓的发生原因和处理方法★★★★

子宫弛缓是指在分娩的开口期及胎儿排出期，子宫肌层的收缩频率、持续期及强度不足，以致胎儿不能排出的现象。

子宫弛缓分为原发性子宫弛缓和继发性子宫弛缓两种。原发性子宫弛缓是指分娩一开始子宫肌层收缩力就不足；继发性子宫弛缓是指开始时子宫阵缩正常，以后由于排出胎儿受阻或子宫肌疲劳等导致阵缩和努责微弱或完全停止，即子宫收缩力变弱或弛缓。

发生原因：原发性子宫弛缓主要是由于在分娩前，孕畜体内激素分泌失调（雌激素、催产素分泌不足，孕酮分泌过多）、营养不良或体质衰弱、胎儿过大或胎水过多，使子宫肌肉过度伸张等，均可引起子宫弛缓；继发性子宫弛缓通常继发于难产，见于所有动物，尤其是大动物多发，在多胎动物可见于前几个胎儿难产的病例。

处理方法：子宫弛缓的处理方法包括药物催产、牵引术、截胎术或剖腹产。

1）药物催产：猪、羊、犬等小动物常用药物催产，但大家畜多行牵引术。必须及时进行手术助产，常用药物为催产素，在应用催产素前 30min，可静脉滴注葡萄糖和钙剂。

2）牵引术：当胎水已经排出和胎儿死亡时，立即矫正异常部位，并施行牵引术。

3）截胎术或剖腹产：对复杂的难产，如伴有胎位、胎势异常，矫正后不易拉出或不易矫正的病例，宜采用剖腹产。

【例题1】引起猪继发性子宫弛缓的主要原因是（D）。
A. 体质虚弱　　　　　　B. 胎水过多　　　　　　C. 身体肥胖
D. 子宫肌疲劳　　　　　E. 催产素分泌不足

【例题2】经产母猪，分娩时排出 4 个胎儿后停止努责，30min 后仍无努责迹象。产道检查发现有一胎儿位于盆腔入口处，两蹄部和鼻端位于子宫颈处。该猪最可能发生的疾病是（A）。
A. 继发性子宫弛缓　　　　B. 原发性子宫弛缓　　　　C. 子宫颈狭窄
D. 骨盆腔狭窄　　　　　　E. 胎势异常

考点7：子宫痉挛的处理方法★★★

子宫痉挛是指母畜在分娩时子宫壁的收缩时间长、间隙短、力量强烈，或子宫肌出现痉挛性的不协调收缩，形成狭窄环。子宫肌强烈的收缩可导致胎膜破裂过早，出现胎水流失。胎儿排出后，持续强烈收缩可引起胎衣不下。子宫痉挛发生的原因很多，如胎势、胎位不正，胎儿不能排出时，临产前受到惊吓，环境突然改变，气温下降，腹部冷水刺激等。

处理方法：用指尖掐压母畜的背部皮肤，减缓努责；为缓解子宫的收缩和痉挛，可注射镇静药物。如果胎儿已经死亡，矫正、牵引没有效果，实施截胎术或剖腹产。

【例题】引起子宫痉挛的原因多见于（ C ）。
A. 母畜肥胖　　　　　B. 妊娠期缺乏运动　　　　C. 分娩前受到惊吓
D. 不正确助产　　　　E. 胎儿死亡

考点8：子宫捻转的发病原因、临床特征和治疗方法★★★★

子宫捻转是指整个子宫、一侧子宫角或子宫角的一部分围绕自己的纵轴发生的扭转。捻转处多为子宫颈及其前后，多数是在临产时发生扭转。

发病原因：使母畜围绕身体纵轴急剧转动的任何动作，都成为子宫捻转的直接原因。临产时发生的子宫捻转可能是由于母畜因疼痛起卧，或胎儿转变体位引起的。

临床特征：母畜有明显的不安和阵发性腹痛，并随着病程的延长和血液循环受阻，腹痛加剧，且间歇时间缩短。弓腰，努责，但不排出胎水。阴道黏膜充血呈紫红色，阴道壁紧张，特点是越向前越变狭窄，且在前端呈较大的明显的螺旋状皱襞，皱襞的方向标志着子宫扭转的方向。

治疗方法：临产时发生的捻转，对捻转程度小的，可选用产道内或直肠内矫正；对捻转程度较大且产道极度狭窄、手难以伸入产道抓住胎儿或子宫颈尚未开放的产前捻转，常选用翻转母体、剖腹矫正或剖腹产的方法。实施产道内矫正时，一般可进行站立保定，前低后高位，行脊髓麻醉。

【例题1】对母牛进行阴道检查时，发现阴道呈螺旋状褶皱。本病的诊断是（ C ）。
A. 阴道炎　　B. 胎衣不下　　C. 子宫捻转　　D. 子宫脱出　　E. 子宫颈炎

【例题2】治疗牛临产时发生子宫捻转，不宜采用的方法是（ E ）。
A. 翻转母体　　　　　B. 剖腹矫正　　　　　C. 产道内矫正
D. 直肠内矫正　　　　E. 牵引术矫正

【例题3】通过产道矫正子宫捻转时，奶牛的保定方法是（ A ）。
A. 站立，呈前低后高位　　　　　B. 右侧卧，呈前低后高位
C. 左侧卧，呈前低后高位　　　　D. 站立，呈前高后低位
E. 右侧卧，呈前高后低位

考点9：子宫颈开张不全的发病原因和处理方法★★

子宫颈开张不全是牛、羊最常见的难产病因之一，其他动物少见。

发病原因：子宫颈的肌肉组织产前受雌激素作用变软的过程较长，若阵缩过早，产出提前，或各种原因导致雌激素及松弛素分泌不足，子宫颈不能充分软化。

处理方法：可以注射雌二醇、钙剂和葡萄糖；同时按摩子宫颈，促进子宫颈松弛。

第八章　产后期疾病

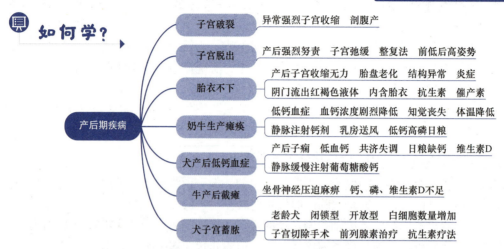

本章考点在考试四种题型中均会出现，每年分值平均 3 分。下列所述考点均需掌握。上述考点均为考查最为频繁的内容，每年必考，希望考生予以特别关注。

考点 1：子宫破裂的发病原因和治疗方法★★★

子宫破裂是指动物在妊娠后期或者分娩过程中造成的子宫壁黏膜层、肌层和浆膜层发生破裂的现象。子宫破裂按其程度，分为不完全破裂与完全破裂两种。不完全破裂是子宫壁黏膜层或黏膜层和肌层发生破裂，而浆膜层未破裂；完全破裂是子宫壁 3 层组织都发生破裂，子宫腔与腹腔相通。子宫完全破裂的破口很小时，又称为子宫穿孔。

发病原因：主要是难产时，子宫颈开张不全，胎儿过大并伴有异常强烈的子宫收缩，胎儿异常尚未解除时就使用子宫收缩药；难产子宫捻转严重时，捻转处有时会破裂；助产时动作粗鲁、操作失误也会导致子宫破裂。

治疗方法：如果发现子宫破裂，立即根据破裂的位置与程度，决定是经产道取出胎儿还是剖腹取出胎儿，最后缝合破口。多数子宫破裂需要施行剖腹产。

考点 2：子宫脱出的发病原因和治疗方法★★★

子宫脱出是指子宫角的前端全部翻出于阴门之外的疾病。子宫脱出多见于产程的第三期，有时则在产后数小时之内发生。产后超过 1d 发病的病畜极为少见。

发病原因：主要与产后强烈努责、外力牵引及子宫弛缓有关。

治疗方法：子宫脱出一般采取整复法进行治疗。子宫脱出整复法是将脱出的子宫还纳回腹腔，首先抬高后躯，牛体位保持前低后高姿势，用温消毒液对脱出子宫、外阴和尾根区域充分清洗消毒，除去黏附的污物和坏死组织，涂以抑菌防腐药。同时，在子宫腔内放置抗生素，施行荐尾间硬膜外麻醉，将脱出的子宫还纳回腹腔。整复后肌内注射催产素和肾上腺素可降低死亡率。

【例题1】家畜子宫脱出的常见病因是（A）。
A. 子宫弛缓　　　　B. 努责微弱　　　　C. 子宫肌收缩
D. 胎衣紧裹胎儿　　E. 胎儿过大

【例题2】奶牛，妊娠已265d，食欲减退，频频努责，可见一排球大小的囊状物垂于阴门之外，表面呈暗红色、水肿严重。针对本病，整复脱出物前的处置方法是（C）。
A. 乙醇消毒　　　　　　B. 温热盐水冲洗　　　C. 3%明矾水冷敷、压迫
D. 0.1%高锰酸钾热敷　　E. 3%过氧化氢冲洗

【解析】本题考查子宫脱出的治疗方法。根据"奶牛食欲减退，频频努责，可见一排球大小的囊状物垂于阴门之外，表面呈暗红色、水肿严重"等临床特征，可以初步判定为子宫脱出，对于子宫脱出的治疗，一般需要进行整复。因此，针对本病，整复脱出物前的处置方法是3%明矾水冷敷、压迫，消除肿胀，便于还纳。

【例题3】牛子宫全脱出整复过程中不合理的方法是（C）。
A. 荐尾间硬膜外麻醉　　　　B. 子宫腔内放置抗生素
C. 牛体位保持前高后低　　　D. 皮下或肌内注射催产素
E. 对脱出子宫进行清洗、消毒、复位

考点3：胎衣不下的发生原因、临床特征和治疗方法★★★★

胎衣不下或胎膜滞留是指母畜分娩出胎儿后，胎衣在正常的时限内不能排出的现象。

发生原因：引起胎衣不下的原因很多，主要和产后子宫收缩无力及胎盘未成熟或老化、胎盘充血或水肿、胎盘炎症、胎盘组织构造异常等有关。

牛、羊胎盘属于上皮绒毛膜与结缔组织绒毛膜混合型胎盘，胎儿胎盘与母体胎盘联系比较紧密，是胎衣不下多见于牛、羊的主要原因。

临床特征：牛发生胎衣不下时，常常表现弓背和努责，如努责强烈，可能发生子宫脱出。胎衣在产后1d内就开始变性分解，从阴道排出红褐色（污红色）、恶臭液体，病畜卧下时排出量较多。猪胎衣不下多为部分不下，并且多位于子宫角最前端，触诊不易发现，病猪表现出不安，体温升高，食欲减退，泌乳减少，喜饮水，阴门内流出红褐色液体，内含胎衣碎片。

治疗方法：原则是尽早采取治疗措施，防止胎衣腐败吸收，促进子宫收缩，局部和全身抗菌消炎，在条件适合时可剥离胎衣。

临床上主要采取子宫腔内投放四环素、土霉素、磺胺类等，肌内注射抗生素、苯甲酸雌二醇，或皮下注射催产素等方法进行治疗，同时徒手剥离胎衣。

【例题1】与其他动物相比，牛胎衣不下发生率较高的主要原因是（E）。
A. 肥胖　　　　　　　B. 瘦弱　　　　　　　C. 内分泌紊乱
D. 饲养管理失宜　　　E. 胎盘组织构造特点

【例题2】奶牛，2.5岁，产后已经18h，仍表现弓背和努责，时有污红色带异味液体自阴门流出。治疗原则为（D）。
A. 增加营养和运动量　　　　B. 剥离胎衣，增加营养

C. 抗菌消炎和增加运动量　　　　D. 促进子宫收缩和抗菌消炎
E. 促进子宫收缩和增加运动量

【例题3】山羊，7岁，产后6h，出现弓背努责，随着努责流出少量污红色液体和组织碎片，治疗本病宜选用的药物是（A）。
A. 雌二醇、土霉素　　　B. 雌二醇、催产素　　　C. 孕酮、土霉素
D. 孕酮、雌二醇　　　　E. 前列腺素、孕酮

考点4：奶牛生产瘫痪的发病原因和临床特征★★★★

奶牛生产瘫痪又称褥热症或奶牛低钙血症，是奶牛分娩前后突然发生的一种严重的代谢性疾病。主要特征是低血钙，全身肌肉无力，知觉丧失及四肢瘫痪。

发病原因：分娩前后血钙浓度剧烈降低是本病发生的主要原因，奶牛生产瘫痪主要发生于饲养良好的高产奶牛，大多在生产后3d之内发病，而且发病出现于一生中产乳量最高时期（5~8岁）。

临床特征：主要表现为食欲减退或废绝，轻度不安、哞叫、兴奋，不愿走动，后肢交替负重，后躯摇摆，好似站立不稳，四肢肌肉震颤。精神沉郁，头部及四肢肌肉痉挛，不能保持平衡，开始时鼻镜干燥，四肢及身体末端发凉，皮温降低，脉搏则无明显变化；不久，出现意识抑制和知觉丧失的特征性症状。

体温降低是生产瘫痪的特征性症状之一。病畜体温可能仍在正常范围之内，但随着病程发展，体温逐渐下降，最低可降至35℃。

治疗方法：静脉注射钙剂或乳房送风是治疗生产瘫痪最有效的常用疗法，治疗越早，疗效越好。临床上最常用的注射用钙剂是硼葡萄糖酸钙溶液，一般的剂量为静脉注射20%~25%硼葡萄糖酸钙500mL，同时肌内注射5~10mL维丁胶性钙，有助于钙的吸收和减少复发率。另外，乳房送风疗法、应用胰岛素和肾上腺皮质激素治疗也可达到良好的效果。

预防措施：在干奶期中，最迟从产前2周开始，给母牛饲喂低钙高磷日粮，减少日粮中摄取的钙量，是预防生产瘫痪的有效方法。

【例题1】高产奶牛顺产后出现知觉丧失、不能站立，首先应考虑（D）。
A. 酮病　　　　　　B. 产道损伤　　　　　　C. 产后截瘫
D. 生产瘫痪　　　　E. 母牛卧地不起综合征

【例题2】高产奶牛生产瘫痪的主要原因是（B）。
A. 低血糖　　　　　B. 低血钙　　　　　　C. 难产
D. 后躯神经损伤　　E. 高血酮

【例题3】奶牛发生生产瘫痪时，出现知觉丧失的主要原因是（A）。
A. 脑缺血　　B. 脑血栓　　C. 脑充血　　D. 脑水肿　　E. 脑出血

【解析】本题考查奶牛生产瘫痪的发病机制。奶牛生产瘫痪时一个重要病因是脑缺血，分娩后为了生乳的需要，乳房迅速增大，流经乳房的血量增加。此外，排出胎儿后，腹压突然下降，腹腔内器官被动充血，血流量的重新分配造成一时性脑贫血、缺氧。因此奶牛发生生产瘫痪时，出现知觉丧失的主要原因是脑缺血。

【例题4】奶牛，分娩正常，产后当天出现不安、哞叫、兴奋，不久出现四肢肌肉震颤、站立不稳、精神沉郁、感觉丧失，体温37℃。最适宜的治疗原则是（B）。

A. 抗菌消炎　　B. 补充钙剂　　C. 补充葡萄糖　　D. 注射催产素　　E. 补充电解质

考点5：犬产后低钙血症的临床特征和治疗方法★★★★

犬产后低钙血症又称产后癫痫、产后子痫或产后痉挛等，是以低血钙和运动神经异常兴奋而引起的肌肉痉挛为特征的严重代谢性疾病，多发于产后1~3周的产仔数较多或体型较小的母犬。母犬妊娠前中期，日粮中缺少含钙的食物和维生素D是主要的发病原因。

临床特征：病犬产后后肢乏力，呼吸短促，大量流涎，步态蹒跚，肌肉震颤，共济失调，很快四肢僵硬，后肢尤为明显，表现不安，全身肌肉强直性痉挛，站立不稳，随后倒地，四肢呈游泳状，口角和颜面肌肉痉挛等。血液检查血清中钙含量在7 mmol/L以下。

治疗方法：治疗原则是尽早补充钙剂，防止钙质流失，对症治疗。静脉缓慢注射10%葡萄糖酸钙是十分有效的疗法。一般在滴注钙剂的一半量后，大部分病犬的症状可得到缓解，输入全量钙后症状即可消除。

【例题1】博美犬，分娩后第4天早晨出现震颤、瘫痪，吠叫，呼吸短促，大量流涎。体温42℃，血糖5.5mmol/L，血清钙1.2mmol/L。该犬所患疾病是（E）。
A. 酮病　　B. 低血糖　　C. 子宫套叠　　D. 胎衣不下　　E. 产后子痫

【例题2】抢救母犬产后低钙血症最有效的药物是（D）。
A. 钙片　　　　　　　　B. 维生素D　　　　　　C. 维丁胶性钙
D. 葡萄糖酸钙注射液　　E. 甲状旁腺素注射液

考点6：牛产后截瘫的发病原因★★★

牛产后截瘫是指牛在分娩的过程中由于后躯神经受阻，或者由于钙、磷及维生素D不足而导致产后后躯不能起立的严重代谢性疾病。

发病原因：产后截瘫的常见原因是难产时间过长，或强力拉出胎儿，使坐骨神经及闭孔神经受到胎儿躯体的粗大部分长时间压迫或挫伤，引起麻痹。

考点7：犬子宫蓄脓的发病原因和临床特征★★★★★

犬子宫蓄脓是指母犬子宫内感染后，蓄积有大量脓性渗出物，并不能排出的现象。这是母犬生殖系统的一种常见病，多发于成年犬。特征是子宫内膜异常并继发细菌感染。

发病原因：主要是由于生殖道感染，长期使用类固醇药物及内分泌紊乱，并与年龄有密切关系。本病是一种与年龄有关的综合征，多发于6岁以上的老龄犬，尤其是未生育过的老龄犬，发生子宫蓄脓常与运用雌激素防止妊娠有关。

临床特征：犬子宫蓄脓分为闭锁型（闭合型）子宫蓄脓和开放型子宫蓄脓两种。

闭锁型子宫蓄脓。主要表现为子宫颈完全闭锁不通，阴门无脓性分泌物排出，腹围较大，呼吸、心跳加快，严重时呼吸困难，腹部皮肤紧张，腹部皮下静脉怒张，喜卧。血液检查见白细胞数量增加，B超检查能看到增厚的子宫壁上有无回声囊性暗区。本病也可因子宫增大而引起呕吐。

开放型子宫蓄脓。主要表现为子宫颈管未完全关闭，从阴门不定时流出少量脓性分泌物，呈奶酪样、乳黄色、灰色或红褐色，气味难闻，常污染外阴、尾根及飞节。病犬阴门红肿，阴道黏膜潮红，腹围略增大。

实验室检查发现病犬白细胞数量显著增加，B超检查可见子宫内有大量液体（暗区）。

【例题1】临床上，子宫蓄脓发病率较高的动物是（C）。
A. 绵羊　　　　B. 兔　　　　C. 犬　　　　D. 猪　　　　E. 马

【例题2】闭锁型犬子宫蓄脓的关键指征不包括（A）。
A. 腹泻　　　　　　　　B. 呕吐　　　　　　　　C. 腹围增大
D. 血液白细胞数升高　　E. B超检查子宫影像有暗区

考点8：犬子宫蓄脓的治疗方法★★★★★

闭锁型子宫蓄脓：患闭锁型子宫蓄脓的犬，毒素很快被吸收，因此立即进行子宫切除手术是很理想的治疗措施。

开放型子宫蓄脓：开放型子宫蓄脓或留作种用的闭合型子宫蓄脓的种犬，可以考虑保守治疗，治疗的原则是促进子宫内容物的排出及子宫的恢复，控制感染，增强机体抵抗力。一般使用前列腺素治疗，同时使用抗生素控制感染，对开放型子宫蓄脓的母犬效果较好。

【例题】促进犬开放型子宫蓄脓脓液排出的最适治疗方案是（C）。
A. 手术疗法　　　　　　B. 抗菌疗法　　　　　　C. 激素疗法
D. 输液疗法　　　　　　E. 营养（维持）疗法

第九章　雌性动物的不育

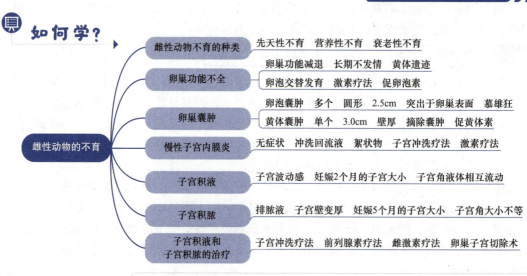

本章考点在考试中主要出现在A1、A2、A3/A4型题中，每年分值平均2分。下列所述考点均需掌握。对于卵巢囊肿、子宫积液、子宫积脓等重点内容，希望考生予以特别关注。

考点冲浪

考点1： 雌性动物不育的发病原因和种类★★★

雌性动物不育是指动物受到不同因素的影响，生育力严重受损或被破坏而导致的绝对不能繁殖的现象。由于各种因素而使母畜的生殖功能暂时丧失或者降低，称为不孕，不孕症是指引起母畜繁殖功能障碍的各种疾病的统称。

发病原因：按疾病性质，发病原因可以概括为7类，即先天性（或遗传）因素、营养因素、管理利用因素、繁殖技术因素、环境气候因素、衰老和疾病因素、免疫性因素等。

其中先天性不育是指由于生殖器官的发育异常，或者卵子、精子及合子有生物学上的缺陷等引起的不育。雌性动物先天性不育主要有谬勒氏管发育不全、子宫内膜腺体先天性缺失、子宫颈发育异常、双子宫颈、子宫粘连、阴道畸形、沃尔夫管异常和膣肛等。营养性不育是由饲料数量不足，营养过剩而肥胖，维生素不足或缺乏，矿物质不足或缺乏等营养性因素造成的不育现象。

【例题】由于营养缺乏或过剩导致的不育属于（ D ）。
A. 衰老性不育　　　　B. 繁殖技术性不育　　　　C. 环境气候性不育
D. 营养性不育　　　　E. 先天性不育

考点2： 卵巢功能不全的发病原因、临床特征和治疗方法★★★★

卵巢功能不全是指包括卵巢功能减退、组织萎缩、卵泡萎缩及交替发育等在内的，由卵巢功能紊乱所引起的各种异常变化。

发病原因：卵巢功能减退和萎缩，主要是由子宫疾病、全身性的严重疾病及饲养管理和利用不当，使家畜身体乏弱所致。此外，气候的变化或者对当地的气候不适应，也可引起卵巢功能暂时性减退。饲料中营养成分不全，特别是维生素A不足可能与本病有关。

临床特征：卵巢功能减退主要表现为发情周期延长或者长期不发情，发情的外表症状不明显，或者出现发情症状，但不排卵。直肠检查卵巢的形状和质地没有明显的变化，但摸不到卵泡或黄体，有时只能在一侧的卵巢上感觉到有一个很小的黄体遗迹。

卵巢组织萎缩：母畜不发情，卵巢往往变硬，体积显著缩小（母牛的仅如豌豆一样大，母马的仅如鸽蛋一样大），卵巢中既无卵泡又无黄体。子宫的体积也会缩小。

卵泡交替发育：母畜发情时，一侧卵巢上正在发育的卵泡停止发育，开始萎缩，而在对侧卵巢上又有数目不等的新卵泡出现并发育，但发育至某种程度又开始萎缩，此起彼落，交替不已。卵泡交替发育的外表发情症状，随着卵泡发育的变化有时旺盛，有时微弱，连续或断续发情，发情期拖延很长。

治疗方法：改善饲料质量，增加日粮中的蛋白质、维生素和矿物质数量，增强卵巢功能。

对于卵巢功能减退，治疗原则是增强卵巢机能，一般采用激素疗法，可以使用促使卵巢发育及功能恢复的促性腺激素类药物，如促卵泡素、人绒毛膜促性腺激素等。

【例题1】经产奶牛，6岁，产后6个月未出现发情，直肠检查发现两侧卵巢大小、形态、质地未见明显变化，该牛可能发生的疾病是（ E ）。
A. 卵泡囊肿　　　　B. 黄体囊肿　　　　C. 排卵延迟

D. 持久黄体　　　　　　　E. 卵巢功能减退

【例题2】奶牛产后65d内，未见明显的发情表现，直肠检查卵巢上有一个小的黄体遗迹，但无卵泡发育，卵巢的质地和形状无明显变化。治疗本病最适宜的药物是（E）。

A. 黄体酮　　B. 丙酸睾酮　　C. 地塞米松　　D. 前列腺素　　E. 促卵泡素

考点3：卵巢囊肿的临床特征和治疗方法 ★★★★★

卵巢囊肿是指卵巢上有卵泡状结构，其直径超过2.5cm，存在的时间在10d以上，同时卵巢上无正常黄体结构的一种病理状态。本病最常见于奶牛和猪，是引起牛发情异常和不育的重要原因之一。按照发生囊肿的组织结构不同，卵巢囊肿分为卵泡囊肿和黄体囊肿。

卵泡囊肿壁较薄，呈单个或多个存在于一侧或两侧卵巢上；黄体囊肿一般多为单个，存在于一侧卵巢上。

临床特征：慕雄狂是卵泡囊肿的一种症状表现，特征是持续而强烈地表现发情行为，如无规律的、长时间或连续性的发情、不安、外阴红肿、黏液增多。偶尔接受其他牛爬越或公牛交配，病牛常由于过多的运动而体重减轻。表现为乏情的牛则长时间不出现发情征象，有时可长达数月。直肠检查囊肿卵巢为圆形，表面光滑、有充满液体、突出于卵巢表面的结构，其大小比排卵前的卵泡大，直径通常在2.5cm左右，直径超过5cm的囊肿不多见。

卵泡壁的厚度差别很大，卵泡囊肿的壁薄且容易破裂；而黄体囊肿的壁很厚，囊肿可能是单个，也可能为多个，由未排卵的卵泡壁上皮黄体化而引起，所以又称为黄体化囊肿。一侧卵巢比对侧正常卵巢约大一倍，其表面有一个直径为3.0cm的突起，触摸该突起感觉壁厚，子宫未触及妊娠变化。

治疗方法：一般采取摘除囊肿，或使用促黄体素、促性腺激素释放激素等各种激素制剂的方法治疗卵巢囊肿。

【例题1】母牛，3岁，近几个月发情周期缩短，发情持续时间长且呈现强烈的发情行为，外阴红肿，黏液增多。直肠检查卵巢的最大变化是（C）。

A. 卵巢有黄体　　　　　　B. 卵巢既有黄体也有小卵泡
C. 卵巢有较大卵泡　　　　D. 卵巢萎缩，质地变小、变硬
E. 既无卵泡也无黄体

【例题2】母牛，4岁，产后2个多月未见发情。直肠检查发现一侧卵巢比对侧正常卵巢约大一倍，其表面有一个直径3.0cm的突起，触摸该突起感觉壁厚，子宫未触及妊娠变化。该牛可能发生的疾病是（B）。

A. 卵泡囊肿　　　　B. 黄体囊肿　　　　C. 卵巢萎缩
D. 卵泡交替发育　　E. 卵巢功能不全

考点4：慢性子宫内膜炎的发病原因、临床特征和治疗方法 ★★★★

慢性子宫内膜炎是指子宫黏膜慢性发炎，牛比较常见，是不育的重要原因之一。慢性子宫内膜炎根据炎症性质不同，分为隐性子宫内膜炎、慢性卡他性子宫内膜炎、慢性卡他性脓性子宫内膜炎和慢性脓性子宫内膜炎4种类型。

发病原因：慢性子宫内膜炎多继发于分娩异常，如流产、胎衣不下、早产、双胎、难产及子宫的其他疾病，如子宫炎、子宫积脓、产道损伤等，常引起子宫复旧延迟、子宫内膜恢

复缓慢及延迟受孕。

临床特征：隐性子宫内膜炎不表现临床症状，子宫无肉眼可见的变化，直肠检查及阴道检查无异常变化，发情期正常，但屡配不育。一般通过检查冲洗回流液，将冲洗回流液静置后发现有沉淀，或偶尔见到有蛋白质样或絮状浮游物，即可做出诊断。

慢性卡他性子宫内膜炎：一般不表现全身症状，发情周期正常，但屡配不育，或者发生早期胚胎死亡。从子宫及阴道中常排出一些黏稠混浊的液体，卧地时排出量较多。子宫黏膜松软肥厚，有时甚至发生溃疡和结缔组织增生。

慢性卡他性脓性子宫内膜炎：表现为精神沉郁，食欲减退，逐渐消瘦，体温略高，发情周期不正常，阴门中经常排出灰白色或黄褐色的稀薄脓液或黏稠脓性分泌物。

治疗方法：治疗原则为抗菌消炎，促进炎性产物的排出和子宫功能的恢复。临床上一般采取子宫冲洗疗法、子宫内给药、激素疗法（使用氯前列烯醇，促进炎性产物的排出和子宫功能的恢复）和胸膜外封闭疗法等进行治疗。

【例题】奶牛，产后5个月，发情正常。最近发现常从阴道中流出黏稠混浊的液体，发情时排出量更多，但无全身症状；冲洗子宫的回流液略混浊、似淘米水样。该牛最有可能发生的子宫疾病是（B）。

A. 隐性子宫内膜炎　　　　　　B. 慢性卡他性子宫内膜炎
C. 慢性脓性子宫内膜炎　　　　D. 子宫积脓
E. 子宫积液

考点5：子宫积液的发病原因和临床特征★★★★

子宫积液是指子宫内积有大量棕黄色、红褐色或灰白色的稀薄或黏稠液体，蓄积的液体稀薄如水者，也称子宫积水。

发病原因：子宫积液一般多发于产后早期，多继发于子宫内膜炎，但长期患有卵巢囊肿、卵巢肿瘤、持久处女膜、单用子宫，假孕及受到雌激素或孕激素长期刺激的母畜也可发病。

临床特征：大多数病畜子宫壁变薄，积液可出现在一个或两个子宫角，阴道中排出异常液体，并黏附在尾根或后肢上，甚至结成干痂。阴道检查时，发现阴道内积有液体，颜色为黄色、红色、褐色、白色或灰白色。直肠检查发现子宫壁较薄，触诊子宫有软的波动感，其体积大小与妊娠1.5~2个月的牛相似，两个子宫角的大小可能相等，子宫角液体相互流动，经常变化不定，卵巢上可能有黄体。B超检查可见双侧子宫角增粗，内有液性暗区。

【例题】一头成年奶牛，乏情，直肠检查子宫大小与妊娠2个月相似，子宫壁薄，波动极其明显，两侧子宫角容积大小可变动。与本病无关的是（B）。

A. 卵巢囊肿　　　　　　　　　B. 卵巢静止
C. 继发于子宫内膜炎　　　　　D. 子宫内膜囊肿性增生
E. 子宫受雌激素长期刺激

考点6：子宫积脓的发病原因和临床特征★★★★★

子宫积脓是指子宫腔中蓄积脓性或黏脓性液体，多由脓性子宫内膜炎发展而成，特点为子宫内膜出现炎症病理变化，多数病畜卵巢上存在有持久黄体，往往不发情。

发病原因：子宫积脓一般多发于产后早期，而且常继发于分娩期疾病，如难产、胎衣不下及子宫炎等。

临床特征：一般不表现全身症状，特征性症状是乏情，卵巢上存在持久黄体及子宫内积有脓性和黏脓性液体，数量不等，当躺下或排尿时从子宫中排出脓液，并黏附在尾根或后肢上，甚至结成干痂。阴道检查时，发现阴道内积有脓液，颜色为黄色、白色或灰绿色。直肠检查发现子宫壁变厚，并有波动感，子宫体积的大小与牛妊娠 6 周至 5 个月的相似，两个子宫角的大小可能不相等，但对称者更为常见。卵巢上存在黄体。

【例题】奶牛，产后 4 个月，一直未见发情，从阴道中排出少量异常分泌物，但无全身症状。直肠检查感觉子宫体积明显增大、呈袋状，子宫壁增厚、有柔性的波动感；阴道检查见有大量灰黄色脓液。该牛最有可能发生的子宫疾病是（D）。

A. 隐性子宫内膜炎　　　　　　　　B. 慢性卡他性子宫内膜炎
C. 慢性脓性子宫内膜炎　　　　　　D. 子宫积脓
E. 子宫积液

考点 7：子宫积液和子宫积脓的治疗方法★★★★★

治疗方法：对于子宫积液和子宫积脓，临床上一般采用子宫冲洗疗法、前列腺素疗法、雌激素疗法和卵巢子宫切除术等进行治疗。

子宫冲洗疗法：冲洗子宫是治疗子宫积液和子宫积脓行之有效的常用方法。常用的冲洗液有 0.02%~0.05% 高锰酸钾、0.01%~0.05% 苯扎溴铵。也可将抗生素溶于大量生理盐水作为冲洗液使用，效果更好。

前列腺素疗法：对子宫积液和子宫积脓的病牛，应用前列腺素治疗，效果良好。注射后 24h 左右可使子宫中液体排出，子宫液体排空后，可用抗生素溶液灌注子宫，消除或防止感染。

雌激素疗法：雌激素能诱导黄体退化，引起发情，促使子宫颈开张，便于子宫液体排出。

卵巢子宫切除术：卵巢子宫切除术一般用于治疗和预防卵巢子宫疾病，如卵巢囊肿、子宫积液、子宫积脓、卵巢肿瘤等。手术术式中寻找卵巢后，如牵引卵巢困难，可以先撕断卵巢系膜上的悬韧带，结扎子宫体和子宫动脉、静脉，切断子宫体，去除子宫和卵巢。

【例题】雌性腊肠犬，6 岁，1 个月以来精神沉郁，时有发热，抗生素治疗后，病情好转，停药后复发。现病情加重，阴部流红褐色分泌物，B 超检查，见双侧子宫角增粗，内有液性暗区。该病例错误的治疗方法是（A）。

A. 孕酮治疗　　　　　B. 氧氟沙星治疗　　　　　C. 氯前列醇治疗
D. 阿莫西林治疗　　　E. 卵巢子宫切除术

【解析】本题考查子宫积液的治疗方法。根据病犬的临床特征，可以判定其最有可能发生的是子宫积液。对于子宫积液的治疗，一般采用抗生素疗法、雌激素疗法和卵巢子宫切除术；而孕酮使子宫颈口闭合，不利于子宫内积液或积脓的排出和治疗。因此该病例错误的治疗方法是孕酮治疗。

第十章　雄性动物的不育

本章考点在考试中主要出现在 A1、A2 型题中，每年分值平均 1 分。下列所述考点均需掌握。对于重点内容，希望考生予以特别关注。

考点 1：免疫性不育的发病原因 ★★

引起免疫性不育的因素很多。直接影响生殖而成为免疫性不育的原因主要有睾丸自身免疫和卵巢自身免疫两类反应，主要是由于动物自身免疫系统的正常平衡状态遭到破坏。

雄性动物血清中出现了抗精子抗体，雌性动物血清中出现了抗卵子透明带抗体，从而引起一系列免疫反应，影响整个生殖过程，最终导致不育。

考点 2：睾丸炎的临床特征和治疗方法 ★★★

睾丸炎是指由损伤和/或感染引起睾丸的各种急性和慢性炎症，多见于牛、猪、羊、马及驴。

临床特征：急性睾丸炎表现为睾丸肿大，发热，疼痛，阴囊发亮。病畜站立时弓背，后肢广踏，步态强拘，拒绝爬跨；触诊发现睾丸紧张，鞘膜腔内积液，精索变粗，有压痛。慢性睾丸炎主要表现为睾丸热痛症状不明显，组织逐渐纤维变性，弹性消失，硬化，变小，产精子能力降低或消失。

治疗方法：急性睾丸炎病畜应停止使用，让其安静休息，早期（24h 之内）冷敷，后期热敷。局部涂擦鱼石脂软膏，注射盐酸普鲁卡因青霉素溶液。

【例题】睾丸炎的治疗措施不包括（C）。
A. 热敷　　　B. 冷敷　　　C. 封闭　　　D. 消炎　　　E. 消肿

考点 3：附睾炎的临床特征和治疗方法 ★★

附睾炎是指以附睾出现炎症并导致精液变性和精子肉芽肿为主要特征的一种疾病，本病多见于公羊。主要病原是流产布鲁氏菌和马耳他布鲁氏菌。

临床特征：呈现特殊的化脓性附睾炎与睾丸炎症状。公畜疼痛，不愿交配，叉腿行走，后肢拘强，阴囊内容物紧张，肿大。精子活力下降，畸形精子百分比增加。

治疗方法：使用金霉素和硫酸双氢链霉素治疗；无效者，种羊摘除患侧睾丸与附睾。

【例题】公羊，不愿交配，叉腿行走，阴囊内容物紧张、肿大，精子活力降低，精液分离出布鲁氏菌。该羊最可能发生的疾病是（A）。
A. 附睾炎　　B. 精囊腺炎　　C. 阴囊损伤　　D. 前列腺炎　　E. 阴囊炎

考点4：精囊腺炎综合征的临床特征★★★

精囊腺炎常见于公牛，往往波及壶腹、附睾、前列腺、尿道球腺、尿道、膀胱、输尿管和肾脏，因此将精囊腺炎及其并发症合称为精囊腺炎综合征。

临床特征：急性炎症精液中带血，可见炎性成分。慢性病例无明显临床症状。直肠检查发现急性炎症期双侧或单侧精囊腺肿胀、增大，分叶不明显。触摸有痛感，壶腹可能增大、变硬。慢性病例腺体纤维化变性、腺体坚硬、粗大，小叶消失，触摸痛感不明显。

【例题】公牛精囊腺炎综合征的常用诊断方法是（C）。
A. 血常规检查　　　　B. 腹壁B超检查　　　　C. 直肠检查
D. 尿常规检查　　　　E. 激素分析

第十一章　新生仔畜疾病

轻装上阵

如何考？

本章考点在考试中主要出现在A1、A2型题中，每年分值平均1分。下列所述考点均需掌握。对于重点内容，希望考生予以特别关注。

考点冲浪

考点1：新生仔畜窒息的临床特征和治疗方法★★

新生仔畜窒息又称假死，主要特征是刚出生的仔畜出现呼吸障碍，或无明显呼吸而仅有微弱心跳。本病常见于马和猪，若抢救不及时，会导致死亡。

治疗方法：迅速擦净或吸出仔畜鼻孔及口腔内的羊水，也可将仔畜后肢提起来抖动，并有节律地轻压胸腹部，以人工呼吸方式诱发呼吸，同时促进呼吸道内的黏液排出后，进行输氧；还可使用刺激呼吸中枢的药物，如尼可刹米。

考点2：胎粪停滞的诊断方法和治疗方法★★

新生仔畜胎粪停滞又称秘结，是指仔畜出生后数小时不排粪且出现腹痛的症状。临床上可以进行直肠检查，发现在骨盆入口处常有较大的硬粪块阻塞，即可确诊。

治疗方法：主要有用温肥皂水灌肠排结、用液体石蜡润肠排结、用硫酸钠溶液疏通肠道、用硫酸新斯的明刺激肠蠕动和用手伸入直肠掏出粪结等。

> **考点3：** 新生仔畜溶血病的临床特征和治疗方法★★★★

新生仔畜溶血病是指新生仔畜红细胞抗原与母体血清抗体不相合而引起的同种免疫溶血反应，又称新生仔畜溶血性黄疸、同种免疫溶血性贫血或新生仔畜同种红细胞溶血病。各种新生仔畜都可发病。

临床特征：吃食母体初乳后即发病，主要表现为贫血、黄疸、血红蛋白尿等危重症状。红细胞形状不整，多呈溶解状态；血红蛋白显著降低，白细胞相对值升高。核黄疸又称胆红素中毒脑病，是新生仔畜黄疸的严重并发症。发生原因是大量游离的间接胆红素渗透进入脑组织内，使中枢神经元核团发生黄染，并引起神经元坏死。临床特征是嗜睡、惊厥、肢体强直等。

治疗方法：及早发现，立即停喂母乳。采取换乳、人工哺乳或代养等措施。同时可以应用糖皮质激素，强心补液，静脉注射50%碳酸氢钠，进行辅助治疗。

【例题1】新生仔猪溶血病的典型症状是（D）。
A. 腹泻　　　　　　　B. 排尿困难　　　　　　C. 神经症状
D. 血红蛋白尿　　　　E. 畏寒、震颤

【例题2】患新生仔畜溶血病的仔猪血常规检查最可能出现的结果是（B）。
A. 血红蛋白增加　　　B. 红细胞数减少　　　　C. 白细胞数减少
D. 血沉速度减慢　　　E. 红细胞压积升高

【例题3】同窝新生仔猪，8只，均于吸乳后10h突然发病，表现震颤、畏寒，运步后躯摇摆，体温无显著变化，眼结膜和齿龈黄染。该窝仔猪所患的疾病是（B）。
A. 新生仔猪低血糖症　　　　　　　B. 新生仔猪溶血病
C. 胎粪秘结　　　　　　　　　　　D. 仔猪营养不良性贫血病
E. 新生仔猪低钙血症

【例题4】仔猪，哺乳后出现震颤、畏寒，粪便稀薄，检查发现结膜和齿龈黄染，体温正常，呼吸、心率加快，尿液红色。对该仔猪首选的处置措施是（E）。
A. 肌内注射抗生素　　　　　　　　B. 尽快让仔猪充分吮食母乳
C. 肌内注射铁钴注射液　　　　　　D. 肌内注射亚硒酸钠注射液
E. 立即停食母乳，实行代养或人工哺乳

> **考点4：** 新生仔畜低血糖症的发病原因、临床特征和治疗方法★★★★

新生仔畜低血糖症是以血糖水平明显低下，血液中非蛋白氮含量明显升高，临床出现衰弱乏力、运动障碍、痉挛、衰竭等症状为特征的一种代谢性疾病，主要发生于生后1~4d的仔猪和幼犬。

发病原因：新生仔猪和幼犬在出生后几天内缺乏糖原异生能力，母畜产后少乳或无乳，仔畜生后吮乳反射弱或无，或各种原因造成消化不良，影响养分的消化和吸收。

临床特征：病畜精神萎靡，食欲废绝，全身出现水肿，卧地不起，四肢绵软无力；四

肢做游泳状运动,头后仰或扭向一侧,口微张,口角流出少量白沫;有时四肢伸直,出现痉挛,体温可降至36℃左右;对外界事物毫无反应,最后出现惊厥、角弓反张,在昏迷中死亡。

治疗方法:本病病程短,死亡率极高,必须早期治疗。治疗原则是尽快补糖,用10%葡萄糖溶液 10~20mL 腹腔注射,也可静脉注射或口服或灌肠,连续使用有良好效果。

【例题1】引起新生幼犬低血糖症,最常见的原因是（C）。
A. 初乳缺乏母源抗体　　B. 糖原异生能力增强　　C. 摄入母乳不足
D. 初乳中缺乏维生素　　E. 初乳中缺乏矿物质

【例题2】新生仔猪低血糖症不会出现的临床症状是（A）。
A. 体温升高　　B. 体温下降　　C. 口流白沫
D. 头颈后仰　　E. 四肢无力

【例题3】治疗新生仔畜低血糖症时,补充糖类药物的给药途径不宜选择（C）。
A. 静脉注射　　B. 腹腔注射　　C. 皮内注射　　D. 口服　　E. 灌肠

第十二章　乳房疾病

轻装上阵

如何学？

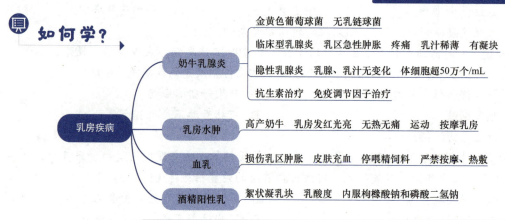

如何考？

本章考点在考试中主要出现在 A1、A2 型题中,每年分值平均1分。下列所述考点均需掌握。对于乳腺炎等重点内容,希望考生予以特别关注。

考点冲浪

考点1：奶牛乳腺炎的发病原因和临床特征★★★★

奶牛乳腺炎是指因微生物感染或理化因子刺激引起的一种奶牛乳腺炎症,其特点是乳中体细胞,尤其是白细胞增多,以及乳腺组织发生病理变化。

发病原因：引起奶牛乳腺炎的病因复杂,病原微生物感染是乳腺炎发生的主要原因。根据其来源和传播方式，分为传染性微生物和环境性微生物两大类，前者主要包括金黄色葡萄球菌、无乳链球菌、停乳链球菌和支原体等，后者主要有牛乳房链球菌、大肠杆菌、克雷伯氏菌和绿脓杆菌等。其中以葡萄球菌、链球菌和大肠杆菌为主。

临床特征：根据乳腺和乳汁有无肉眼可见变化，乳腺炎分为临床型乳腺炎、非临床型（亚临床型）乳腺炎和慢性乳腺炎3类。

临床型乳腺炎：乳腺和乳汁有肉眼可见的临床变化。轻度临床型乳腺炎主要表现为触诊乳房无明显异常，或有轻度发热、疼痛或肿胀，乳汁有絮状物或凝块，有的变稀，pH偏碱性，体细胞数和氯化物含量增加；重度临床型乳腺炎表现为乳区急性肿胀，皮肤发红，触诊乳房发热，有硬块，疼痛敏感，常拒绝触摸，乳房肿胀，乳汁稀薄，产奶量减少，乳汁为黄白色或血清样，内有凝块。

非临床型乳腺炎：又称为隐性乳腺炎，乳腺和乳汁通常无肉眼可见的变化，但乳汁电导率、体细胞数、pH等理化性质已发生变化，必须采用特殊的理化方法才可检出。

【例题1】引起奶牛乳腺炎最常见的病原微生物是（B）。

A. 结核杆菌　　　　　B. 葡萄球菌　　　　　C. 绿脓杆菌
D. 沙门菌　　　　　　E. 布鲁氏菌

【例题2】奶牛隐性乳腺炎的特点是（E）。

A. 乳房肿胀，乳汁稀薄　　　　　　B. 乳房有触痛，乳汁稀薄
C. 乳房无异常，乳汁含絮状物　　　D. 乳房无异常，乳汁含凝乳块
E. 乳房和乳汁无肉眼可见异常

考点2：奶牛乳腺炎的诊断方法和治疗方法★★★★★

诊断方法：临床型乳腺炎根据乳房、乳汁的病理变化，可以做出诊断；而隐性乳腺炎一般采取乳汁体细胞计数、乳汁电导率、酶学检测等方法进行诊断。其中乳汁体细胞计数发现乳汁体细胞（包括巨噬细胞、淋巴细胞、多形核中性粒细胞和少量的乳腺组织上皮细胞）数明显增多，超过50万个/mL。正常状况下每毫升牛奶中有2万~20万个体细胞。

治疗方法：乳腺炎的治疗主要是针对临床型乳腺炎，主要使用抗生素和抗菌消炎的化学药物进行治疗。也可以使用特殊药物进行治疗。

乳腺炎治疗的特殊药物，主要指一些激素、因子和酶类，包括地塞米松等糖皮质激素类药物；阿司匹林、安乃近、保泰松等非类固醇类药物；白细胞介素、集落刺激因子、干扰素和肿瘤坏死因子等免疫调节因子；细菌素、抗菌肽和溶菌酶等。

【例题1】隐性乳腺炎诊断的主要依据是（B）。

A. 乳汁含血液　　　　B. 体细胞数量
C. 乳汁中可见絮状物　D. 乳房出现红、肿、热、痛
E. 乳房淋巴结肿胀

【例题2】判定奶牛隐性乳腺炎的标准之一是每毫升乳汁中含有的体细胞数为（E）。

A. 10万个以上　　　B. 20万个以上　　　C. 30万个以上
D. 40万个以上　　　E. 50万个以上

【例题3】某奶牛，1个月前曾发生急性乳腺炎，经治疗已无临床症状，乳汁也无肉眼可见变化，但产奶量一直未恢复，乳汁检测结果体细胞计数55万个/mL。对该牛的诊断是（D）。

A. 已恢复正常 B. 有乳腺增生 C. 有乳腺肿瘤
D. 有慢性乳腺炎 E. 有急性乳腺炎

考点3：乳房水肿的临床特征和治疗方法 ★★★

乳房水肿是指乳腺皮下和间质组织液体过量蓄积形成的乳房浆液性水肿，可导致乳房下垂，产奶量降低，并诱发乳房皮肤病和乳腺炎。第一胎及高产奶牛发病较多。

临床特征：一般是整个乳房的皮下间质发生水肿，以乳房下半部较为明显，也有水肿局限于两个乳区或一个乳区的，乳房皮肤发红光亮，无热无痛，指压留痕。严重的水肿可波及乳房基底前缘、下腹、胸下、四肢和阴门。

治疗方法：对于产前出现的乳房水肿，一般在产后逐渐消肿，不需要治疗。可以适当增加运动，每天按摩乳房和冷热水交换擦洗3次，减少精饲料和多汁饲料，适量减少饮水等，都有助于水肿的消退。病程长和严重的病例需用药物治疗，但不得穿刺皮肤放液，口服氢氯噻嗪或氯噻嗪效果良好。

【例题】奶牛妊娠后期，体温39.2℃，乳房下半部皮肤发红，指压留痕，热痛不明显。对该牛合理的处理措施是（C）。
A. 注射氯前列烯醇 B. 乳头内注射抗生素
C. 减少精饲料和多汁饲料 D. 在乳房基部注射抗生素
E. 乳房皮下穿刺放液消肿

考点4：血乳的临床特征和治疗方法 ★★

血乳是指挤出的乳汁中呈深浅不等的血红色，由各种原因造成腺泡周围组织血管破裂，血液流出，混入乳汁。本病主要见于奶牛和奶山羊。

临床特征：发病突然，损伤乳区肿胀，乳房皮肤充血，局部温度升高，挤乳时有痛感。乳汁稀薄、红色，乳汁中可能混有血凝块。血管破裂造成血乳，一般无全身症状，但血小板减少症病牛，全身症状明显。

治疗方法：停喂精饲料和多汁饲料，减少食盐和饮水，减少挤乳次数，保持乳房安静，严禁按摩、热敷和涂擦刺激药物。出血量大者，可以使用止血药止血敏（酚磺乙胺）、维生素K。

考点5：酒精阳性乳的治疗方法 ★★

酒精阳性乳是指新挤出的乳汁在20℃与等量的70%酒精混合，轻轻摇动产生细微颗粒或絮状凝乳块的总称。产生细微颗粒或絮状凝乳块的程度，反映乳酸度的高低。

治疗方法：调整饲养管理，保证维生素和矿物质供应；内服枸橼酸钠和磷酸二氢钠，静脉注射葡萄糖等，解毒保肝，改善乳腺功能。

第五篇
中兽医学

第一章　基础理论

> 轻装上阵

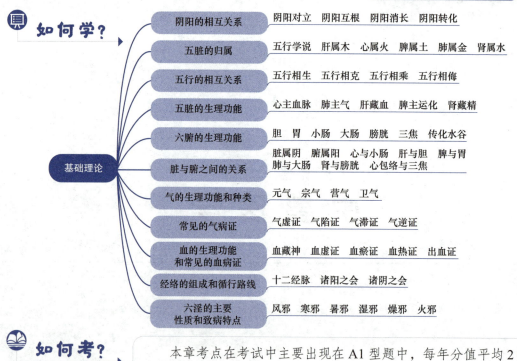

> 如何考？

本章考点在考试中主要出现在A1型题中，每年分值平均2分。下列所述考点均需掌握。对于重点内容，希望考生予以特别关注。

> 考点冲浪

考点1：阴阳的相互关系★★★

阴阳是指相互关联而又相互对立的两种事物，或同一事物具有的两种不同的属性。阴阳的相互关系包括阴阳对立、阴阳互根、阴阳消长和阴阳转化四个方面。

阴阳对立是指阴阳双方存在着相互排斥、相互斗争、相互制约的关系，如动与静、寒与热。对立的双方通过排斥、斗争以相互制约，使事物达到动态平衡，从而维持动物体的生理状态。**阴阳互根**是指阴阳双方具有相互依存、互为根本的关系。**阴阳消长**是指阴阳双方不断运动变化，此消彼长，又力求维系动态平衡的关系。阴阳双方在对立制约、互根互用的情况下，不是静止不变的，而是处于此消彼长的变化过程中，正所谓"阴消阳长，阳消阴长"。例如，机体各项机能活动（阳）的产生，必然要消耗一定的营养物质（阴），这就是"阴消阳长"的过程；而各种营养物质（阴）的化生，必然要消耗一定的能量（阳），这就是"阳消阴长"的过程。**阴阳转化**是指阴阳双方在一定条件下，互相转化、属性互换的关系，如寒极生热、热极生寒。

阴阳学说的应用：在生理方面，主要有体表为阳，体内为阴；上部为阳，下部为阴；背部为阳，胸腹为阴；外侧为阳，内侧为阴；脏为阴，腑为阳。在疾病治疗方面，主要有实者泻之，热者寒之，虚者补之等。

【例题1】阴阳双方存在着相互排斥、相互斗争、相互制约的关系为（C）。
A. 阴阳互根　　B. 阴阳消长　　C. 阴阳对立　　D. 阴阳转化　　E. 阴阳关联

【例题2】营养物质（阴）必然要耗用能量（阳）的生理过程体现的阴阳关系是（B）。
A. 阴消阳长　　B. 阳消阴长　　C. 阳损及阴　　D. 阴盛阳虚　　E. 阳盛阴虚

考点2：五脏的归属★★★

五行学说是指以木、火、土、金、水五种物质的特性及其"相生"和"相克"的规律来认识世界、解释世界和探索宇宙规律的一种世界观和方法论。

五脏归属：五脏归属于五行，分别是肝属木，心属火，脾属土，肺属金，肾属水。

考点3：五行的相互关系★★★

五行的相互关系包括五行相生、五行相克、五行相乘、五行相侮。

五行相生是指五行之间存在着有序的滋生、助长和促进的关系，借以说明事物间相互协调的一面，五行之间的相生关系也称为母子关系；五行相克是指五行之间存在着有序的克制和制约关系，借以说明事物间相拮抗的一面；五行相乘是指五行中某一行对其所胜一行的过度克制，即相克太过，是事物间关系失去相对平衡的另一种表现；五行相侮是指五行中某一行对其所不胜一行的反向克制，即反克，又称"反侮"。

五行的应用：在病理方面主要有母病及子和子病犯母。母病及子是指疾病的传变是从母脏传及子脏，如肝（木）病传心（火）、肾（水）病传肝（木）等；子病犯母是指疾病的传变是从子脏传及母脏，如脾（土）病传心（火）、心（火）病传肝（木）等。

考点4：五脏的生理功能★★★★★

脏腑学说包括三个方面：五脏、六腑、奇恒之腑及其相互联系；经络是联系脏腑、沟通内外的通路；气血津液是脏腑生理活动的物质基础。

五脏即心、肺、肝、脾、肾，是化生和贮藏精气的器官，共同功能特点是"藏精气而不泻"。五脏的生理功能如下：

心的功能为心主血脉、心藏神、心主汗、心开窍于舌；肺的功能为肺主气、司呼吸，肺主宣降，通调水道，肺主一身之表，外合皮毛，肺开窍于鼻；肝的功能是肝藏血、肝主疏泄、肝主筋、肝开窍于目；脾的功能是脾主运化，具有消化、吸收、运输营养物质及水湿的功能，脾主统血、脾主肌肉四肢、脾开窍于口；肾的功能是肾藏精，包括先天之精和后天之精，肾主命门之火，肾主水，肾主纳气，肾主骨、生髓、通于脑，肾开窍于耳，司二阴。

【例题1】心的主要功能是（A）。
A. 主血脉　　B. 主运化　　C. 主疏泄　　D. 主气　　E. 主水

【例题2】五脏之中开窍于耳的是（E）。
A. 心　　B. 肝　　C. 肺　　D. 脾　　E. 肾

【例题3】五脏之中，主藏血的是（A）。
A. 肝　　B. 肾　　C. 脾　　D. 心　　E. 肺

考点5：六腑的生理功能★★★★

六腑是指胆、胃、小肠、大肠、膀胱和三焦的总称，其共同的生理功能是传化水谷，具有泻而不藏的特点。六腑的生理功能如下：

胆的主要功能是贮藏和排泄胆汁，以帮助脾胃的运化；胃的主要功能为受纳和腐熟水谷；小肠的主要功能是受盛化物和分别清浊；大肠的主要功能是传化糟粕；膀胱的主要功能为贮存和排泄尿液，称为"气化"。三焦是上、中、下焦的总称，上焦的主要功能是司呼吸，主血脉；中焦的主要功能是腐熟水谷；下焦的主要功能是分别清浊。

【例题1】六腑之中，主受盛化物和分别清浊的腑是（C）。
A. 胆　　　　B. 胃　　　　C. 小肠　　　　D. 大肠　　　　E. 膀胱

【例题2】六腑中"传送之腑"的是（C）。
A. 胃　　　　B. 小肠　　　C. 大肠　　　　D. 膀胱　　　　E. 三焦

考点6：脏与腑之间的关系★★★

脏与腑之间存在着阴阳、表里的关系。脏在里，属阴；腑在表，属阳。心与小肠、肝与胆、脾与胃、肺与大肠、肾与膀胱、心包络与三焦相表里。脏与腑之间的表里关系是通过经脉来联系的。

考点7：气的生理功能和种类★★★

气的生理功能：气是构成和维持动物体生命活动的基本物质，包括先天之气和后天之气。气的运动称为气机，其基本形式有升、降、出、入四种。气的生理功能包括推动作用、温煦作用、防御作用、固摄作用、气化作用和营养作用。

临床上气主要分为元气、宗气、营气、卫气四种。

元气根源于肾，包括元阴、元阳之气，又称原气、真气、真元之气。元气是机体生命活动的原始物质及其生化的原动力。宗气由脾胃所运化的水谷精微之气和肺所吸入的自然界清气结合而成，有助肺司呼吸和心行血脉的作用。营气是水谷精微所化生的精气之一，与血并行于脉中。卫气是宗气行于脉外的部分，有"卫阳"之称。

考点8：常见的气病证★★★

临床上常见的气病证有气虚证、气陷证、气滞证、气逆证四种。

气虚证是指全身或某一脏腑组织机能减退所表现出的证候，治则补气，方例为四君子汤加减；气陷证是指气虚无力升举反而下陷的证候，属气虚证的一种，治则升举中气，方例为补中益气汤加减；气滞证是指机体某一部位或某一脏腑的气机阻滞、运行不畅所表现出的证候，治则行气，方例为越鞠丸、橘皮散等加减；气逆证是指气的下降受阻，不降反逆所表现出的证候，治则降气镇逆，方例为苏子降气汤。

考点9：血的生理功能和常见的血病证★★★

血的生理功能：血是一种含有营气的红色液体，主要含有营气和津液，具有很强的营养和滋润作用。血的生理功能包括营养和滋润全身、血藏神。

临床上常见的血病证有血虚证、血瘀证、血热证、出血证四种。

血虚证为血液亏虚，脏腑百脉失养，表现为全身虚弱的证候，治则补血，方例为四物汤加减；血瘀证为某一局部或某一脏腑的血液运行受阻，或存在离经之血的证候，治则活血祛瘀，方例为桃红四物汤；血热证是热邪侵犯血分而引起的病证，多由外感热邪深入血分所致，治则清热凉血，方例为犀角地黄汤；出血证是指各种原因导致血液溢出脉管之外，临床上常见各种出血。

【例题】犬，产后身体一直未恢复。证见皮毛枯槁，懒动，喜卧，心悸，口色浅白，脉细无力，治疗宜选用的基础方剂是（B）。

A. 肾气丸　　B. 四物汤　　C. 四君子汤　　D. 补中益气汤　　E. 参苓白术散

考点10：经络的组成和循行路线★★★

经络是动物体内经脉和络脉的总称，是联络脏腑、沟通内外和运行气血、调节功能的通路。经络系统主要由经脉、络脉、内属脏腑部分和外连体表部分组成（图5-1-1）。

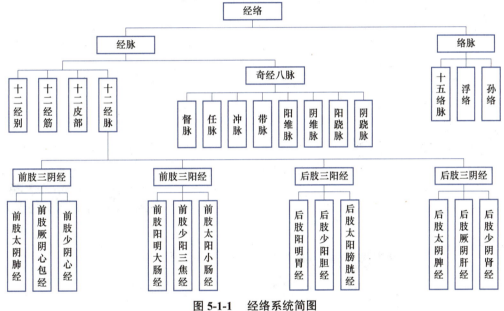

图5-1-1　经络系统简图

十二经脉对称地分布于动物体的两侧，分别循行于前肢或后肢的内侧和外侧。每一侧面有三条经脉分布，这样一阴一阳就衍化成三阴三阳经，即太阴、少阴、厥阴、阳明、太阳、少阳。

从十二经脉的分布来看，前肢三阳经止于头部，后肢三阳经又起于头部，所以称头为"诸阳之会"。后肢三阴经止于胸部，而前肢三阴经又起于胸部，所以称胸为"诸阴之会"。

【例题】起于胸部、行于前肢内侧前缘、止于前肢末端的经脉是（A）。

A. 太阴肺经　　B. 太阴脾经　　C. 阳明大肠经　　D. 厥阴肝经　　E. 少阴肾经

考点11：六淫的主要性质和致病特点★★★★

自然界一年四季风、寒、暑、湿、燥、火（热）6种气候变化，称为六气。六气成为致病因素，侵犯动物体而导致疾病的发生，这种情况下的六气称为"六淫"。六淫致病的共同特点是外感性、季节性、兼挟性和转化性。

六淫的主要性质和致病特点如下。

风邪：风为阳邪，其性轻扬开泄；风性主动，具有升发、向上、向外的特性；风性善行数变；风性主动，具有使动物体摇动的特性。

寒邪：寒性阴冷，易伤阳气；寒性凝滞，易致疼痛；寒性收引。

暑邪：暑性炎热，易致发热；暑性升散，易耗气伤津；暑多挟湿。

湿邪：六淫之中，湿为长夏的主气，湿有外湿、内湿之分。外湿多由气候潮湿、涉水淋雨、厩舍潮湿等外在湿邪浸入机体所致；内湿多由脾失健运、水湿停聚而成。湿为阴邪，易损脾阳。湿性重浊，其性趋下，指湿邪为病，其分泌物及排泄物有秽浊不清的特点。湿性黏滞，缠绵难退，指湿邪致病具有黏腻停滞的特点。

燥邪：燥性干燥，易伤津液；燥易伤肺。

火邪：火为热极，其性炎上；火邪易生风动血；火邪易伤津液。

【例题1】最易伤肺的外邪是（ C ）。
A. 风　　　　B. 暑　　　　C. 燥　　　　D. 寒　　　　E. 火

【例题2】具有重浊趋下，阻截气机，缠绵难退的是（ D ）。
A. 风邪　　　B. 寒邪　　　C. 暑邪　　　D. 湿邪　　　E. 燥邪

第二章　辨证论治

轻装上阵

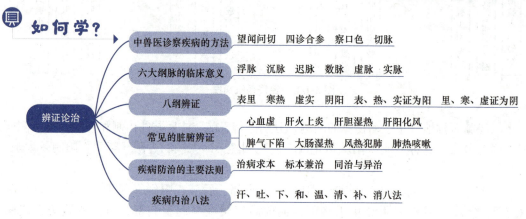

如何考？

本章考点在考试中主要出现在A1、A2型题中，每年分值平均2分。下列所述考点均需掌握。对于重点内容，希望考生予以特别关注。

考点冲浪

考点1：中兽医诊察疾病的方法★★★

中兽医诊察疾病的方法主要有望、闻、问、切四种，简称"四诊"。望、闻、问、切四诊，是调查了解疾病的四种方法，各有其独特的作用，不能相互取代，合起来称为"四诊参"。四诊之中，察口色和切脉是中兽医诊断学的特色。察口色包括观察口腔各有关部位的色泽，以及舌苔、口津、舌形等变化。白色主虚证，赤色主热证，黄色主湿证，青色主寒、主痛、主风，黑色主寒极、热极。青黑色和紫黑色是危重症或濒死期的口色。

切脉是用手按病畜一定部位的动脉，根据脉象了解和推断病情的一种中兽医诊断方法。

【例题1】口色中，黄色的主证是（D）。
A. 虚证　　　　B. 热证　　　　C. 寒证　　　　D. 湿证　　　　E. 风证
【例题2】主痛证的口色为（C）。
A. 白色　　　　B. 赤色　　　　C. 青色　　　　D. 黄色　　　　E. 黑色

考点2：六大纲脉的临床意义 ★★★

脉象就是脉搏应指的形象，包括动脉波动显现的部位、速率、强度、节律、流利度及波幅等。切脉是中兽医诊断方法的特色。六大纲脉是指动物常见的六种基本病理脉象。

浮脉与沉脉：浮脉主表证，浮而有力为表实证，浮而无力为表虚证。沉脉主里证，沉而有力为里实证，沉而无力为里虚证。

迟脉与数脉：迟脉主寒证，迟而有力为寒实证，迟而无力为寒虚证。数脉主热证，数而有力为实热证，数而无力为虚热证。

虚脉与实脉：虚脉主虚证，多为气血两虚及脏腑虚证。实脉主实证。

【例题】沉脉的主证是（B）。
A. 表证　　　　B. 里证　　　　C. 热证　　　　D. 寒证　　　　E. 虚证

考点3：八纲辨证 ★★★

八纲即表、里、寒、热、虚、实、阴、阳。八纲辨证就是将四诊搜集到的各种病情资料进行分析综合，对疾病的部位、性质、正邪盛衰等加以概括，归纳为八个具有普遍性的证候类型的诊治方法。

八纲就是把疾病的证候分成四个对立面，成为四对纲领，用以指导临床治疗。其中阴阳两纲可以概括其他六纲，即表、热、实证为阳；里、寒、虚证为阴，阴阳是八纲的总纲。表证是指具有起病急、病程短、病位浅特点的病证。

【例题】具有起病急、病程短、病位浅特点的病证是（A）。
A. 表证　　　　B. 里证　　　　C. 寒证　　　　D. 热证　　　　E. 虚证

考点4：临床上常见的脏腑辨证 ★★★★★

心与小肠病证：主要有心气虚、心阳虚、心血虚。

心气虚主证心悸，气短乏力，自汗，运动后尤甚，舌淡苔白，脉虚，治则养心益气，安神定悸，方例为养心汤；心阳虚主证形寒肢冷，耳鼻四肢不温，舌淡或暗紫色，脉细弱或结代，治则温心阳，安心神，方例为保元汤；心血虚主证心悸、躁动、易惊、口色淡白，脉细弱，治则补血养心，镇静安神，方例为归脾汤。

肝与胆病证：主要有肝火上炎、肝胆湿热、肝阳化风、肝血虚。

肝火上炎多由外感风热或肝气郁结而化火所致，主证两目红肿，畏光流泪，睛生翳障，视力障碍，或粪便干燥，尿浓赤黄，口色鲜红，脉象弦数。治则清肝泻火，明目退翳，方例为决明散或龙胆泻肝汤。

肝胆湿热多因感受湿热之邪，或脾胃运化失常，湿邪内生，郁而化热所致，主证黄疸鲜明如橘色，尿液短赤或黄而混浊，母畜带下黄臭，外阴瘙痒；公畜睾丸肿胀热痛，阴囊湿疹，舌苔黄腻，脉弦数。治则清利肝胆湿热，方例为茵陈蒿汤。

肝阳化风多因肝肾之阴久亏，肝阳失潜而致，治则平肝熄风，方例为镇肝熄风汤。

肝血虚多因脾肾亏虚，耗伤肝血，或失血过多所致，治则滋阴养血、平肝明目，方例为四物汤。

脾与胃病证：主要有脾气下陷。

脾气下陷多由脾不健运进一步发展而来，见于久泻久痢、直肠脱垂、阴道脱出、子宫脱出等证。主证久泻不止、脱肛、子宫脱出或阴道脱出，尿淋漓难净，并伴有体焦毛瘦，倦怠肯卧，多卧少立，口色淡白，苔白，脉虚等。治则益气升阳，方例为补中益气汤。

肺与大肠病证：主要有大肠湿热、风热犯肺、肺热咳喘。

大肠湿热多为外感暑湿，或感染疫疠之气，或喂霉败秽浊或有毒的草料，以致湿热或疫毒蕴结，下注于肠，损伤气血而发病，主要见于急性胃肠炎、菌痢等病的病程中。主证发热、腹痛起卧、泻痢腥臭，尿液短赤、口干舌燥、口渴贪饮、口色红黄、舌苔黄腻，脉象滑数。治则清热利湿、调气和血，方例为白头翁汤或郁金散。

风热犯肺多因外感风热之邪，以致肺气宣降失常所致，见于风热感冒、急性支气管炎、咽喉炎等病。治则为疏风散热、宣通肺气，方例为表热重者用银翘散，咳嗽重者用桑菊饮。

肺热咳喘多因外感风热，或因风寒之邪入里郁而化热，以致肺气宣降失常所致，见于咽喉炎、急性支气管炎、肺炎、肺脓疡等病。治则清肺化痰、止咳平喘，方例为麻杏石甘汤或清肺散。

肾与膀胱病证：主要有膀胱湿热、肾阴虚。

膀胱湿热由湿热下注膀胱，气化功能受阻所致，主证尿频而急，疼痛，尿液排出困难，常做排尿姿势，或尿淋漓，尿色混浊，或有脓血，尿色赤黄，口舌红，苔黄腻，脉滑数。治则清热除湿利水，方例为八正散。

肾阴虚多因伤精、失血、耗液而成，或急性热病耗伤肾阴所致。主证形体瘦弱，腰胯无力，低热不退或午后潮热，盗汗，粪便干燥。公畜举阳滑精或精少不育，母畜不孕。治则滋阴补肾，方例为六味地黄汤。

【例题1】犬，眼目红肿，畏光流泪，视物不清，粪便干燥，尿浓赤黄，口色鲜红，脉数，对于该病证，给予辨证分型是（C）。

A. 肝血虚　　B. 肝胆湿热　　C. 肝火上炎　　D. 肝阳化风　　E. 阴虚生风

【例题2】某牛，精神沉郁，食欲减退，眼结膜黄染，黄色鲜明如橘，粪便稀软，尿黄混浊，口色红黄，舌苔黄腻，脉弦数。本病可辨证为（B）。

A. 肝血虚　　B. 肝胆湿热　　C. 肝火上炎　　D. 肝阳化风　　E. 阴虚生风

【例题3】久泻不止、脱肛或子宫阴道脱出的证候见于（D）。

A. 脾虚不运　　B. 脾不统血　　C. 脾胃虚寒　　D. 脾气下陷　　E. 寒湿困脾

【例题4】肝阳化风证宜选用的方剂是（B）。

A. 清宫汤　　B. 镇肝熄风汤　　C. 清肺散　　D. 清瘟败毒饮　　E. 清燥救肺汤

【例题5】犬，3月龄，食欲减退，不时呻吟，腹泻，粪便黏腻腥臭，带有脓血，口色红，舌苔黄腻，脉滑数。该证候对应证型为（A）。

A. 大肠湿热　　B. 大肠冷泻　　C. 胃食滞　　D. 脾气下陷　　E. 食积大肠

【例题6】牛，4岁，排尿时弓腰努责，淋漓不畅，疼痛，尿频而量少，尿色赤黄，口干舌红，苔黄腻，脉滑数。治疗宜选用的方剂是（B）。

A. 平胃散　　　　　　B. 八正散　　　　　　C. 独活散
D. 独活寄生汤　　　　E. 藿香正气散

考点5：疾病防治的主要法则★★★

疾病防治的主要法则包括治未病（内容包括未病先防，既病防变），扶正与祛邪，治病求本，同治与异治等。治未病是指采取一定的措施，防止疾病的发生和传变，如合理使役、针药调理、疫病预防、隔离病畜、防止传变等。治病求本是指在治疗疾病时，必须寻求出疾病的本质，针对本质进行治疗，"治病必求于本"。其基本原则是急则治其标；缓则治其本；标本兼治。另外，注意同治与异治，即异病同治和同病异治。

【例题】下列措施中，不属于"治未病"的是（D）。

A. 合理使役　　B. 针药调理　　C. 疫病预防　　D. 治病求本　　E. 防止传变

考点6：疾病内治八法★★★

内治八法是指汗、吐、下、和、温、清、补、消八种药物治疗的基本方法。药物治疗是临床上应用最为广泛的一种方法，而八法是其中最为主要的内容。

汗法：又称解表法，是运用具有解表发汗作用的药物，并开泄腠理、祛除病邪、解除表证的一种治疗方法，主要用于治疗表证。汗法分为辛温解表和辛凉解表两种。辛温解表代表方为麻黄汤、桂枝汤；辛凉解表代表方为银翘散。

吐法：又称涌吐法或催吐法，是运用具有涌吐性能的药物，使病邪或有毒物质从口中吐出的一种治疗方法，主要适用于误食毒物、痰涎壅盛、食积胃脘等证。代表方为瓜蒂散。

下法：又称攻下法或泻下法，是运用具有泻下通便作用的药物，以攻逐邪实，达到排除体内积滞和积水，以及解除实热壅结的一种治疗方法，主要适用于里实证。下法分为攻下、润下和逐水三类。攻下方为大承气汤，润下方为当归苁蓉汤。

和法：又称和解法，是运用具有疏通、和解作用的药物，以祛除病邪、扶助正气和调整脏腑间协调关系的一种治疗方法，主要适用于病邪既不在表、又未入里的半表半里证和脏腑气血不和的病证。前者的代表方为小柴胡汤，后者为逍遥散。

温法：又称祛寒法或温寒法，是运用具有温热性质的药物，促进和提高机体的功能活动，以祛除体内寒邪、补益阳气的一种治疗方法，主要适用于里寒证或里虚证。温法分为回阳救逆、温中散寒、温经散寒三种。代表方分别为四逆汤、理中汤和黄芪桂枝五物汤。

清法：又称清热法，是运用具有寒凉性质的药物，清除体内热邪的一种治疗方法，主要适用于里热证。清热法分为清热泻火、清热解毒、清热凉血、清热燥湿、清热解暑五种。代表方分别为白虎汤、黄连解毒汤、犀角地黄汤、茵陈蒿汤和香薷散。

补法：又称补虚法或补益法，是运用具有营养作用的药物，对动物体阴阳气血不足进行补益的一种治疗方法，适用于一切虚证。补法分为补气、养血、滋阴、助阳四种。代表方分别为四君子汤、四物汤、六味地黄丸和肾气丸。

消法：又称消导法，是运用具有消散破积作用的药物，以达到消散体内气滞、血瘀、食积的一种治疗方法。消法分为行气解郁、活血化瘀、消食导滞三种。常用方剂为越鞠丸、桃红四物汤和曲蘗散。

【例题】养殖场6岁公犬，原性欲旺盛，配种繁殖率高，近来日见形体瘦弱，腰胯无力，低热，口干，性欲下降，粪干尿少，舌红苔少，脉细数。治疗本病可选用的方剂是（E）。

A. 银翘散　　　B. 巴朝散　　　C. 牡烟散　　　D. 四君子汤　　　E. 六味地黄丸

【解析】本题考查内治八法。根据病犬形体瘦弱，腰胯无力，低热，口干，性欲下降，粪干尿少，舌红苔少，脉细数等主证，辨证为肝肾阴虚，因此治疗该病证应选用滋阴药。六味地黄丸是滋阴补肾的代表方剂，主治肝肾阴虚，适用于阴虚的病证。因此治疗本病可选用的方剂是六味地黄丸。

第三章　中药和方剂总论

轻装上阵

如何学？

如何考？

本章考点在考试中主要出现在A1、A2型题中，每年分值平均1分。下列所述考点均需掌握。对于重点内容，希望考生予以特别关注。

考点冲浪

考点1：中药的基本性能 ★★★★

中药的基本性能包括四气五味、升降浮沉与归经，以及中药毒性。

中药四气是指药物具有的寒、凉、温、热四种不同药性，又称四性。寒凉与温热属于两类不同的性质；寒与凉、温与热则表现性质相同，仅程度上有所差异，凉次于寒，温次于热。临床上"寒者热之、热者寒之""疗寒以热药，疗热以寒药"。

中药五味是指中药所具有的辛、甘、酸、苦、咸五种不同药味。有些中药有淡味或涩味，所以实际上味不止五种，但习惯上仍称五味。淡味常附于甘味，涩味常附于酸味。一般来说性温、热，味辛、甘的药物多升浮，而性寒、凉，味酸、苦、咸的药物多沉降。苦味药具有清热泄降、燥湿和坚阴的功能。甘味药具有和中、缓急、滋补的作用。

升降浮沉是指药物进入机体后的作用趋向，是与疾病表现的趋向相对而言的。升与浮、降与沉趋向类似，称为升浮、降沉。其中升浮药物具有升阳、发表、祛风、散寒、催吐、开窍等作用。

中药毒性是指中药对动物体产生的毒害作用。中药毒性分级为"无毒""小毒""有毒""大毒""剧毒"。

【例题1】中药四气除了寒、温、热外，还有（E）。
A. 升　　　　B. 降　　　　C. 苦　　　　D. 辛　　　　E. 凉

【例题2】中药的五味是指（A）。
A. 辛、甘、酸、苦、咸　　　　　　B. 木、火、土、金、水
C. 寒、凉、平、温、热　　　　　　D. 红、黄、白、青、黑
E. 浮、沉、迟、数、滑

【例题3】甘味药的主要作用是（B）。
A. 泻下、软坚　　　　B. 滋补、和中　　　　C. 行气、行血
D. 收敛、固涩　　　　E. 清热、燥湿

【例题4】淡味常附于五味中的（B）。
A. 辛味　　　　B. 甘味　　　　C. 酸味　　　　D. 苦味　　　　E. 咸味

【例题5】药物进入机体后的作用趋向是（B）。
A. 浮沉迟数　　B. 升降沉浮　　C. 寒凉温热　　D. 寒热虚实　　E. 升降出入

【例题6】升浮药具有的功能包括（E）。
A. 利尿　　　　B. 熄风　　　　C. 通便　　　　D. 潜阳　　　　E. 祛风

考点2：中药配伍的主要形式 ★★★★

中药配伍是指根据动物病情的需要和药物的性能，有目的地将两种以上的药物配合在一起使用。药物的配伍应用是中兽医用药的主要形式。

药物配伍效应对动物体或有益，或有害。根据传统的中药配伍理论，将其归纳为七种，称为药性"七情"。中药七情包括单行、相须、相使、相畏、相杀、相恶和相反。

单行是指用单味药治病；相须是指将性能功效相似的同类药物配合应用，以起到协同作用，增强药物的疗效；相使是指将性能功效有某种共性的不同类药物配合应用，以其中一种药物为主，另一种药物为辅，能提高主要药物的功效；相畏是指一种药物的毒性或副作用，能被另一种药物减轻或消除；相杀是指一种药物能减轻或消除另一种药物的毒性或副作用。相畏、相杀实际上是同一配伍关系的两种不同提法。

相恶是指两种药配合应用，能相互牵制而使作用降低甚至丧失药效；相反是指两种药物配合应用，能产生毒性反应或副作用。

考点3：中药配伍禁忌的主要形式 ★★★★

为了安全，有些药物或配伍关系应当慎用或禁止使用。中兽医临床上归纳起来主要有"十八反""十九畏"、妊娠禁忌等。

十八反：指对动物产生毒害作用的十八种药物，故名"十八反"。主要有乌头反贝母、瓜蒌、半夏、白蔹、白及；甘草反甘遂、大戟、海藻、芫花；藜芦反人参、沙参、丹参、玄参、细辛、芍药。口诀为："本草名言十八反，半蒌贝蔹及攻乌，藻戟遂芫俱战草，诸参辛芍叛藜芦。"

十九畏：指配合在一起应用时，一种药物能抑制另一种药物的毒性或烈性，或降低另一种药物的功效，相畏的药物有十九种，习惯称为"十九畏"。主要有硫黄畏朴硝，水银畏砒霜，狼毒畏密陀僧；巴豆畏牵牛子，丁香畏郁金，川乌、草乌畏犀角，牙硝畏荆三棱，官桂畏赤石脂，人参畏五灵脂。

妊娠禁忌：指动物妊娠期间，为了保护胎儿的正常发育和母畜的健康，应当禁用或慎用具有堕胎作用或对胎儿有损害作用的药物。属于禁用的多为毒性较大或药性剧烈的药物，如巴豆、水银、大戟、芫花、商陆、牵牛子、斑蝥、三棱、莪术、虻虫、水蛭、蜈蚣、麝香等。

【例题】与贝母、瓜蒌相反的药物是（B）。
A. 乌梅　　　B. 乌头　　　C. 乌药　　　D. 乌梢蛇　　　E. 何首乌

考点4：中药方剂的组成原则★★★★

方指医方，剂指调剂。方剂是指由单味或若干味药物按一定组方原则和调剂方法制成的药剂。药物组成方剂后，能相互协调，加强疗效，更好地适应复杂病情的需要，并能减少或缓和某些药物的毒性和烈性，消除其不利作用。

方剂的组成原则：根据方剂的药物组分，构成方剂的药物包括君药、臣药、佐药、使药四个部分，概括了方剂的结构和药物配伍的主从关系。

君药是指针对主病或主证起治疗作用的药物，又称主药；臣药是指辅助君药加强治疗主病或主证的药物，又称辅药；佐药有三方面的作用，一是用于治疗兼证或次要证候，二是制约君药、臣药的毒性或烈性，三是反佐；使药是指方剂中的引经药，或协调、缓和药性的药物。

以主治风寒表实证的麻黄汤为例，方剂中麻黄辛温发汗，解表散寒，为君药；桂枝辛温通阳，以助麻黄发汗散热，为臣药；杏仁降泄肺气，以助麻黄平喘，为佐药；甘草调和诸药，为使药。

【例题1】方剂中，加强君药治疗主病或主证作用的药物属于（A）。
A. 臣药　　　B. 佐药　　　C. 君药　　　D. 使药　　　E. 引药

【例题2】方剂中用于治疗兼症或次要症状的药物属于（C）。
A. 君药　　　B. 臣药　　　C. 佐药　　　D. 润和药　　　E. 引经药

考点5：中药方剂的加减化裁★★★★

方剂的组成具有一定的原则，但可根据病情轻重缓急，灵活化裁。中药方剂的组成变化一般有药味增减、药量增减、数方合并和剂型变化等形式。

药味增减：指在主证未变、兼证不同的情况下，方中君药仍然不变，但根据病情，适当增添或减去一些次要药味，也称随证加减。

药量增减：指方中的药物不变，只增减药物的用量，可以改变方剂的药力或治疗范围，甚至也可以改变方剂的功能和主证。例如，郁金散是治疗马肠黄的基础方，临床上常根据具体病情加减使用。若热甚，宜减去原方中的诃子，以免湿热滞留，加金银花、连翘，以增强清热解毒之功。

数方合并：指当病情复杂，主、兼各证均有代表性方剂时，可将两个或两个以上的方剂合并成一个使用，以扩大方剂的功能，增强疗效。例如，四君子汤补气，四物汤补血，由两方合并而成的八珍汤则是气血双补之剂。

剂型变化：指同一个方剂，由于剂型不同，功效也有变化。一般注射剂、汤剂和散剂作用较快，药力较烈，适用于病情较重或较急者；丸剂作用缓慢，药力较缓，适用于病情较轻或较缓者。

【例题】郁金散减诃子，加金银花和连翘的变化，属于（B）。
A. 药量增减　　B. 药味增减　　C. 剂型变化　　D. 数方合并　　E. 药物替代

第四章　解表药及方剂

轻装上阵

如何考？ 本章考点在考试中主要出现在A1、A2型题中，每年分值平均1分。下列所述考点均需掌握。对于重点内容，希望考生予以特别关注。

考点冲浪

考点1：辛温解表药主要品种和方剂★★★

辛温解表药：性味多为辛温，具有发散风寒的功能，发汗作用较强，适用于风寒表证，如恶寒战栗、发热无汗、耳鼻发凉、口润不欲饮水、舌苔薄白、脉浮紧等。主要品种有麻黄、桂枝、防风、荆芥、紫苏、白芷。

其中麻黄发汗作用较强，是辛温发汗的君药，用于外感风寒，如麻黄桂枝汤（或麻黄汤）；桂枝善祛风寒，其作用较为缓和，用于风寒感冒、发热恶寒等。

辛温解表方：适用于外感风寒引起的表寒证。主要有麻黄汤（麻黄、桂枝、杏仁、炙甘草）和桂枝汤（桂枝、白芍、炙甘草、生姜、大枣）。

【例题】在治疗外感风寒表实证的方剂中，与麻黄相须为用，增强疗效的药物是（D）。
A. 荆芥　　B. 防风　　C. 独活　　D. 桂枝　　E. 羌活

考点2：辛凉解表药主要品种和方剂★★★

辛凉解表药：性味多为辛凉，具有发散风热的功能，发汗作用较为缓和，适用于风热表证。主要品种有薄荷、柴胡、升麻、葛根和桑叶。

其中薄荷轻清凉散，为疏散风热的要药；柴胡轻清升散，退热作用较好，为和解少阳经之要药；升麻具有清热解毒，升阳举陷之功效，用于气虚下陷所致的久泻脱肛、子宫脱出等，可用柴胡、升麻，配黄芪、党参。

辛凉解表方：适用于外感风热引起的表热证。主要有银翘散和小柴胡汤。

银翘散组方为银花、连翘、豆豉、桔梗、荆芥、淡竹叶、薄荷、牛蒡子、芦根、甘草；小柴胡汤组方为柴胡、黄芩、党参、制半夏、炙甘草、生姜、大枣。

【例题 1】治疗久泻脱肛、子宫脱出的方剂中，常以升麻配（A）。
A. 柴胡　　　B. 桑叶　　　C. 防风　　　D. 紫苏　　　E. 薄荷

【例题 2】味辛性凉、善于疏散上部风热的要药是（A）。
A. 薄荷　　　B. 麻黄　　　C. 防风　　　D. 紫苏　　　E. 白芷

第五章　清热药及方剂

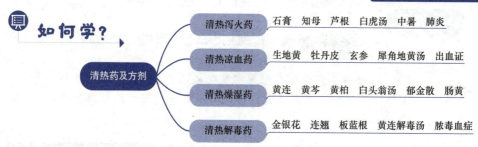

本章考点在考试中主要出现在 A1、A2 型题中，每年分值平均 1 分。下列所述考点均需掌握。对于重点内容，希望考生予以特别关注。

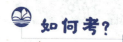

考点 1：清热泻火药主要品种和方剂 ★★★

清热泻火药：能清气分热，有泻火泄热的作用，适用于急性热病，证见高热、汗出、口渴贪饮、尿液短赤、舌苔黄燥、脉象洪数等。主要品种有石膏、知母、栀子和芦根。

其中石膏内服清热泻火，外用收敛生肌，本品大寒，具有强大的清热泻火作用，善清气分实热；知母苦、寒，既泻肺热，又清胃火，适用于肺胃有实热的病证；栀子有清热泻火的作用，善清心、肝、三焦经之热，多用于肝火目赤及多种火热证；芦根善清肺热，用于肺热咳嗽、痰稠。

清气分热方：适用于热在气分的病证，主要有白虎汤。白虎汤组分为石膏、知母、甘草、粳米。功能清热生津，主治阳明经证或气分热盛，证见高热大汗、口干舌燥、大渴贪饮，脉洪大有力。本方用于治疗阳明经证或气分实热证，如乙型脑炎、中暑、肺炎等热性病。

【例题 1】内服清热泻火，外用收敛生肌的药物是（A）。
A. 石膏　　　B. 雄黄　　　C. 滑石　　　D. 牡蛎　　　E. 白及

【例题 2】白虎汤的药物组成为（D）。
A. 石膏、生地、甘草、粳米　　　B. 石膏、麦冬、甘草、粳米
C. 石膏、连翘、玄参、甘草　　　D. 石膏、知母、甘草、粳米
E. 石膏、黄连、甘草、粳米

考点 2：清热凉血药主要品种和方剂★★★

清热凉血药：主要入血分，能清血分热，有凉血清热作用，主要用于血分实热证，温热病邪入营血，血热妄行，证见斑疹和各种出血。主要品种有生地黄、牡丹皮、白头翁、玄参和地骨皮。

其中生地黄清热凉血，养阴生津；牡丹皮清热凉血，活血散瘀；白头翁清热解毒，凉血止痢，既能清热解毒，又能入血分而凉血，为治痢的要药；玄参清热养阴，润燥解毒，既能清热泻火，又可滋养阴液；地骨皮清热凉血，治血热妄行所致的各种出血证。

清热凉血方：适用于热邪侵入营血的病证。主要有犀角地黄汤。犀角地黄汤组方为犀角、生地黄、白芍、牡丹皮。

考点 3：清热燥湿药主要品种和方剂★★★

清热燥湿药：性味苦寒，苦能燥湿，寒能胜热，有清热燥湿的作用，主要用于治湿热证，如肠胃湿热所致的泄泻、痢疾，肝胆湿热所致的黄疸，下焦湿热所致的尿淋漓等。主要品种有黄连、黄芩、黄柏、秦皮和苦参。

其中黄连苦、寒，入心、肝、胃、大肠经，清热燥湿，泻火解毒，长于清心火，为清热燥湿要药，主治心火亢盛；黄芩清热燥湿，泻火解毒，安胎，主清泻上焦实火，尤以清肺热见长，用于肺热咳嗽；黄檗清湿热，泻火毒，退虚热，以除下焦湿热为佳，用于湿热泄泻、黄疸、淋证、尿短赤等；秦皮清热燥湿，清肝明目；苦参清热燥湿，祛风杀虫，利尿。

清热燥湿方：主要有白头翁汤、茵陈蒿汤和郁金散。
白头翁汤组方为白头翁、黄柏、黄连、秦皮，功能清热解毒、凉血止痢，主治热毒血痢。茵陈蒿汤组方为茵陈蒿、栀子、大黄，功能清热、利湿、退黄，主治湿热黄疸。郁金散组方为郁金、诃子、黄芩、大黄、黄连、栀子、白芍、黄柏，功能清热解毒、涩肠止泻，主治肠黄。

【例题 1】性味苦寒，功能清热燥湿、泻火解毒，长于清心火的药物是（B）。
A. 黄芩　　　B. 黄连　　　C. 黄檗　　　D. 大黄　　　E. 牡丹皮

【例题 2】白头翁汤的药物组成除了白头翁、黄连、黄檗外，还有（C）。
A. 黄芩　　　B. 大黄　　　C. 秦皮　　　D. 桂花　　　E. 栀子

考点 4：清热解毒药主要品种和方剂★★★

清热解毒药：具有清热解毒作用，常用于瘟疫、毒痢、疮黄肿毒等热毒病证。主要品种

有金银花、连翘、紫花地丁、蒲公英和板蓝根。

其中金银花具有较强的清热解毒作用，多用于热毒痈肿；连翘清热解毒、消肿散结，广泛用于治疗各种热毒和外感风热或温病初起；紫花地丁用于疮黄肿毒、丹毒、肠痈等；蒲公英清热解毒、散结消肿，用于治疗痈疽疔毒、肺痈、肠痈、乳痈等；板蓝根具有较强的清热解毒作用。

清热解毒方：适用于瘟疫、毒痢、疮痈等热毒证。主要有黄连解毒汤。黄连解毒汤组方为黄连、黄芩、黄柏、栀子，功能泻火解毒，主治三焦热盛或疮疡肿毒。证见大热烦躁，甚则发狂，或见发斑，以及外科疮疡肿毒等。本方为泻火解毒之要方，适用于三焦火邪壅盛之证，但以津液未伤为宜，可用于败血症、脓毒血症、痢疾、肺炎及各种急性炎症等属于火毒炽盛者。

【例题1】具有清热解毒、散结消肿、利尿通淋功效的药物是（D）。
A. 板蓝根　　B. 穿心莲　　C. 金银花　　D. 蒲公英　　E. 白头翁

【例题2】黄连解毒汤的组成为（A）。
A. 黄连、黄柏、黄芩、栀子
B. 黄连、黄柏、黄芩、连翘
C. 黄连、板蓝根、黄芩、栀子
D. 黄连、金银花、连翘、栀子
E. 黄连、秦皮、苦参、蒲公英

第六章　泻下药及方剂

泻下药及方剂
- 攻下药：大黄　芒硝　番泻叶　大承气汤　结症　便秘
- 润下药：火麻仁　郁李仁　蜂蜜　当归苁蓉汤　老弱便秘

本章考点在考试中主要出现在A1、A2型题中，每年分值平均1分。下列所述考点均需掌握。对于重点内容，希望考生予以特别关注。

考点1：攻下药主要品种和方剂★★★

攻下药：具有较强的泻下作用，适用于宿食停积、粪便燥结所引起的里实证。主要品种有大黄、芒硝和番泻叶。

其中大黄善于荡涤肠胃实热，燥结积滞，为苦寒攻下之要药，治热结便秘、腹痛起卧，配芒硝；芒硝具有润燥软坚、泻下清热的功效，为治里热燥结实证之要药，适用于实热积滞、粪便燥结、肚腹胀满等；番泻叶有较强的泻热通便作用。

攻下方：泻下作用猛烈，适用于正气未衰的里实证。主要有大承气汤，组方为大黄（后下)、芒硝、厚朴、枳实，功能攻下热结，破结通肠，主治结症、便秘。

【例题1】治热结便秘，与大黄配伍的药物是（E）。
A. 石膏　　　B. 秦皮　　　C. 石斛　　　D. 当归　　　E. 芒硝

【例题2】具有泻热导滞、通便、利水功能的药物是（D）。
A. 大青叶　　B. 枇杷叶　　C. 艾叶　　　D. 番泻叶　　E. 荷叶

考点2：润下药主要品种和方剂★★★

润下药：多为植物种子或果仁，富含油脂，具有润燥滑肠的作用，故能缓下通便。主要有火麻仁、郁李仁、食用油和蜂蜜。

其中火麻仁性甘，平，入脾、胃、大肠经，润肠通便，滋养益津，本品多脂，润燥滑肠，性质平和，兼有益津作用，用于邪热伤阴、津枯肠燥所致的粪便燥结，为常用的润下药；郁李仁具有润肠通便、利水消肿之功效，适用于老弱病畜之肠燥便秘。

润下方：泻下作用和缓，适用于体虚便秘之证。主要有当归苁蓉汤，功能润燥滑肠，理气通便，主治老弱、久病、体虚病畜之便秘。本方药性平和，偏重于治疗老弱久病，胎产家畜的结症。

【例题1】具有润下作用的药物是（E）。
A. 大黄　　　B. 芒硝　　　C. 砂仁　　　D. 枳实　　　E. 火麻仁

【例题2】润肠通便，利水消肿的药物是（B）。
A. 火麻仁　　B. 郁李仁　　C. 薏苡仁　　D. 砂仁　　　E. 桃仁

【例题3】用于治疗老龄病畜肠燥便秘的方剂是（C）。
A. 白头翁汤　B. 大承气汤　C. 当归苁蓉汤　D. 曲蘖散　E. 保和丸

第七章　消导药及方剂

轻装上阵

如何学？

消导药及方剂 —— 消导药　神曲　山楂　麦芽　鸡内金　保和丸　料伤　食积

如何考？

本章考点在考试中主要出现在A1、A2型题中，每年分值平均1分。对于重点内容，希望考生予以特别关注。

考点冲浪

考点：消导药主要品种和方剂★★★

消导药：具有健运脾胃、促进消化、消积导滞之功效，适用于消化不良、草料停滞、肚腹胀满、腹痛腹泻等。主要品种有神曲、山楂、麦芽、鸡内金和莱菔子。

其中神曲消食化积，健胃和中，具有消食健胃的作用，尤以消谷积见长，并与山楂、麦芽合称三仙；山楂能消食健胃，尤以消化肉食积滞见长，治食积不消、肚腹胀满等；麦芽消食和中，回乳，具有消食和中的作用，尤以消草食积见长，用于治草料停滞、肚腹胀满、脾胃虚弱、食欲不振等；鸡内金消积作用较强，又具有健脾、化石通淋之功效。

消导方：主要有曲蘖散和保和丸。

曲蘖散功能为消积化谷，破气宽肠，用于治疗马、牛料伤。保和丸功能为消食和胃，清热利湿，主治食积停滞，证见肚腹胀满，食欲不振，嗳气酸臭，或大便失常、舌苔厚腻、脉滑等，治一切食积。

【例题1】具有消食健脾、化石通淋作用的药物是（D）。
A. 神曲　　　B. 麦芽　　　C. 山楂　　　D. 鸡内金　　　E. 莱菔子

【例题2】具有消食和中、回乳作用的药物是（C）。
A. 神曲　　　B. 山楂　　　C. 麦芽　　　D. 鸡内金　　　E. 莱菔子

【例题3】具有消食健胃作用，尤以消化谷积见长的药物是（A）。
A. 神曲　　　B. 山楂　　　C. 蜂蜜　　　D. 大黄　　　E. 芒硝

第八章　止咳化痰平喘药及方剂

轻装上阵

如何学？

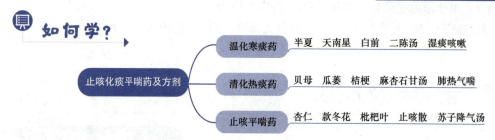

如何考？

本章考点在考试中主要出现在A1、A2型题中，每年分值平均1分。下列所述考点均需掌握。对于重点内容，希望考生予以特别关注。

考点冲浪

考点1：温化寒痰药主要品种和方剂★★★

温化寒痰药：药性温燥，具有温肺祛寒、燥湿化痰作用，适用于寒痰、湿痰所致的呛咳气喘、鼻液稀薄等。主要品种有半夏、天南星、旋覆花和白前。

其中半夏辛散温燥，降逆止吐显著；天南星燥湿祛痰，祛风解痉，消肿毒，燥湿之功效烈于半夏，适用于风痰咳嗽、顽痰咳嗽及痰湿壅滞等，为祛风痰的君药，常用于癫痫、口眼歪斜、中风口紧、四肢痉挛等；旋覆花降气平喘、消痰行水，用于咳嗽气喘、气逆不降等。

温化寒痰方：主要有二陈汤。二陈汤组方为制半夏、陈皮、茯苓、炙甘草，主治湿痰咳嗽、呕吐、腹胀。

【例题1】具有降气平喘、消痰行水作用的药物是（E）。
A. 菊花　　　B. 红花　　　C. 槐花　　　D. 金银花　　　E. 旋覆花

【例题2】善祛风痰的中药是（D）。
A. 半夏　　　B. 贝母　　　C. 桔梗　　　D. 天南星　　　E. 旋覆花

考点2：清化热痰药主要品种和方剂★★★

清化热痰药：药性偏于寒凉，具有清热化痰作用，适用于热痰郁肺所引起的呛咳气喘、鼻液黏稠等。主要品种有贝母、瓜蒌、桔梗、天花粉和前胡。

其中贝母止咳化痰，清热散结，用于痰热咳嗽；瓜蒌能清热化痰，宽中散结，用于肺热咳嗽、痰液黏稠等；桔梗宣肺祛痰，长于宣肺而疏散风邪，为治外感风寒或风热所致咳嗽、咽喉肿痛等的常用药；天花粉能清肺化痰，长于治肺热燥咳、肺虚咳嗽、胃肠燥热或痈肿疮毒等。

清化热痰方：主要有麻杏石甘汤。组方为麻黄、杏仁、炙甘草、石膏，功能辛凉泄热，宣肺平喘，主治肺热气喘，证见咳嗽喘急，发热有汗或无汗，是治疗肺热气喘的常用方剂。

【例题1】具有止咳化痰、清热散结作用的药物是（A）。
A. 贝母　　　B. 杏仁　　　C. 麻黄　　　D. 白前　　　E. 半夏

【例题2】具有清热化痰、宽中散结作用的药物是（B）。
A. 黄芩　　　B. 瓜蒌　　　C. 麻黄　　　D. 半夏　　　E. 天南星

考点3：止咳平喘药主要品种和方剂★★★

止咳平喘药：具有止咳、平喘作用，主要品种有杏仁、款冬花、百部、枇杷叶、紫菀和白果。

其中杏仁性苦，温，有小毒，入肺、大肠经，润肠通便，本品苦泄降气，能止咳平喘，主要用于咳逆、喘促等证。配麻黄可用于外感风寒咳嗽；配桃仁、火麻仁等，润燥滑肠。款冬花为治咳嗽之要药；百部润肺止咳，杀虫灭虱，对新久咳嗽均有疗效；枇杷叶常用于肺热咳喘。

止咳平喘方：主要有止咳散和苏子降气汤。

止咳散组方为荆芥、桔梗、紫菀、百部、白前、陈皮、甘草。功能为止咳化痰，疏风解表，主治外感风寒咳嗽。证见咳嗽痰多、日久不愈。本方为治外感咳嗽的常用方，用于外感风寒咳嗽，以咳嗽不畅、痰多为主证。苏子降气汤功能为降气平喘，温肾纳气，主治上实下虚的咳喘证。证见痰涎壅盛、咳喘气短、舌苔白滑等。临床上常用于治疗慢性气管炎、支气管炎、轻度肺气肿等。

【例题1】化痰止咳药中兼有润肠通便作用的药物是（A）。
A. 杏仁　　　B. 贝母　　　C. 百部　　　D. 款冬花　　　E. 旋覆花

【例题2】止咳平喘药中，外用可杀虫灭虱的药物是（C）。
A. 杏仁　　　B. 紫菀　　　C. 百部　　　D. 款冬花　　　E. 白果

【例题3】苏子降气汤主治的病证是（E）。

A. 外感咳嗽　　B. 肺虚咳嗽　　C. 劳伤咳嗽
D. 风热咳嗽　　E. 上实下虚的咳喘证

第九章　温里药及方剂

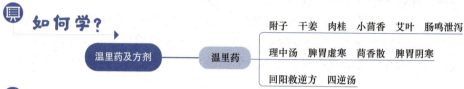

本章考点在考试中主要出现在 A1、A2 型题中，每年分值平均 1 分。对于重点内容，希望考生予以特别关注。

考点冲浪

考点：温里药主要品种和方剂★★★

温里药：具有温中散寒、回阳救逆的功效，适用于因寒邪引起的肠鸣泄泻、肚腹冷痛、耳鼻俱凉、四肢厥冷、脉微欲绝等证。主要品种有附子、干姜、肉桂、小茴香、吴茱萸和艾叶。

其中附子温中散寒，回阳救逆，辛热，能消阴翳以复阳气，用于阴寒内盛之脾虚不运、伤水腹痛、冷肠泄泻；干姜善温暖胃肠，凡脾胃虚寒、伤水起卧、四肢厥冷、胃冷吐涎、虚寒作泻等均可应用；肉桂暖肾壮阳，温中祛寒，活血止痛，治肾阳不足、命门火衰的病证；小茴香祛寒止痛，理气和胃，暖腰肾，治子宫虚寒。

温中散寒方：主要有理中汤、茴香散、桂心散等。

理中汤为温中散寒方，适用于中焦脾胃虚寒证，组方为党参、干姜、炙甘草、白术。功能补气健脾，温中散寒，主治脾胃虚寒证，是治疗脾胃虚寒的代表方剂，对于脾胃虚寒引起的慢草不食、腹痛泄泻等均可应用，如慢性胃肠炎、胃及十二指肠溃疡等。

茴香散功能为温肾祛寒，祛湿止痛，主治风寒湿邪引起的腰胯疼痛。桂心散功能为温中散寒，健脾理气，主治脾胃阴寒所致的吐涎不食、腹痛、肠鸣泄泻等。

回阳救逆方：主要有四逆汤。组方为熟附子、干姜、炙甘草，功能为回阳救逆，主治少阴病和亡阳证。

【例题 1】暖肾壮阳、温中祛寒的药物是（ A ）。
A. 肉桂　　　　B. 桂枝　　　　C. 白头翁　　　　D. 牡丹皮　　　　E. 地骨皮

【例题 2】理中汤的药物组成为（ B ）。
A. 党参、黄芪、白术、白芍
B. 党参、干姜、白术、炙甘草
C. 党参、黄芪、白术、炙甘草
D. 党参、茯苓、白术、炙甘草

E. 党参、干姜、茯苓、炙甘草

【例题3】具有温肾散寒、祛湿止痛作用的方剂是（C）。

A. 五苓散　　B. 八正散　　C. 茴香散　　D. 曲蘖散　　E. 郁金散

【例题4】四逆汤的组成药物是（E）。

A. 熟附子、干姜、吴茱萸　　　　　　B. 熟附子、干姜、小茴香
C. 熟附子、肉桂、炙甘草　　　　　　D. 熟附子、党参、炙甘草
E. 熟附子、干姜、炙甘草

第十章　祛湿药及方剂

轻装上阵

本章考点在考试中主要出现在 A1、A2 型题中，每年分值平均 1 分。下列所述考点均需掌握。对于重点内容，希望考生予以特别关注。

考点冲浪

考点1：祛风湿药主要品种和方剂 ★★★

祛风湿药：味辛性温，具有祛风除湿、散寒止痛、通气血、补肝肾、壮筋骨之功效。主要品种有羌活、独活、秦艽、威灵仙、五加皮、木瓜和防己。

其中羌活发汗解表兼散风寒，主治风寒感冒、颈项强硬、四肢拘挛等，用于全身风湿痹痛，羌活、独活常相须为用；独活能祛风胜湿，为治风寒湿痹，尤其是腰胯、后肢痹痛的常用药物；秦艽多用于风湿性肢节疼痛、湿热黄疸、尿血等；威灵仙性急善走，味辛散风，性温除湿，多用于风湿所致的四肢拘挛；五加皮既能祛风除湿，又能强壮筋骨，适用于风湿痹痛、筋骨不健等；木瓜用于治疗后躯风湿、湿困脾胃、呕吐腹泻等，治疗后躯风湿，常配独活、威灵仙，并为后肢痹痛的引经药。

祛风湿方：适用于风寒湿邪侵袭肌表经络所致的痹痛等证。主要有独活散和独活寄生汤。独活散功能为疏风祛湿、活血止痛，主治风湿痹痛，证见腰胯疼痛、项背僵直、四肢关节疼痛等。独活寄生汤功能为益肝肾、补气血、祛风湿、止痹痛，主治风寒湿痹、肝肾两亏、气血不足等，证见腰胯疼痛、四肢关节屈伸不利、疼痛、筋脉拘挛等。

【例题1】祛风湿药中，可以作为后肢痹痛的引经药物是（D）。

A. 羌活　　　　B. 威灵仙　　　　C. 独活　　　　D. 木瓜　　　　E. 秦艽

【例题2】具有益肝肾、补气血、祛风湿、止痹痛功效的方剂是（E）。
A. 补中益气汤　　　　B. 百合固金汤　　　　C. 六味地黄汤
D. 当归苁蓉汤　　　　E. 独活寄生汤

考点2：利湿药主要品种和方剂★★★

利湿药：味淡性平，作用比较缓和，具有利尿通淋、消水肿、除水饮、止水泻的功效。主要品种有茯苓、猪苓、茵陈、泽泻、车前子、滑石和金钱草。

其中茯苓渗湿利水，健脾补中，宁心安神；猪苓利水通淋，除湿退肿，以淡渗见长，利水渗湿作用优于茯苓；茵陈苦泄下降，专功清利湿热，治湿热黄疸；泽泻能泻肾火和膀胱热，治水湿停滞的尿不利、水肿胀满、湿热淋浊；车前子利水通淋、清肝明目，以治热淋为主；金钱草清湿热，利胆退黄，用于湿热黄疸。

利水方：适用于水湿停滞所引起的各种病证，如排尿不利、泄泻、水肿、尿淋、尿闭等。主要有五苓散和八正散。

五苓散组方为猪苓、茯苓、泽泻、白术、桂枝，主治外有表证、内停水湿，证见发热恶寒、口渴贪饮、排尿不利、舌苔白。八正散功能清热泻火，利水通淋，主治湿热下注引起的热淋、石淋。

【例题1】具有泻肾火和膀胱热功效的利湿药是（C）。
A. 茯苓　　　　B. 猪苓　　　　C. 泽泻　　　　D. 茵陈　　　　E. 滑石

【例题2】五苓散的药物组成是（B）。
A. 猪苓、茯苓、泽泻、生姜皮、桂枝　　　　B. 猪苓、茯苓、泽泻、白术、桂枝
C. 猪苓、茯苓、大腹皮、白术、桂枝　　　　D. 猪苓、茯苓、泽泻、白术、陈皮
E. 猪苓、桑白皮、泽泻、白术、桂枝

考点3：化湿药主要品种和方剂★★★

化湿药：气味芳香，具有运化水湿、辟秽除浊之功效。主要品种有藿香、苍术、白豆蔻、草豆蔻和佩兰。

其中藿香芳香化湿，治湿热内阻、脾胃湿困、运化失调的肚腹胀满、粪便溏泄；苍术性辛、苦、温，入脾、胃经，燥湿健脾，发汗解表，祛风湿，治湿困脾胃、运化失司、食欲不振、消化不良、胃寒草少、腹痛泄泻；白豆蔻能行气，暖脾化湿，治胃寒草少、腹痛下痢；草豆蔻治脾胃虚寒所致食欲不振、食滞腹胀、冷肠泄泻、伤水腹痛等。

化湿方：适用于湿浊内阻，脾胃湿困，运化失职之证。主要有平胃散和藿香正气散。平胃散方药组成主要包括厚朴、陈皮、甘草、生姜、大枣、苍术，主治胃寒食少、寒湿困脾。藿香正气散功能解表化湿，理气和中，主治外感风寒、内伤湿滞、中暑。

【例题1】化湿药中有燥湿健脾、发汗解表、祛风湿作用的药物是（E）。
A. 藿香　　　　B. 茯苓　　　　C. 猪苓　　　　D. 茵陈　　　　E. 苍术

【例题2】平胃散的方药组成，除了厚朴、陈皮、甘草、生姜、大枣外，还有（E）。
A. 茯苓　　　　B. 猪苓　　　　C. 泽泻　　　　D. 白术　　　　E. 苍术

第十一章 理气药及方剂

> **如何学?**
>
> 轻装上阵
>
> 理气药及方剂 —— 理气药 —— 陈皮 厚朴 香附 砂仁 橘皮散 越鞠丸 肚腹胀满

> **如何考?**
>
> 本章考点在考试中主要出现在 A1、A2 型题中,每年分值平均 1 分。对于重点内容,希望考生予以特别关注。

考点冲浪

考点:理气药主要品种和方剂★★★

理气药:辛温芳香,具有行气消胀、解郁、止痛、降气的功效,主要用于脾胃气滞所致的肚腹胀满、疼痛不安、嗳气酸臭、食欲不振、大便异常,以及咳喘等证。主要品种有陈皮、青皮、厚朴、枳实、香附、木香、砂仁、槟榔和草果。

其中陈皮理气健脾、燥湿化痰,用于中气不和而引起的肚腹胀满、食欲不振、呕吐、腹泻等;青皮能疏肝破气而止痛,治肝气郁结所致的肚胀腹痛;厚朴能除胃肠滞气、燥湿运脾,用于治湿阻中焦、气滞不利所致的肚腹胀满、腹痛或呃逆等;枳实治脾胃气滞、痰湿水饮所致的肚腹胀满、草料不消等;香附为疏肝理气、散结止痛的君药;木香行气止痛,和胃止泻,长于行肠滞气;砂仁行气和中,温脾止泻,安胎,适用于脾胃气滞或气虚等证,用于气滞胎动不安;槟榔能驱杀多种肠内寄生虫,并有轻泻作用。

理气方:主要有橘皮散和越鞠丸。

橘皮散:组方为青皮、陈皮、厚朴、桂心、细辛、茴香、当归、白芷、槟榔。功能理气散寒、和血止痛,主治马伤水起卧,证见腹痛起卧、肠鸣如雷、口色淡青、脉象沉迟等。本方广泛用于治疗马属动物伤水冷痛。越鞠丸主治由气、火、血、痰、湿、食六郁所致的肚腹胀满、嗳气呕吐、水谷不消等实证者。

【例题1】陈皮的功效是(A)。

A. 理气健脾、燥湿化痰   B. 疏肝止痛、破气消积
C. 行气燥湿、降逆平喘   D. 破气消积、通便利膈
E. 理气解郁、散结止痛

【例题2】具有行气止痛、健脾、安胎功能的药物是(E)。

A. 杜仲   B. 黄芩   C. 杏仁   D. 桃仁   E. 砂仁

【例题3】治疗马伤水起卧(冷痛、肠痉挛)应选用(D)。

A. 银翘散   B. 曲菜散   C. 平胃散
D. 橘皮散   E. 槐花散

第十二章　理血药及方剂

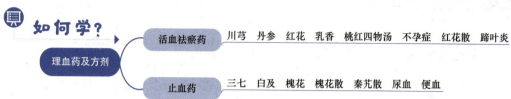

本章考点在考试中主要出现在 A1、A2 型题中，每年分值平均 1 分。下列所述考点均需掌握。对于重点内容，希望考生予以特别关注。

考点 1：活血祛瘀药主要品种和方剂 ★★★

活血祛瘀药：具有活血祛瘀、疏通血脉的作用，适用于瘀血疼痛、痈肿初起、跌打损伤、产后血瘀腹痛、肿块及胎衣不下等病证。主要有川芎、丹参、桃仁、红花、益母草、王不留行、乳香和没药。

其中川芎具有活血行气、祛风止痛的功效，治气血瘀滞所致的难产、胎衣不下；丹参活血祛瘀，凉血消痈，养血安神，用于多种瘀血为患的病证；桃仁活血祛瘀，润燥滑肠，治产后瘀血疼痛；红花为活血要药，应用广泛，主要用于治疗产后瘀血疼痛、胎衣不下等；益母草活血祛瘀，为胎产疾病的要药，治产后血瘀腹痛；王不留行活血通经，下乳消肿，用于产后瘀滞疼痛，治产后乳汁不通；乳香具有活血、止痛作用，兼有行气之效。

活血祛瘀方：主要有桃红四物汤、红花散和通乳散。

桃红四物汤组方为桃仁、当归、赤芍、红花、川芎、生地黄，主治血瘀所致的四肢疼痛、血虚有瘀、产后血瘀腹痛及瘀血所致的不孕症等。红花散主治料伤五攒痛，即蹄叶炎。通乳散主治气血不足、经络不通所致的缺乳症。

【例题 1】活血行气、祛风止痛的药物是（A）。
A. 川芎　　B. 丹参　　C. 桃仁　　D. 赤芍　　E. 乳香

【例题 2】具有活血祛瘀、养血安神作用的药物是（B）。
A. 沙参　　B. 丹参　　C. 党参　　D. 苦参　　E. 玄参

【例题 3】主治料伤五攒痛的方剂是（C）。
A. 四物汤　　B. 生化汤　　C. 红花散　　D. 茴香散　　E. 橘皮散

考点 2：止血药主要品种和方剂 ★★★

止血药：具有制止内外出血的功效，适用于各种出血证，如咯血、便血、尿血、子宫出血和创伤出血等。主要品种有三七、白及、小蓟、槐花、地榆和茜草。

其中三七具有散瘀止血、消肿止痛的功效。本品止血作用良好，也能活血散瘀，有"止血不留瘀"的特点；白及收敛止血，消肿生肌，主要用于肺、胃出血和外伤出血；小蓟用于各种血热出血证，如尿血、鼻衄及子宫出血等；槐花用于衄血、便血、尿血、子宫出血等属于热证者，但多用于便血。

止血方：主要有槐花散和秦艽散。

槐花散组方为炒槐花、炒侧柏叶、荆芥炭、麸炒枳壳。功能清肠止血、疏风理气，主治肠风下血，血色鲜红，或粪中带血，用于大肠湿热所致的便血。秦艽散主治热积膀胱，弩伤尿血。证见尿血、弩气弓腰、头低耳耷、草细毛焦、口色淡白、舌体绵软、脉滑。

【例题1】具有收敛止血、消肿生肌作用的中药是（A）。
A. 白及　　　B. 白果　　　C. 白术　　　D. 白芷　　　E. 白前

【例题2】具有散瘀止血、消肿止痛作用的药物是（E）。
A. 桃仁　　　B. 红花　　　C. 乳香　　　D. 没药　　　E. 三七

【例题3】善治肠风下血的方剂是（C）。
A. 秦艽散　　B. 十黑汤　　C. 槐花散　　D. 归脾汤　　E. 红花散

第十三章　收涩药及方剂

收涩药及方剂
- 涩肠止泻药：诃子　乌梅　石榴皮　乌梅散　久泻久痢
- 敛汗涩精药：五味子　牡蛎　浮小麦　牡蛎散　玉屏风散　表虚自汗

本章考点在考试中主要出现在A1、A2型题中，每年分值平均1分。下列所述考点均需掌握。对于重点内容，希望考生予以特别关注。

考点1：涩肠止泻药主要品种和方剂★★★

涩肠止泻药：具有涩肠止泻的作用，适用于脾肾虚寒所致的久泻久痢、二便失禁、脱肛或子宫脱出等。主要品种有诃子、乌梅、肉豆蔻、石榴皮和五倍子。

其中诃子涩肠止泻，适用于久泻久痢；乌梅为涩肠止泻药，具有涩肠止泻、敛肺止咳的功效，治肺虚久咳；肉豆蔻善温脾胃，长于涩肠止泻，适用于久泻不止或脾肾虚寒引起的久泻；石榴皮收敛性较强，适用于虚寒所致的久泻久痢。

涩肠止泻方：主要有乌梅散。乌梅散的组方为乌梅（去核）、干柿、诃子肉、黄连、郁金。功能涩肠止泻、清热燥湿，主治幼驹奶泻和其他幼畜湿热下痢。

【例题1】具有涩肠止泻、敛肺止咳功效的药物是（A）。

A. 乌梅　　　　B. 苏子　　　　C. 莱菔子　　　　D. 葶苈子　　　　E. 菟丝子

【例题2】乌梅散的功效是（D）。
A. 涩肠止泻、行气消胀　　　　　　B. 涩肠止泻、清热通淋
C. 涩肠止泻、益气固表　　　　　　D. 涩肠止泻、清热燥湿
E. 固表止汗、清热燥湿

考点2：敛汗涩精药主要品种和方剂★★★

敛汗涩精药：具有固肾涩精或缩尿的作用，适用于肾虚气弱所致的自汗、盗汗、阳痿、滑精、尿频等。主要品种有五味子、牡蛎、浮小麦和金樱子。

其中五味子上敛肺气、下滋肾阴，主治肺虚或肾虚不能纳气所致的久咳虚喘。牡蛎能平肝潜阳，适用于阴虚阳亢引起的躁动不安等证；浮小麦主要用于自汗、虚汗，治产后虚汗不止；金樱子具有固精缩尿的作用，适用于肾虚引起的滑精、尿频等。

敛汗涩精方：主要有牡蛎散和玉屏风散。

牡蛎散功能固表敛汗，主治体虚自汗、滑精、尿频等，证见身常汗出（夜晚尤甚）、脉虚等。玉屏风散组方为黄芪、白术、防风，功能益气固表止汗，主治表虚自汗和体虚易感风邪者。

【例题1】能上敛肺气、下滋肾阴的收涩药是（A）。
A. 五味子　　　B. 浮小麦　　　C. 金樱子　　　D. 牡蛎　　　E. 芡实

【例题2】主治体虚自汗、尿频、滑精的方剂是（C）。
A. 槐花散　　　B. 乌梅散　　　C. 牡蛎散　　　D. 茴香散　　　E. 橘皮散

第十四章　补虚药及方剂

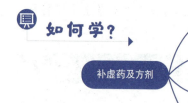

补气药	党参　黄芪　甘草　山药　四君子汤　生脉散　气虚证
补血药	当归　熟地黄　阿胶　四物汤　血虚　血瘀
助阳药	肉苁蓉　淫羊藿　杜仲　巴戟散　肾虚阳痿
滋阴药	沙参　麦冬　枸杞子　六味地黄汤　滋阴补肾

本章考点在考试中主要出现在A1、A2型题中，每年分值平均1分。下列所述考点均需掌握。对于重点内容，希望考生予以特别关注。

考点冲浪

考点1：补气药主要品种和方剂 ★★★★

补气药：具有补肺气、益脾气的功效，适用于脾肺气虚证。主要品种有党参、黄芪、甘草、山药和白术。

其中党参补中益气，健脾生津，为常用的补气药，用于久病气虚、倦怠乏力、肺虚喘促、脾虚泄泻等；黄芪补气升阳，固表止汗，托毒生肌，利水退肿，为重要的补气药，适用于脾肺气虚、气短、泄泻；甘草补中益气，清热解毒，润肺止咳，缓和药性，善于补脾胃、益心气；山药为平补脾胃之药，不论脾阳虚或胃阴亏，皆可应用；白术为补脾益气的重要药物，用于脾胃气虚。

补气方：适用于脾肺气虚病证。主要有四君子汤、补中益气汤和生脉散。

四君子汤组方为党参，炒白术，茯苓，炙甘草。功能益气健脾，主治脾胃气虚，证见体瘦毛焦、精神倦怠、四肢无力、食少便溏、舌淡苔白、脉细弱等。补中益气汤主治脾胃气虚及气虚下陷诸证，为治疗脾胃气虚及气虚下陷诸证的常用方。中气不足、气虚下陷、泻痢脱肛、子宫脱出或气虚发热自汗、倦怠无力等均可使用。生脉散组方为党参、麦门冬、五味子。功能补气生津、敛阴止汗，主治暑热伤气、气津两伤。

【例题1】具有补气升阳、托毒生肌作用的药物是（B）。
A. 党参　　　B. 黄芪　　　C. 白术　　　D. 山药　　　D. 甘草

【例题2】具有补中益气、清热解毒、润肺止咳、缓和药性作用的药物是（C）。
A. 党参　　　B. 黄芪　　　C. 甘草　　　D. 山药　　　E. 白术

【例题3】治疗脾胃气虚首选的方剂是（C）。
A. 四物汤　　B. 四逆汤　　C. 四君子汤　　D. 白头翁汤　　E. 大承气汤

考点2：补血药主要品种和方剂 ★★★★

补血药：具有补血的功效，适用于体瘦毛焦、口色淡白、精神委顿、脉弱等血虚证。主要品种有当归、白芍、熟地黄和阿胶。

其中当归补血活血，止痛，润肠通便，用于体弱血虚证；白芍具有平抑肝阳、敛阴养血的作用，适用于肝阴不足、肝阳上亢、躁动不安等；熟地黄为补血要药，用于血虚诸证；阿胶补血止血，滋阴润肺，安胎，为治血虚的要药。

补血方：主要有四物汤。四物汤组方为熟地黄、白芍、当归、川芎。功能补血调血，主治血虚、血瘀诸证。

【例题1】补血活血兼有润肠通便作用的药物是（C）。
A. 白芍　　　B. 阿胶　　　C. 当归　　　D. 山药　　　E. 百合

【例题2】具有补血止血、滋阴润肺、安胎功效的药物是（D）。
A. 当归　　　B. 白芍　　　C. 熟地黄　　D. 阿胶　　　E. 丹参

考点3：助阳药主要品种和方剂 ★★★

助阳药：具有补肾助阳、强筋壮骨的作用，适用于形寒肢冷、腰胯无力、阳痿滑精、肾虚泄泻等，因此助阳药主要用于温补肾阳。主要品种有肉苁蓉、淫羊藿、杜仲、巴戟天和补骨脂。

其中肉苁蓉补肾阳，温而不燥，补而不峻，是性质温和的滋补强壮药，主要用于肾虚阳痿；淫羊藿具有补肾壮阳的功能，主要用于肾阳不足所致的阳痿、滑精；杜仲能补肝肾，强筋健骨，主要用于腰胯无力、阳痿、尿频等肾阳虚证；巴戟天能补肾助阳，主治肾虚阳痿、滑精早泄等。

助阳方：适用于肾阳虚的一类病证。主要有巴戟散。巴戟散温补肾阳，通经止痛，散寒除湿，主治肾阳虚衰。

考点4：滋阴药主要品种和方剂★★★

滋阴药：具有滋肾阴、补肺阴、养胃阴、益肝阴等功效。主要品种有沙参、麦冬、百合、枸杞子、天冬、石斛和女贞子。

其中沙参能清肺热、养肺阴，并能益气祛痰，用于久咳肺虚及热伤肺阴、干咳少痰等；麦冬适用于阴虚内热、干咳少痰等；百合润肺止咳、清心安神，本品清肺润燥而止咳，并能益肺气；枸杞子为滋阴补血的常用药，用于肝肾亏虚、精血不足、腰胯乏力等；天冬用于干咳少痰的肺虚热证。

滋阴方：适用于阴虚的病证，主要是肝肾阴虚的病证。主要有六味地黄汤、百合固金汤。六味地黄汤主治肝肾阴虚、虚火上炎所致的潮热盗汗、腰膝痿软无力、耳鼻四肢温热、舌燥喉痛、滑精早泄。肝肾阴虚不足诸证，均可加减应用此方。本方是滋阴补肾的代表方剂。百合固金汤为滋阴方，功能养阴清热、润肺化痰，主治肺肾阴虚、虚火上炎所致咽喉疼痛、痰中带血等支气管肺炎等证候。

【例题】主治肺肾阴虚、咳嗽痰中带血的方剂是（B）。
A. 六味地黄丸   B. 百合固金汤   C. 巴戟散
D. 清肺散   E. 止咳散

第十五章　平肝药及方剂

本章考点在考试中主要出现在 A1、A2 型题中，每年分值平均1分。下列所述考点均需掌握。对于重点内容，希望考生予以特别关注。

考点冲浪

考点1：平肝明目药主要品种和方剂 ★★★★

平肝明目药：具有清肝火、退目翳的功效，适用于肝火亢盛、目赤肿痛、睛生翳膜等证。主要品种有石决明、决明子和木贼。

其中石决明善于平肝潜阳，适用于肝肾阴虚、肝阳上亢所致的目赤肿痛；决明子清肝明目，润肠通便，适用于肝热或风热引起的目赤肿痛；木贼具有疏风热、退翳膜的作用，主治风热目赤肿痛、畏光流泪或眼生翳膜者。

平肝明目方：主要有决明散。决明散功能清肝明目，退翳消瘀。

【例题】具有清肝明目、退翳消瘀作用的方剂是（ D ）。
A. 桃花散　　B. 青黛散　　C. 冰硼散　　D. 决明散　　E. 牵正散

考点2：平肝熄风药主要品种和方剂 ★★★

平肝熄风药：具有潜降肝阳、止熄肝风的作用，适用于肝阳上亢、肝风内动、惊痫癫狂、痉挛抽搐等证。主要品种有天麻、钩藤、全蝎、蜈蚣和僵蚕。

其中天麻能平肝熄风，镇痉止痛，具有熄风止痉作用，适用于肝风内动所致的抽搐拘挛证；钩藤具有熄风止痉作用，也可清热，适用于热盛风动所致的痉挛抽搐等证；全蝎为熄风止痉的要药，主治惊痫及破伤风等；蜈蚣熄风止痉作用较强，适用于癫痫、破伤风等引起的痉挛抽搐；僵蚕主治肝风内动所致的癫痫、中风等。

疏散外风方：主要有牵正散。牵正散组方为白附子、白僵蚕、全蝎，主治歪嘴风。

平熄内风方：主要有镇肝熄风汤。镇肝熄风汤功能镇肝熄风、滋阴潜阳，主治口眼歪斜、转圈运动或四肢活动不利、痉挛抽搐。

【例题1】具有平肝熄风作用的药物是（ A ）。
A. 天麻　　B. 杜仲　　C. 山药　　D. 麻黄　　E. 桑叶

【例题2】钩藤的功效除了熄风止痉外，还有（ B ）。
A. 止痛　　B. 平肝清热　　C. 解毒散结　　D. 化痰散结　　E. 退翳膜

第十六章　驱虫药及方剂

轻装上阵

如何学？

驱虫药及方剂 —— 驱虫药 —— 南瓜子　蛇床子　贯众　贯众散　胃肠道寄生虫

如何考？ 本章考点在考试中主要出现在 A1、A2 型题中，每年分值平均1分。对于重点内容，希望考生予以特别关注。

考点：驱虫药主要品种和方剂 ★★

驱虫药主要有川楝子、南瓜子、蛇床子、贯众、鹤虱（鹤草芽）。川楝子理气，止痛，杀虫，配伍使君子、槟榔等，用于驱杀蛔虫、蛲虫等；南瓜子既可单用驱杀绦虫，也可配伍槟榔应用，还可用于血吸虫病；蛇床子燥湿杀虫，温肾壮阳，用于驱杀蛔虫，也可用于湿疹瘙痒，与白矾、苦参、金银花等煎水外洗；贯众杀虫，清热解毒，用于驱杀绦虫、钩虫、蛲虫等；鹤虱空腹时应用，为驱绦虫的要药。

驱虫方：主要有贯众散。药物组方为贯众、使君子、鹤虱、芜荑、大黄、苦楝子、槟榔。功能为驱虫，主治胃肠道寄生虫，对马胃蝇疗效较好。

第十七章　外用药及方剂

如何学？

外用药及方剂 → 外用药 → 冰片　硫黄　硼砂　冰硼散　桃花散　消肿　生肌　止痒

如何考？

本章考点在考试中主要出现在A1、A2型题中，每年分值平均1分。对于重点内容，希望考生予以特别关注。

考点：外用药主要品种和方剂 ★★★

外用药：直接作用于病变局部，具有清热凉血、消肿止痛、化腐拔毒、排脓生肌、接骨续筋、杀虫止痒的功效。主要有冰片、硫黄、硼砂、雄黄、白矾和石灰。

其中冰片内服有开窍醒脑的功效，适用于神昏、惊厥诸证，外用清热止痛，防腐止痒，用于各种疮疡、咽喉肿痛、口舌生疮及目疾等；硫黄外用解毒杀虫，内服补火助阳，主治皮肤湿烂、疥癣、阴疽等；硼砂外用有良好的清热和解毒防腐作用，主要用于口舌生疮、咽喉肿痛、目赤肿痛等；雄黄杀虫解毒，有解毒和止痒作用，外用主治各种恶疮疥癣及毒蛇咬伤；白矾燥湿祛痰，止血止泻，有解毒杀虫的功效。

外用方：主要有冰硼散、桃花散。冰硼散功能清热解毒、消肿止痛、敛疮生肌，用于咽喉肿痛，口舌生疮。桃花散组方为陈石灰、大黄，功能防腐收敛止血，主治创伤出血、化脓疮等。

【例题】具有杀虫解毒、治疗毒蛇咬伤的药物是（ C ）。
A. 冰片　　　B. 硼砂　　　C. 雄黄　　　D. 麻黄　　　E. 石灰

第十八章 针灸

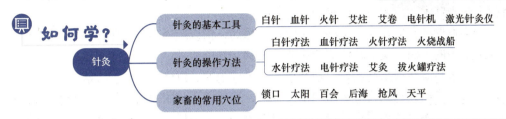

> 本章考点在考试中主要出现在 A1、A2 型题中,每年分值平均 1 分。下列所述考点均需掌握。对于重点内容,希望考生予以特别关注。

考点 1:针灸的基本工具★★★

针灸是针术和灸术的总称,是指使用不同类型的针灸工具对动物某些特定部位施以一定的刺激,以疏通经络,宣导气血,达到扶正祛邪、防治病证的目的。因为针术和灸术常常合并使用,又同属外治法,把它们合称为针灸。

常用的针灸工具主要有白针工具,如圆利针、毫针;血针工具,如宽针、三棱针;火针工具,如火针;艾灸工具,如艾炷、艾卷;巧治针具,如穿黄针、夹气针;火罐;以及电针机、激光针灸仪等针灸仪器。

考点 2:针灸穴位的主治特性★★

针灸穴位是指针灸治疗动物疾病的刺激点。穴位是脏腑经络气血输注和聚集于体表的特定部位,多分布在动物体表的肌肉、血管、淋巴管和神经末梢等处。

穴位的主治特性主要有近治作用、远治作用、双向调理作用和相对特异性作用。

考点 3:针灸的操作方法★★★★★

临床上针灸的操作方法主要有白针疗法、血针疗法、火针疗法、水针疗法、电针疗法、激光针灸疗法、艾灸、埋植疗法、拔火罐疗法和醋酒灸等。

白针疗法:指在白针穴位上施针,借以调整机体功能活动、治疗畜禽各种病证的一种方法,是临床上应用最为广泛的针法。

血针疗法:指在畜体的血针穴位上施针,刺破穴部浅表静脉使之出血,从而达到泻热排毒、活血消肿、防治疾病的目的。

火针疗法:指用特制的针具烧热后刺入穴位,以治疗疾病的一种方法,主要用于各种风寒湿痹、慢性跛行、阳虚泄泻等证。

水针疗法:又称穴位注射疗法,是指将某些中西药液注入穴位或患部痛点、肌肉起止点来防治疾病的方法。这种疗法将针刺与药物疗法相结合,具有方法简便、提高疗效并节省药量的特点。

电针疗法：指将毫针或圆利针刺入穴位产生针感后，通过针体导入适量的电流，利用电刺激来加强或代替手捻针刺激，以治疗疾病的一种疗法。

激光针灸疗法：指应用医用激光器发射的激光束照射穴位或灸烙患部，以防治疾病的方法。前者称为激光针术，后者称为激光灸术。

艾灸：指用点燃的艾绒在病畜体的一定穴位上熏灼，借以疏通经络、驱散寒邪，达到治疗疾病目的所采用的方法。艾灸疗法主要有艾炷灸和艾卷灸两种。

埋植疗法：指将肠线或某些药物直接埋植在穴位或患部，以防治疾病的方法。

拔火罐疗法：指借助火焰排除火罐内部分空气，造成负压吸附在病畜穴位皮肤上来治疗疾病的一种方法，适用于各种疼痛性病患，如肌肉风湿、关节风湿、胃肠冷痛、急性和慢性消化不良、风寒感冒、寒性喘证、阴寒肠疝、跌打损伤，以及吸毒、排脓等。

醋酒灸：又称火烧战船，是指用醋和酒直接灸熨患部的一种疗法，主治背部与腰胯风湿，也可用于破伤风的辅助治疗。

【例题】具有疏通经络、驱散寒邪功效的外治法是（E）。
A. 白针　　B. 血针　　C. 电针　　D. 气针　　E. 艾灸

考点4：家畜的常用穴位★★★

临床上用于治疗家畜疾病的穴位很多，而且不同家畜穴位的位置也有差异。家畜的常用穴位主要有锁口、太阳、苏气、百会、后海、抢风、天平等。

锁口：口角后上方约2cm处，左右侧各一穴，用于治疗牙关紧闭、歪嘴风。

太阳：外眼角后方约3cm处，左右侧各一穴，用于治疗中暑、感冒、癫痫、肝经风热、肝热传眼。

苏气：第8、第9胸椎棘突间的凹陷，一穴，用于治疗肺热、咳嗽、气喘。

百会：腰荐十字部，即最后腰椎与第1荐椎棘突间的凹陷，一穴，用于治疗腰风湿、闪伤、二便不利、后躯瘫痪。

后海：肛门上、尾根下的凹陷，一穴，用于治疗久痢泄泻、胃肠热结、脱肛、不孕症。

抢风：三头肌长头和外头间的凹陷，一穴，用于治疗前肢神经麻痹、扭伤、风湿症。

天平：最后胸椎与第1腰椎棘突间的凹陷，一穴，用于治疗尿闭、肠黄、尿血、便血、去势后出血。

关元俞：最后肋骨后缘，距背中线12cm的髂肋肌沟中，左右侧各一穴，主治马结症、肚胀、泄泻、冷痛、腰脊疼痛，常用电针治疗。

鼻俞：鼻孔上方4.5cm处（鼻颌切迹内），左右侧各一穴，主治肺热、感冒、中暑、鼻肿痛。

【例题1】位于犬最后腰椎与第1荐椎之间的穴位是（C）。
A. 大椎　　B. 悬枢　　C. 百会　　D. 命门　　E. 阳关

【例题2】位于犬尾根与肛门之间的穴位是（C）。
A. 尾根　　B. 尾本　　C. 后海　　D. 肾俞　　E. 脾俞

【例题3】电针治疗马结症常用的穴位是（C）。
A. 抢风　　B. 前三里　　C. 关元俞　　D. 后三里　　E. 邪气

【例题4】治疗马热喘症适宜的针灸穴位是（ B ）。
A. 开天　　　B. 鼻俞　　　C. 睛俞　　　D. 肷俞　　　E. 阴俞
【例题5】血针治疗马中暑的主穴是（ B ）。
A. 三江　　　B. 太阳　　　C. 通关　　　D. 颈脉　　　E. 尾尖
【例题6】某犬，肩臂部受到冲撞后发病。证见站立时肘关节外展，运步时前脚尖着地，触诊前臂前外侧面反应迟钝。针刺治疗可选用的穴位是（ D ）。
A. 翳风　　　B. 大椎　　　C. 百会　　　D. 抢风　　　E. 环跳

第十九章　病证防治

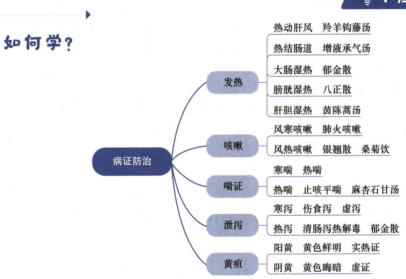

本章考点在考试四种题型中均会出现，每年分值平均3~5分。各类病症主证、治法、方例是考查最为频繁的内容，每年必考，希望考生予以特别关注。

考点：临床上常见的病证防治★★★★★

　　临床上常见的病证主要有发热、咳嗽、喘证、腹痛、泄泻、黄疸、淋证、虚劳、不孕和疮黄疔毒等。其中发热、咳嗽、喘证、泄泻、黄疸的病证防治如下。
　　发热：分为表证发热、半表半里证发热和里证发热。表证发热为外感风寒，方剂为麻黄汤加减；外感暑湿，方剂为香薷饮；热结肠道，主证发热，肠燥便干，粪结不通或稀粪旁流，腹痛，尿短赤，口津干燥，口色深红，舌苔黄厚，脉沉实有力，治法为攻下通便，滋阴清热，方剂为增液承气汤；大肠湿热治法为清热解毒，燥湿止泻，方剂为郁金散；膀胱湿热治法为清热利湿，方剂为八正散；肝胆湿热治法为清热燥湿，疏肝利胆，方剂为茵陈蒿汤；热动肝风治法为清热平肝熄风，方剂为羚羊钩藤汤。

咳嗽：因风寒、风热等外邪经呼吸道或肌表侵入动物体，致使肺气不宣，肃降失常，或日久不愈转为肺火而引起咳嗽。

根据其病因和病性，咳嗽主要包括外感咳嗽（风寒咳嗽、风热咳嗽、肺火咳嗽）和内伤咳嗽，以冬、春季为多见，其中风热咳嗽常见，主证体表发热，咳嗽不爽，声音宏大，鼻流黏液，呼出气热，口渴喜饮，舌苔薄黄，口红短津，脉象浮数。治法则为疏风清热，化痰止咳，治疗方剂为银翘散或桑菊饮。

喘证：喘证是肺气升降失常，呈现以呼吸喘促、肷肋扇动为特征的证候。按病因和主证的不同，分为寒喘和热喘。其中热喘主证发病急，呼吸喘促，呼出气热，肷肋扇动，精神沉郁，耳耷头低，食欲减少或废绝，口渴喜饮，大便干燥，小便短赤，体温升高，口色红燥，舌苔薄黄，脉象洪数。治法为宣肺泄热，止咳平喘。治疗方剂为麻杏石甘汤加减。

泄泻：泄泻是指排粪次数增多、粪便稀薄，甚至腹泻，泻粪如水样的一类证候。按病因和主证的不同，泄泻分为寒泻、热泻、伤食泻和虚泻。其中热泻常见，主证精神沉郁，食欲减少或废绝，口渴多饮，有时轻微腹痛，蜷腰卧地，泻粪稀薄、腥臭黏腻，发热，尿短赤，口色赤红，舌苔黄厚，口臭，脉象沉数。治法则为清肠泄热解毒。治疗方剂为郁金散加减。

黄疸：黄疸是以可视黏膜黄染为主要症状的一类病证，有阳黄和阴黄之分。黄疸的辨证主要是分辨阳黄和阴黄，阳黄病程较短，黄色鲜明，属于实热证；阴黄病程较长，黄色晦暗，属于虚证。但在一定的条件下，阳黄和阴黄可互相转化。

【例题1】马，证见发热，肠燥便秘，腹痛，尿短赤，口津干燥，口色深红，舌苔黄厚，脉沉实有力。该病证可辨证为（C）。

　　A. 邪热犯肺　　　B. 热入心包　　　C. 热结肠道　　　D. 肝胆湿热　　　E. 膀胱湿热

【例题2】马，突然发病，证见发热，呼吸喘促，鼻流黄液，食欲废绝，口渴喜饮，大便干燥，尿短赤，口色红，苔薄黄，脉洪数。治疗该病症宜选用的方剂是（C）。

　　A. 麻黄汤　　　　　　B. 桂枝汤　　　　　　C. 麻杏石甘汤
　　D. 清燥救肺汤　　　　E. 百合固金汤

【例题3】一头牛发病，证见精神沉郁，食欲减少，口渴多饮，泻粪黏腻腥臭，尿短赤，轻微腹痛，口色红，舌苔黄厚，脉象沉数。该病证的治法为（B）。

　　A. 温中止泻　　B. 清热止泻　　C. 消食止泻　　D. 健脾止泻　　E. 补肾止泻

【例题4】春季，一只3月龄幼犬，突然出现咳嗽，证见发热，咳嗽声高，鼻流黏液，呼出气热，舌苔薄黄，口红津少，脉浮数。治疗本病应选用（B）。

　　A. 麻黄汤　　　B. 银翘散　　　C. 清肺散　　　D. 四君子汤　　　E. 百合固金汤

【例题5】中兽医辨证犬黄疸属于阳黄的主要特点是（D）。

　　A. 不能转化为阴黄　　　　　　　　　B. 病程长，常有发热
　　C. 病程短，虚象明显　　　　　　　　D. 可视黏膜发黄，黄色鲜明
　　E. 可视黏膜发黄，黄色晦暗

参考文献

[1] 邓干臻.兽医临床诊断学[M].2版.北京：科学出版社，2016.
[2] 王俊东，刘宗平.兽医临床诊断学[M].3版.北京：中国农业出版社，2022.
[3] 王建华.兽医内科学[M].4版.北京：中国农业出版社，2010.
[4] 郭定宗.兽医内科学[M].3版.北京：高等教育出版社，2016.
[5] 王洪斌.兽医外科学[M].5版.北京：中国农业出版社，2011.
[6] 李建基，刘云.兽医外科与外科手术学：精简版[M].5版.北京：中国农业出版社，2014.
[7] 赵兴绪.兽医产科学[M].5版.北京：中国农业出版社，2016.
[8] 余四九.兽医产科学[M].2版.北京：中国农业出版社，2022.
[9] 刘钟杰，许剑琴.中兽医学[M].4版.北京：中国农业出版社，2011.
[10] 许剑琴.中兽医学：精简版[M].北京：中国农业出版社，2014.
[11] 中国兽医协会.2018年执业兽医资格考试应试指南：兽医全科类[M].北京：中国农业出版社，2018.
[12] 陈明勇.2011—2020年全国执业兽医资格考试考试试卷汇编：兽医全科类[M].北京：中国农业大学出版社，2021.